高 等 学 校 教 材

试验设计及
数据统计处理

邓勃 编著

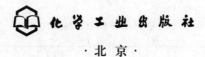
化学工业出版社

·北京·

内容简介

《试验设计及数据统计处理》理论结合实践，在详细阐明实际分析测试工作中常用数理统计方法的数学原理的基础上，结合典型实例分析，说明所用数理统计方法的特点与适用条件，以便读者理解。本书共10章，依次分别为绪论、分析测试数据统计处理基础、试验设计、统计检验、回归分析、方差分析、分析质量控制、极差的应用、取样、分析方法和分析结果评价等。

本书可作为高等学校化学、化工、制药、材料、环境、生物、医学、药学、食品及相关专业本科生和研究生的教材，也可供广大分析工作者、实验技术人员参考。

图书在版编目（CIP）数据

试验设计及数据统计处理 / 邓勃编著. — 北京：
化学工业出版社，2023.11
高等学校教材
ISBN 978-7-122-44242-0

Ⅰ．①试… Ⅱ．①邓… Ⅲ．①试验设计-高等学校-教材②统计数据-数据处理-高等学校-教材 Ⅳ．
①TB21②O212

中国国家版本馆 CIP 数据核字（2023）第 185818 号

| 责任编辑：杜进祥 马泽林 | 文字编辑：黄福芝 |
| 责任校对：杜杏然 | 装帧设计：韩 飞 |

出版发行：化学工业出版社（北京市东城区青年湖南街 13 号 邮政编码 100011）
印 刷：北京云浩印刷有限责任公司
装 订：三河市振勇印装有限公司
787mm×1092mm 1/16 印张 16¼ 字数 388 千字 2024 年 2 月北京第 1 版第 1 次印刷

购书咨询：010-64518888 售后服务：010-64518899
网 址：http://www.cip.com.cn

凡购买本书，如有缺损质量问题，本社销售中心负责调换。

定 价：49.00 元

前　言

数理统计应用于分析测试中，丰富了分析测试学科的内容，促进了分析测试技术的进步。据我见到的文献资料，在国外 1963 年就已有数理统计在化学分析中应用专著（V V Nalimov．The Application of Mathematical Statistics to Chemical Analysis）面世，此后又陆续有这方面专著出版。国内早期出现数据处理、数理统计方面的专著有 1964 年科学出版社出版的冯师颜《误差理论与实验数据处理》、1965 年机械工业出版社出版的曹楚南《腐蚀试验的统计分析方法》与 1981 年化学工业出版社出版的邓勃《数理统计方法在化学分析中的应用》。

20 世纪 70～80 年代，国内不少高校和研究所都开展了数理统计在分析测试中的应用研究工作，积累了不少的经验，一些高校更将数理统计的应用引入分析化学教学，丰富了教学内容，为配合教学的需要，编写了相应的教材与讲义。在此基础上，到 20 世纪 80 年代初编辑出版了国内早期的数理统计在分析测试中应用的专著。随着数理统计的推广与计算机的普及，义陆续有一些试验设计和实验数据统计处理方面的新作面世。经过国内学者的协同努力，数理统计技术在分析测试领域的应用取得了引人注目的进步，也为我国今后长远发展这一学科培养了后备人才。

20 世纪 80～90 年代，国内各分析化学期刊，陆续刊登了不少这方面的研究论文与普及性介绍文章，其中要特别提及《分析试验室》，为了在国内迅速推广数理统计在分析测试中的应用，其分别于 1985 年第 4 卷第 10 期～1986 年第 5 卷第 3 期、1988 年第 7 卷第 10 期～1989 年第 8 卷第 1 期至第 6 期，开辟专栏连续系统地刊登介绍数理统计在分析测试中的应用文章。对普及和推广数理统计在分析测试中的应用做出了积极的贡献。

本书在已出版的教材基础上，结合本人与团队积累多年的教学经验编写而成。为便于分析测试人员理解与自学参考，在讲清楚数理统计方法的数学原理的基础上，结合分析测试中遇到的实例，引导分析测试人员进行分析，启发读者、分析测试人员今后结合自己的工作需要，自觉应用数理统计，在实际应用中积累经验，提高应用水平。

本书中多处用到了"试验"与"实验"这两个词汇，两个词汇的含义类似，又有些区别，在实用中常互用。在本书中，凡带有探索性的实验，使用"试验"一词；根据已有实验方案或规程进行操作以获得测定数据为目的，则使用"实验"一词。需要说明的是，这种区分只是大致的。

本书可以作为高校有关专业的教材，亦可供从事分析测试工作的其他科技工作者自学与参考。

在编写和出版本书过程中，得到了化学工业出版社的大力支持与帮助，对此表示衷心的感谢。期望本书的面世能对各位年轻同行的工作有所裨益，更祈望得到各位同仁与专家的赐教。

邓勃于清华园

2023 年 8 月

目　录

第5章　回归分析 104

第6章　方差分析 127

第7章 分析质量控制   `155`

第8章 极差的应用   `181`

第9章 取样   `198`

第 10 章　分析方法和分析结果评价　　204

参考文献　　219

附录　　220

第1章

绪　论

1.1　分析测试工作的重要性

分析测试是一个广义的概念，包括物性分析、成分分析、结构分析、表面分析等，其任务是为各行各业提供准确可靠的分析测试数据，它的重要性在于，它是科学研究与生产实践中的一项基础性工作，为科学研究与生产实践提供可靠的原始数据资料与信息。这些资料与信息是保证与促进科学研究持续进行所不可缺少的，是不断改善产品质量、提高生产效率、促进各项建设所必需的。分析测试是任何一项科研工作、生产实践活动必要的组成部分。人们日常生活都离不开分析测试工作。

分析测试的常规程序包括采样和取样、样品制备、分析测定、分析数据统计处理、从样本分析结果推断样本来自总体的属性、引出正确的结论。

取样亦称抽样，就是按照分析测试的要求与取样规范，从被分析的样品总体中，采集一定数量的具有足够代表性的样品。所采集样品单位在统计上称为样本。样本内包含的样品数目（数量）称为样本容量。

样品制备简称制样。制样就是将样品转化为适合于化学分析、仪器分析测定的形式。通常要将样品转化为溶液。即使是固体进样，也需要将样品粉碎细分到一定的粒度，或在分析测定过程中样品表面结构或整体也会受到破坏。所以，化学分析、仪器分析的基本特点是一种"样品破坏性"分析检测方法，基本方式是"抽样检验"。采取合适的抽样方式从一批物料或产品中抽取少量物料或产品（样本）进行分析检测，获得有关样本的信息（如成分含量、精密度、准确度等），再由样本信息统计推断总体的属性。

分析测定是根据被分析样品的性质，选择或研制合适的分析测定方法对样本进行分析测定，以获得有关样本属性的信息。分析测试的重要特点是分析样品类型的多样性，涉及各种地质矿石矿物、金属合金、电子材料、石油化工产品、生物医药、农牧渔业样品、食品、环境样品等；分析样品组成复杂多变，即使是同类样品，来源不同，共存组分不同，对分析测定的影响与引起的干扰有异；分析对象与内容多样，分析量值范围广，从常量到痕量；涉及的分析仪器多种多样，因此，对分析人员的技术水平、业务能力要求高，要求能"因事制宜"，对已有分析方法能灵活选用，又能根据需要研发新的分析方法。分析测试的重要性体现在能为各行各业提供有关物质准确可靠的原始资料，这是研究团队、生产单位、建设部门从中提取所需要的有用信息的基础。分析测试作为一个行业，一个明显的特点是具有协同性。它多与科学研究、工农业生产、国家建设、环境保护、医药卫生等各行各业主体协同配合进行，它所提供的原始信息与基础资料也只有在这些部门得到应用，才能体现出分析测试工作的价值与重要性，分析测试人员虽然大多数不是项目的主角，但是重要的协同人员与合作者，分析测试团队是科学研究、工农业生产、国家建设等各行各业主体不可或缺的重要组成部分。

1.2　数理统计在分析测试中的作用

分析测试的基本方式是抽样检验，采取适当的方法从总体（比如一批物料或产品）中随机抽取具有足够代表性的小量样品进行检验和分析测试，获得有关样本的信息（如成分含量、精密度、准确度等），再应用数理统计方法根据检测所得到的物料或产品的信息去估计和推断被检测的该批物料或产品（总体）的属性。如有一批出口鱼罐头，抽样用 HG-AAS 检测鱼罐头中的汞含量，目的是通过测定抽检样本中的汞含量，去估计和推断样本所源自的那一批出口鱼罐头的汞含量是否合格。抽检样品的汞含量测定结果是对样品所来自的总体做结论的依据，但仅由抽检样品的汞含量测定结果还不能直接对样品所来自的总体做结论。因为抽样检验的基本特点是从局部（样本）信息去估计和推断全局（总体）的信息和属性。要使这种估计和推断的结论正确可靠与可信，必须至少满足三个基本条件，缺一不可。

① 采用科学的方法采样和抽样，使所取的样本对总体具有充分的代表性。如果分析对象是均匀的溶液，随机抽取的样本有很好的代表性，而且经过抽样之后，总体的属性不改变，再次抽取的样本仍具有与前一次抽得的样本同样的代表性。如果分析对象是不均匀的，如岩矿样品，许多环境样品、生化样品等，每次抽得的样本未必都有足够的代表性。因此，采取科学的抽样方法抽取适量的有代表性的样本是获得可靠分析结果与由样本属性科学地推断总体属性的先决条件。就检验鱼罐头中的汞含量而言，要使所抽取的鱼罐头样本对该批鱼罐头有足够的代表性，并保证必要的抽样数量和最小的取样量。

② 使用合适的分析测试方法，获得样本可靠的有关信息。这是获得正确可靠分析结果的基础。若提供的原始基础数据不准确，则样本数据不能反映总体的属性，不能对总体参数做出正确的估计。为此，要求在整个检验过程中实施严格的质量控制。

③ 采用数理统计方法对测定数据科学地进行处理。

数据处理是应用数理统计原理与方法，对抽检样本分析检验的平均效果进行判断与评价。测定数据是随机变量，特别对随时间、空间变化的样品，如评价河流水质、大气环境质量，由于河水、大气量大且不断流动，有害组分随时间、空间而变化，在设立的若干个监测点取样进行检测，监测数据成千上万。所得到的监测数据，具有原始性又不可避免具有波动性。测定数据随机波动，参差不齐，寓于其中的统计规律性并不显露其表，欲从波动性数据中提取有价值的规律性信息，仅从原始数据直观地考察从而对河水、大气质量做出科学的评价是不可能的。只有正确应用数理统计方法对大量波动性测试数据进行统计分析，去伪存真，才能对总体参数做出正确的估计，对总体属性做出科学的判断。正是基于这些规律性信息，以及这种估计和推断的置信度水平，才得以由样本测试的原始数据正确估计和推断样品总体属性。由此可见，由样本的测试数据估计和推断总体属性时，必须遵循科学的推理方法。样本测定只能获取抽检样品的原始数据资料，而隐匿在波动性数据中的规律性信息的提取、解析和利用，则要通过数据统计处理来完成。由此可见，应用数理统计原理和方法科学设计实验与处理数据是整个分析测试工作不可缺少的组成部分，是分析测试工作的继续延伸、深化和提高。

合理设计和安排试验、高效获取与合理地利用实验数据、科学地检验和评价实验结果、正确地判断因素效应、分析质量控制和保证、正确地表述试验结果等，实验过程中的每一环节都离不开数理统计方法的应用。但应该指出的是，数理统计方法虽然是分析人员完成与完善复杂分析测试任务有用的技术手段，但不能代替必要的严格的分析测试工作。

1.3　本书各章内容的安排

分析测试中引入数理统计理论与方法，丰富了分析测试的内容。对于分析人员来说，在分析测试中，正确应用数理统计理论与技术，对合理地设计试验方案，科学地处理数据，快速优化测试条件，充分地提取与利用从试验中获得的信息，正确地诠释分析测试中出现的问题，提高分析测试的效率和质量都大有作用。计算机的普及，为在分析测试中应用数理统计提供了有利条件。学习数理统计方法，关键是要学以致用，只有用了，才知道它有用，只有多用，在应用中积累经验，逐步达到熟练运用。期望广大的分析工作者重视数理统计在分析测试中应用。

试验设计与数据统计分析范围很广，涉及各行各业。本书只就作者所从事的分析检测专业所常用到的一些试验设计与数据统计分析方面的内容做一些介绍。要进行试验设计与数据统计处理，就需要了解测定数据及其统计分布属性，掌握一些数理统计的基础知识，为此在本书中专设第 2 章"分析测试数据统计处理基础"，详细地介绍了测定数据统计分布属性、表征测定数据集中趋势与离散特性的两个基本参数均值与标准差的统计含义。说明为什么在等精度测定时要用算术均值和标准差报告测定结果，而在非等精度测定时要用加权均值和加权标准差报告测定结果。介绍了误差的产生、分类、表述方式，系统误差的统计检验方法，间接测定中的误差传递方式，测定值几种重要的统计分布。现在文献中，用 3 倍标准差定义检出限，按这样的定义计算出的检出限比实际情况偏好，实际上难以达到。确定定量限时，要考虑噪声对定量限的影响。

在第 3 章"试验设计"中，详细说明并强调了试验设计创始人费歇尔提出的试验设计的三项基本原则：重复测定、随机化和局部控制。对当前普遍应用的三种试验设计方法的特点都做了介绍，均匀设计、单纯形优化设计在多因素多水平优化条件初选、零星样品的快速分析方面都甚有用处，但在已面世的数理统计书中都较少介绍，本书花费较大篇幅做了介绍。正交试验设计在已出版的数理统计书中有了较多介绍，本书对正交设计方法本身只做了简要的介绍，对其实验点的均衡分散性与试验数据的整齐可比性完美地结合的本质特点而引发的诸多优点做了详细的分析和说明。在实际工作中要根据情况综合考虑，选用不同的试验设计安排试验，以获得最好的效果。

统计检验对于测定数据统计处理的重要性是不言而喻的，因为所有的统计结论都要通过统计检验才能成立。本书第 4 章"统计检验"，介绍了统计检验的理论依据小概率原理。依离群值、方差、均值、测定值分布类型等不同检验类别，详述了各类检验的多种统计检验方法。由于不同的统计检验方法的检验功效不同，使用不同检验统计量往往得出截然相反的结论，这是需要特别注意的。

第5章"回归分析"是特别值得重视的。第一，因为其重要性。分析人员知道，除重量分析、活化分析、库仑分析等极少数绝对分析方法之外，绝大多数分析方法都是相对分析方法，都是基于所建立的回归方程或校正曲线来定量。回归方程或校正曲线拟合的优劣，直接影响由回归方程或校正曲线求得测定结果的准确度和精密度。第二，在实际应用中存在较多值得进一步研讨的问题，如实验点的合理分布、线性范围的确定、回归方程或校正曲线变动性的校正等，在本章中对上述问题都做了评述。本章详细地介绍了建立校正曲线与拟合回归方程应遵循的基本原则，校正曲线的属性，其统计意义的检验与判断，校正曲线动态线性范围与线性范围的区分与确定，校正曲线稳定性的评估指标，非线性方程线性化的方法，等。

测定值受可控固定因素与不可控随机因素的影响而产生误差，在对测定数据进行统计处理时要设法分开固定因素与随机因素的影响，以便估计可控因素的主效应、因素之间的交互效应与误差效应。方差分析是实现这一目标的有效方法。本书第6章详细介绍了方差分析的理论基础偏差平方和的加和性、自由度的加和性及实现方差分析的有效手段F检验。分别讨论了单因素试验数据方差分析，两因素、三因素全面试验数据方差分析，两因素、三因素系统分组试验数据方差分析，正交设计试验数据方差分析，对方差分析中应注意的问题（包括多重比较、缺失数据的弥补以及数据变换）也都做了说明。

分析质量控制是质量保证的先决条件。质量控制图是实施质量控制的有效方法。本书第7章介绍了休哈特质量控制图的原理与建立各类质量控制图的方法。休哈特质量控制图是控制总加工质量，即全控制，不能区分总加工质量与本道工序加工质量。本章专设一节介绍了我国学者提出的控制工序质量的选控控制图，这是已面世的数理统计书未曾介绍的。本章还专门介绍了识别与判断异常质量控制图的方法。

极差在测试数据的快速统计处理中有着广泛的应用。本书第8章比较全面地介绍了极差在测试数据统计处理各方面的应用。

与物理测量不同，多数化学分析、仪器分析方法是一种"样品破坏性"分析检测方法，基本检测方式是"抽样检验"。采取合适的抽样方式从一批物料或产品中抽取少量具有足够代表性的物料或产品进行分析检测，获得有关样本的信息（如成分含量、精密度、准确度等），再由样本信息统计推断总体的属性。第9章简要介绍了各种抽样模式，随机抽样检验的样本容量估计、成对抽样检验的样本容量估计及分组比较检验的样本容量估计方法。

如何正确地评价一种分析方法，如何科学地报告测定结果，是值得分析人员重视的问题。第10章"分析方法和分析结果评价"专门讨论了这一问题。评价分析方法的核心是用什么参数来表述一种分析方法的基本属性，从这些表述参数就能判断一种分析方法的优劣。文中介绍了表述分析方法的主要参数：检测能力包括检出限和定量限，精密度，准确度，适用性。加标回收率是分析人员经常用来评价测定结果的准确度，但加标回收不能发现隐匿的系统误差，说明用加标回收率来判断准确度并不总是可靠的。评价与表述分析结果应包含均值、标准差、测定次数三个基本参数，并用有效数字正确表示出来。文中对这种报告测定结果的统计含义与理由作了说明，因为有了这三个参数就能说明测定值的集中趋势、离散特性、可比性，具有可溯源性。本章还对综合评价参数、分析结果的不确定度评定，都做了适当的介绍。

第2章

分析测试数据统计处理基础

2.1 分析测试中的误差

2.1.1 误差的产生与分类

由于测量仪器和测量工具精度的限制，测试方法的不完善，测试环境的变化等客观因素的影响，也由于测试人员的技术水平和实践经验主观因素的影响，以及测试对象的变动性，测试结果不可避免地都带有误差，测定值或多或少偏离被测定量的真值而产生误差。误差按其性质可以分为三类：随机误差、系统误差与过失误差。

随机误差（random error）是指同一被测定量在多次重复测定过程中，由许多未能控制或无法严格控制的因素随机作用而形成的、具有相互抵偿性和统计规律性的测定误差。随机误差不可避免，在一次测定中，其大小、符号无法预料，无法修正。在多次测定中，具有统计规律性。随着测定次数的增多，正、负误差相互抵偿，误差均值趋向于 0。分析人员可以设法将它减小，但不能完全消除。随机误差决定测定结果的精密度。

系统误差（systematical error）是指在同一被测定量的多次测定过程中，由某个或某些因素按某一确定规律起作用而形成的、保持恒定或以可预知的方式变化的测定误差。系统误差使测定值产生偏倚（bias），引起实际测定值对被测定真值的偏离，决定测定结果的准确度。其大小与符号在同一实验中是固定的或在实验条件改变时按照某一确定的规律变化，重复测定不能发现与减小系统误差，只有改变实验条件才能发现系统误差。分析测试中，经常遇到空白值、基体效应、干扰、溶剂效应等，引起测定值的增大或减小所产生的固定系统误差，对一组测定值的影响基本上是相同的，引起校正曲线的平移（parallel displacement of calibration curve）。有时也遇到比例系统误差，使一组测定值中的每一个测定值按比例增加或减小，使校正曲线斜率发生改变。

过失误差（gross error），又称"粗差"，是指由于测量人员的粗心和过失，在测定过程中出现的明显超出指定条件下所预期的随机误差和系统误差的误差。严格地说，过失误差不能看作科学意义上的误差，只能算是一次事故，没有一定的规律可循，因人而异。过失误差是完全可以避免的。不管产生过失误差的原因为何，只要确知是过失误差，务必要将有过失误差的测定数据从一组数据中剔除。

随机误差与系统误差不是一成不变的，比如温度波动的影响，在短时间内可能是随机误差，但在长时间内，如经历夏天和冬季温度的影响，完全可变成系统误差。分析痕量组分时，从稀样溶液中重复取样，产生的取样误差是随机误差，当稀样溶液放置一段时间，容器壁的吸附引起样液浓度的改变，这时的取样误差就变为了系统误差。因此，在确定试验误差性质时，需谨慎从事。化学分析中常用的移液器，如刻度移液管，在不同的刻度区刻度精度不同，固定使用某一刻度区，产生的取样误差是固定的系统误差，如果交替使用不同的刻度区，使取样误差随机化，就有可能减小取样误差。这种利用随机化方法减小测定误差的技术，在其他场合，也有可用之处。

2.1.2　误差产生的原因

分析测试中产生误差的具体原因是多方面的，因具体情况而异。但归结起来，大致有如下几个方面需要注意：测量仪器和器具，分析测定方法，实验室工作环境，分析人员的实验技术等。

来源于测量仪器和器具的误差。科学仪器性能、功能、稳定性的不完善，长期使用引起的性能下降，仪器未能调整到最佳状态，仪器、量具未能经过严格的校准，实验室环境不能完全满足仪器使用条件，等，都有可能引入试验误差。

分析方法引入的误差。在实际工作中，分析对象繁杂，组成、结构多样，分析方法未必能满足各种分析对象的要求。应用的理论公式、选用的经验公式不完全符合实际客观情况，化学反应的不完全，共存组分引入的干扰等，这些分析方法方面的不完善亦必然会引入分析误差。

实验室环境条件也是引入误差的来源之一，工作场所的温度、湿度、通风、振动使测量仪器工作不稳定，相邻实验室有害气体的干扰，实验室的清洁卫生情况等对测定结果产生不可忽视甚至重要影响。

操作误差，这常常是与分析操作人员的技术水平、实践经验、工作态度相联系的，如分析人员对操作规程理解不透，执行不严，操作不规范。也与操作人员的主观偏见有关，如后一次仪器读数受到先前一次读数的影响，不自觉地希望两次读数一致或接近，诸此等等都会引入误差。

对于分析工作者来说，了解系统误差产生的原因、系统误差的特点与表现形式、系统误差的检验与校正方法是至关重要的。这不仅是确定与提高测定结果的准确度所必要的，而且也往往是发现新事物新现象的向导。历史上有一个非常有名的例子，1892 年雷莱（Rayleigh）从含氮化合物中分离出来的氮，每升重 1.2505g，而由空气中分离出来的氮，每升重 1.2572g，两者相差了 0.0067g，差异已经超出了试验误差范围，他肯定这两种来源的氮密度之间有系统误差。怀疑大气中的氮中含有尚未发现的较重的气体。他用放电的方法自空气中除去氧与氮，得到了一些残余气体。后来雷姆赛（Ramsay）将已经不含有 CO_2、H_2O 和 O_2 的空气通过灼热的 Mg 吸收其中的氮，也得到了一些残留的气体。经过多方面的试验，断定该残留气体是一种新元素氩。

2.1.3 误差与偏差的表征方法

误差（error）是指测定值与被测定量的真值之差。它被用来表征测定结果的准确度。所谓准确度是指在一定条件下多次测定的均值与被测定量的真值之间一致的程度。系统误差决定测定结果的准确度。误差分为绝对误差与相对误差。

① 绝对误差（absolute error），简称误差。测得的量值与被测定量的真值之差。误差有正有负。

$$绝对误差 = 测定值 - 真值 \tag{2-1}$$

② 相对误差（relative error），绝对误差与被测定量真值之比。

$$相对误差 = \frac{绝对误差}{真值} \tag{2-2}$$

在测定误差很小时，在实际工作中常用测定值或测定值的均值代替真值计算相对误差。

$$相对误差 = \frac{绝对误差}{测定值} \tag{2-3}$$

真值（true value）是测定量的真实量值，是理想值。绝对真值是客观存在的，但不可能确切知道。人们常说的真值是指理论真值、约定真值、相对真值。此处所说的相对真值是指国际会议、国际标准化组织、国际上公认的量值（如国际标准原子量），国际或国家标准物质的标称值（保证值）等。

在有限次测定中，即使排除了所有测量上的缺陷通过完善的测量所得到的量值，实际上亦不是真值，也只是真值的无偏估计值（unbiased estimator）。

测定值经过误差校正之后，更接近真值，但还不是真值，因为校正值本身也含有误差。

③ 偏差（deviation）是指测定列中单次测定值与该测定列的均值之差。在计量检定中，偏差是指计量器具实际值与标称值之差。偏差反映了测定值的精密度。

$$偏差 = 测定值 - 测定均值 \tag{2-4}$$

$$相对偏差 = \frac{偏差}{测定均值} \tag{2-5}$$

注意：在化学书中，术语平均值、标准偏差，在统计中分别使用其各自的简称均值与标准差。

表征精密度的参数有算术平均偏差、极差、标准偏差。

④ 算术平均偏差（arithmetic average deviation）是指在测定列中各次测定偏差绝对值的算术均值。记为 d：

$$d = \frac{\sum_{i=1}^{n} |x_i - \bar{x}|}{n} \tag{2-6}$$

算术均值的不足之处是对测定值中离群值反应不敏感，在分析测试中现已很少应用。

⑤ 极差（range）是一组测定值中最大测定值与最小测定值之差。记为 R：

$$R = x_{max} - x_{min} \tag{2-7}$$

极差的优点是计算简便。不足之处是对测定中获得信息的利用非常不充分。

⑥ 标准偏差（standard deviation），简称标准差，又称均方根偏差（root-mean-square

deviation），是测定值偏差平方和除以自由度（$n-1$）的方根值，记为 s，按贝塞尔（Bessel）公式计算。是最广泛使用的表征测量精密度的参数。最大的优点是充分利用了测定中获得的信息，所有测定值都参与 s 的运算，对测量过程中出现的离群值引起 s 大小的变化非常敏感。

2.1.4　系统误差表现形式

按照系统误差出现的规律，有多种形式。

2.1.4.1　固定系统误差

固定系统误差使测定结果恒定地偏向一方，多次重复测定也不能抵消或减小。固定系统误差有正有负，例如，用天平称量一个物体，由于砝码未正确校准，称量值偏高或偏低某一值，只要未改变所使用的砝码，称量误差的大小及符号是不变的。在实际工作中，如果在一组测定值中，连续出现几个正偏差或负偏差的测定值，一旦测定条件改变了，误差符号也改变，则表明存在随测定条件而改变的固定系统误差。如果测定数据正常，不存在系统误差，测定值应遵从正态分布，测定值随机波动，不会发生连续出现几个正偏差或负偏差的测定值的情况。图 2.1 表示固定系统误差的示意图。

2.1.4.2　线性系统误差

在测定过程中，测定的偏差与测定时间有线性关系。如果将测定值依此排列，测定偏差的变化有明显的趋向性，例如，开始偏差为正，数值较大，然后逐渐减小到 0；或者，开始偏差为负，数值较大，然后负值逐渐减小变为 0，随后又变成较小的正偏差，直至变成较大的正偏差。其偏差的变化趋势如图 2.2 所示。

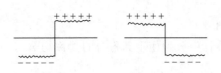

图 2.1　固定系统误差示意图

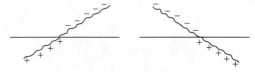

图 2.2　线性系统误差示意图

2.1.4.3　周期性系统误差

测定值呈周期性变化，测定值偏差的符号呈规律性交替变化，如图 2.3 所示。说明测定中存在周期性系统误差。如果中间有微小波动，则表明有随机误差的影响。

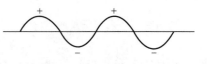

图 2.3　周期性系统误差

此外，还可能存在其他形式的系统误差，如测定偏差按对数规律变化的系统误差，或以更复杂的规律变化的其他形式的系统误差。在自动化仪器中前一次进样对后续进样测定的影响产生的系统误差，按系统误差的属性而言，它是可以避免与校正的。

2.1.5　系统误差的统计检验

测定值是一个随机变量，在正常情况下，遵从正态分布 $N(\mu, \sigma^2)$。用总体分布正态性检验方法进行检验，虽可以确定测定值是否偏离了正态分布与存在系统误差，但不能确定系统误差的具体大小。通常是直接对系统误差进行检验，常用的系统误差检验方法有 t 检验法、方差分析检验法、回归分析检验法以及非参数检验法等。有关非参数检验法等在第 4 章 4.7 节中有详细的介绍，在此不再赘述，请读者参阅第 4 章 4.7 节。

在分析测试中，系统误差的检验是经常遇到的问题，例如用标准样品来评价一个分析方法，检验不同实验室、不同分析人员测定结果的一致性，比较因素效应，检查空白值，用管理样品进行日常分析质量控制等，其实质就是检验系统误差。从统计检验的角度来看，就是检验测定均值之间在约定的显著性水平是否有显著性差异，如果没有显著性差异，就认为两测定值之间不存在系统误差。反之，表明两测定值之间存在系统误差。如果用标准物质或质控样进行检验，发现实验测定值与标准物质保证值或质控样的给定值存在显著性差异，说明测定过程中测定值一定存在系统误差。

2.1.5.1　t 检验法

对于正态总体，最好使用 t 检验法来检验系统误差。有关 t 检验的原理请参见第 4 章 4.5 节均值检验。

进行 t 检验时使用检验统计量

$$t = \frac{\overline{x} - \mu}{s / \sqrt{n}} \tag{2-8}$$

$$t = \frac{\overline{x}_1 - \overline{x}_2}{\overline{s}} \sqrt{\frac{n_1 n_2}{n_1 + n_2}} \tag{2-9}$$

$$\overline{s} = \sqrt{\frac{(n_1 - 1)s_1^2 + (n_2 - 1)s_2^2}{n_1 + n_2 - 2}} \tag{2-10}$$

式中，μ 是总体均值；$\overline{x}$、$\overline{x}_1$、$\overline{x}_2$ 是被检验的均值；n、n_1、n_2 分别是 $\overline{x}$、$\overline{x}_1$、$\overline{x}_2$ 的测定次数；s_1^2、s_2^2 分别是被检验的两个均值 $\overline{x}_1$、$\overline{x}_2$ 的方差；$\overline{s}$ 是并合标准差。

式(2-8)用于实验测定均值与已知标准均值比对，以确定实验测定均值是否存在系统误差。式(2-9)用于两个测定均值的比对，以确定两者之间是否存在系统误差。

示例 2.1　从过去长期生产积累的资料知道，某钢铁厂在生产正常的情况下，钢水中平均含碳量是 4.55%，某一工作日抽查了 5 炉钢水，测定含碳量分别是 4.28%、4.40%、4.42%、4.35%、4.37%，试问该工作日生产的钢水中的含碳量是否有显著的变化？

题解：

在本例中，$n = 5$。抽查 5 炉钢水的平均含碳量是

$$\overline{x} = \frac{1}{n} \sum_{i=1}^{n} x_i = \frac{1}{5} \sum_{i=1}^{n} x_i = 4.364$$

$$s = \sqrt{\frac{1}{n-1}(x_i - \overline{x})^2} = 0.054$$

计算实验统计量值为

$$t = \frac{\overline{x} - \mu}{s / \sqrt{n}} = \frac{|4.364 - 4.55|}{0.054 / \sqrt{5}} = 7.68$$

不管当日生产钢水中的含碳量比常年正常生产的钢水中平均含碳量 4.55% 是高或是低，只要超过约定显著性水平 α 时的临界值 $t_{\alpha, f}$，就认为当日抽查的钢水中含碳量与常年正常生产的钢水中平均含碳量有显著性差异，因此这是双侧检验问题。查 t 分布表，自由度 $f = 5 - 1 = 4$，$t_{0.05, 4} = 2.10$，$t > t_{0.05, 4}$，说明当日抽查的钢水中含碳量与常年正常生产的钢水中平均含碳量有显著性差异。做出这一结论的置信度为 $p = (1 - \alpha) \times 100\% = (1 - 0.05) \times 100\% = 95\%$。

示例 2.2 某化工厂生产一种无机化工产品，在生产工艺改进前，产品中杂质含量为 0.15%，经过生产工艺改进后，抽查产品，测得杂质含量为 0.12%、0.11%、0.14%、0.13%、0.15%、0.13%，试问经过生产工艺改进后，产品中杂质含量是否有明显的降低？

题解：

首先设置统计假设，原机设 H_0：$\mu = 0.15\%$，备择假设 H_1：$\mu < 0.15\%$。选定式(2-8)作为检验统计量，约定显著性水平 $\alpha = 0.05$。本例与示例 2.1 不同之处是单侧检验，改进生产工艺的目的是降低产品中的杂质含量，提高产品纯度，因此是单侧检验。要求产品中杂质含量明显低于 0.15%。查 t 分布表，统计检验临界值 $t_{0.05, 5} = 2.015$。由抽检产品测定杂质含量值计算，$\overline{x} = 0.132\%$，$s = 0.0084$。计算实验统计量值

$$t = \frac{\overline{x} - \mu}{s / \sqrt{n}} = \frac{0.132 - 0.15}{0.0084 / \sqrt{5}} = -4.8$$

统计量值 $t = -4.8$，小于 $t_{0.05, 5} = 2.015$，落于拒绝区。拒绝原假设 H_0：$\mu = 0.15\%$，接收备择假设 H_1：$\mu < 0.15\%$。表明产品中杂质含量从 0.15% 降低到 0.13% 具有统计意义，说明生产工艺改进对降低产品中杂质含量，提高产品纯度是有效的。

2.1.5.2 方差分析检验法

如果将每一个均值与方差分析的因素水平效应值联系起来，多个均值之间系统误差的检验，犹如单因素多水平方差分析。因此，很自然联想到用方差分析来检验多个均值之间的系统误差，结合多重比较可进一步确定任意两均值之间是否存在系统误差。关于单因素多水平方差分析的原理在第 6 章 6.2 节与 6.3 节有详细的介绍，在此不再赘述。

设有 m 样本，分别进行 n_1，n_2，$\cdots$，n_m 次测定，获得 m 个均值。测定值 x_i 遵从正态分布 $N(\mu_i, \sigma^2)$。分组因素（样本）的方差估计值是

$$\frac{Q_{\mathrm{g}}}{f_{\mathrm{g}}} = \frac{\sum\limits_{i=1}^{m} n_i (\overline{x}_i - \overline{x})}{m - 1} \tag{2-11}$$

试验误差效应方差估计值

$$\frac{Q_{\mathrm{e}}}{f_{\mathrm{e}}} = \frac{\sum\limits_{i=1}^{m} \sum\limits_{j=1}^{n} (x_{ij} - \overline{x}_i)}{\sum\limits_{i=1}^{m} n_i - m} \tag{2-12}$$

检验统计量

$$F = \frac{Q_g/f_g}{Q_e/f_e} \qquad (2\text{-}13)$$

如果由样本测定值计算的 F 值小于 F 分布表中约定的显著性水平 α 与相应的自由度 f_g、f_e 下的检验临界值 $F_{\alpha(f_g, f_e)}$，则表示各组测定值之间无显著性差异，即不存在系统误差。反之，若 $F > F_{\alpha(f_g, f_e)}$，表明各组测定均值之间有显著性差异。

各组测定值之间的系统误差大小，由式（2-14）计算

$$d_B = \sqrt{\frac{\sum\limits_{i=1}^{m} n_i(m-1)}{(\sum\limits_{i=1}^{m} n_i)^2 - \sum\limits_{i=1}^{m} n_i^2} \left(\frac{Q_g}{f_g} - \frac{Q_e}{f_e}\right)} \qquad (2\text{-}14)$$

$$s_e = \sqrt{\frac{Q_e}{f_e}} \qquad (2\text{-}15)$$

示例 2.3 7 个实验室测定一种催化剂中的碳含量，测得的结果列于下表内，试根据表内的数据确定各实验室的测定结果之间是否存在系统误差，若存在系统误差，估计系统误差的大小。

实验室	1	2	3	4	5	6	7
	1.60	1.74	1.70	1.57	1.55	1.66	1.62
测定值	1.58	1.69	1.69	1.53	1.52	1.62	1.60
	1.57	1.65	1.70	1.58	1.50	1.64	1.64
总和	4.75	5.08	5.09	4.68	4.57	4.92	4.86
均值	1.58	1.69	1.70	1.56	1.52	1.64	1.62

题解：

计算各项偏差平方和与自由度。分组因素（样本）的偏差平方和与自由度分别是

$$Q_g = \sum_{i=1}^{m} n_i(\overline{x}_i - \overline{x})^2 = 0.0776$$

$$f_g = m - 1 = 7 - 1 = 6$$

试验误差效应的偏差平方和与自由度分别是

$$Q_e = \sum_{i=1}^{m} \sum_{j=1}^{n} (x_{ij} - \overline{x}_i) = 0.0089$$

$$f_e = m(n-1) = 7 \times (3-1) = 14$$

由试样测定值求得的检验统计量值

$$F = \frac{Q_g/f_g}{Q_e/f_e} = \frac{0.0776/6}{0.0089/14} = 20.3$$

查 F 分布表，在约定显著性水平 $\alpha = 0.05$，自由度 $f_g = 6$，$f_e = 14$ 时，$F_{0.05(6,14)} = 2.85$，$F > F_{0.05(6,14)}$，表明各实验室测定值之间有显著性差异，存在系统误差。其大小是

$$d_B = \sqrt{\frac{\sum\limits_{i-1}^{m} n_i(m-1)}{\left(\sum\limits_{i=1}^{m} n_i\right)^2 - \sum\limits_{i=1}^{m} n_i^2}\left(\frac{Q_g}{f_g} - \frac{Q_e}{f_e}\right)} = \sqrt{\frac{21 \times (7-1)}{21^2 - 7 \times 3^2} \times \left(\frac{0.0776}{6} - \frac{0.0089}{14}\right)}$$

$$= 0.0041$$

值得注意的是，F 检验 7 个实验室的测定均值之间有显著性差异，是对总体而言的，是指 7 个均值中某个或某几个均值之间有显著性差异，并不表明所有均值之间都有显著性差异，从表中的实验数据也可以看到，有些均值之间很接近，而有些均值之间相差较大。究竟哪些均值之间有显著差异，需要用第 6 章多重比较法对各均值每两个之间分别进行统计检验。

可用第 6 章式(6-56) 检验统计量

$$d_T = q_{\alpha(m,\, f_e)} \sqrt{\frac{s_e^2}{n}}$$

式中，m 是均值的个数；α 是显著性水平；f_e 是计算误差效应标准差的自由度；n 是均值的测定次数。$q_{\alpha(m,\, f_e)}$ 可由附录表 5 中查得，当两个均值之差值 $\Delta > d_T$ 时，表明差异在统计上是显著的，存在系统误差；反之，表明差异是不显著的，两个均值之间不存在系统误差。在本例中，$m=7$，重复测定次数 $n=3$，$f_{14}=14$，由附录表 5 查得 $q_{0.05(7,\,14)}=4.83$。计算的标准差 $s=0.025$，统计检验的临界值是

$$d_T = 4.83 \times \frac{0.025}{\sqrt{3}} = 0.07$$

用多重比较法分别对各实验室测得催化剂中的碳含量的均值，两个两个地进行统计检验，若 $\Delta > 0.07$，表明两均值之间的差异在统计上是显著的，若 $\Delta < 0.07$，说明两均值之间的差异在统计上是不显著的，求得两实验室均值的差值 $\Delta_{(n_i,\, n_j)}$ 分别是

$$\Delta_{(3,\,5)} = |1.70 - 1.52| = 0.18$$
$$\Delta_{(1,\,2)} = |1.58 - 1.69| = 0.11$$
$$\Delta_{(1,\,3)} = |1.58 - 1.70| = 0.12$$
$$\Delta_{(3,\,7)} = |1.70 - 1.62| = 0.08$$
$$\Delta_{(1,\,5)} = |1.58 - 1.52| = 0.06$$
$$\Delta_{(4,\,5)} = |1.56 - 1.52| = 0.04$$
$$\Delta_{(6,\,7)} = |1.64 - 1.62| = 0.02$$

从计算结果可知，实验室 1 和 2、1 和 3、3 和 5、3 和 7 测定的均值之间的差异是高度显著的，存在系统误差；实验室 1、4、5 测定均值之间，实验室 2、3、6 测定均值之间，实验室 6、7 测定均值之间没有显著性差异。有关多重比较法在本书第 6 章 6.7.1 小节已有介绍，读者可以参阅。

2.1.5.3　回归分析检验法

重复测定不能发现系统误差，但可以通过改变因素水平来发现系统误差。当改变了因素水平，因素效应也随之改变。应用回归分析建立回归方程，求得回归方程的基本参数斜率 b，截距 a，利用这些参数检验与确定分析测试中的系统误差。

　　将欲考察的因素 x（如组分含量、温度、pH 值等）改变时，测得的响应值 y（吸光度、谱线强度、极谱电流等）也随之改变，于是可建立回归方程

$$y = a + bx$$

求得回归系数 b 与常数 a。回归系数（斜率）表征响应值 y 随影响因素 x 变化的程度，当 y 不受 x 影响时，$b = 0$。a 是与欲考察的因素 x 无关的参数，表征了分析测试的固定操作误差，当不存在固定操作误差时，$a = 0$，即不存在固定系统误差。从统计观点考虑，只要检验 a 与 0 是否有显著性差异，就可以确定分析测试中是否存在固定系统误差，两者没有显著性差异，表明不存在系统误差，反之，就说明存在系统误差。

　　现以第 5 章 5.2.4 小节示例 5.3 比色法测定硅为例，得到的一组数据抄录如下：

硅含量 c/mg	0	0.02	0.04	0.06	0.08
吸光度 A	0.032	0.135	0.187	0.268	0.359

　　根据上列数据建立吸光度与硅含量之间回归方程

$$A = 0.0388 + 3.935c$$

按第 5 章式(5-12)计算表征所建校正曲线精密度的残余标准差 s_e，按式(5-18)计算常数 a 的标准差 s_a：

$$s_e = \sqrt{\frac{Q_e}{n-2}} = \sqrt{\frac{1}{n-2}\sum_{i=1}^{n}(A_i - \overline{A})^2} = \sqrt{\frac{\sum_{i=1}^{n}(A_i - \overline{A})^2 - b^2\sum_{i=1}^{n}(c_i - \overline{c})^2}{n-2}} = 0.013$$

$$s_a = s_e\sqrt{\frac{1}{n} + \frac{\overline{c}^2}{\sum_{i=1}^{n}(c_i - \overline{c})^2}} = 0.010$$

计算检验统计量

$$t = \frac{a - 0}{s_a} = \frac{0.0388 - 0}{0.010} = 3.88$$

查 t 分布表，约定显著性水平 $\alpha = 0.05$，$f = 5 - 2 = 3$，$t_{0.05,3} = 3.18$，$t > t_{0.05,3}$ 表明 a 与 0 之间有显著性差异，存在系统误差。

2.1.5.4　非参数检验

　　当测定数据是否遵从正态分布并不知道时，可用非参数检验法来检验两测定均值之间是否存在系统误差。有关非参数检验法的符号检验法与秩和检验法在第 4 章 4.7 节非参数检验中已有详细的介绍，在此不再赘述。

2.1.6　系统误差的校正

　　为了消除系统误差，最理想办法是从技术上消除产生系统误差源，从根本上杜绝系统误差的产生。但是，由于在分析测试中产生系统误差的原因是多方面的，有时未必都能从技术上找到产生系统误差的根源。在这种情况下，为了避免或减小试验中的系统误差，应该精心

进行试验设计，比如，对试验次序进行随机化安排，将某些测定条件进行互换，从而抵消系统误差等。除此之外，还应该采取适当的方法对系统误差进行校正。最常用的方法是用标准样品或管理样品来检验与确定系统误差，当找不到合适的标准样品或管理样品时，有时就用标准方法进行对照实验来检验与确定系统误差。应该指出的是，由于分析测试中影响测试结果的因素较多，对一类试样适用的校正方法，特别是求得的校正值，不能随意地应用到另一类样品，除非事先已知或已用实验证明是可行的。

取数份不同量值的样品，用标准分析方法与被检验的分析方法同时进行测定，得到一组成对的测定数据，建立校正曲线 $y = a + bx$，如果两个分析方法之间不存在显著性差异，在有限次测定的情况下，回归曲线的斜率应近似为 1，截距应近似为 0。可以用检验统计量

$$t_a = \frac{a - 0}{s_a}$$

$$t_b = \frac{b - 1}{s_b}$$

分别对截距 a 与斜率 b 进行统计检验。如果由实验测定值计算的统计量值，大于在约定的显著性水平 α 与相应自由度 f 时的检验临界值 $t_{a, f}$，则判定有显著性差异，说明标准分析方法与被检验的分析方法的测定结果之间有系统误差。因为用作检验的分析方法是标准分析方法，产生的系统误差只可能来自被检验的分析方法，这时应用标准方法的测定值对被检验分析方法的测定值进行校正。

示例 2.4 为避免使用有毒试剂氰化钾，某单位研究了一种铅-3-氯代吡啶偶氮间二乙氨基酚-正己酸盐三元络合物萃取分光光度测定微量铅的新方法，以替代过去使用有毒试剂氰化钾的双硫腙显色老方法，用新、老两种方法进行了对比试验，试验结果如下（单位为%）。

新方法 x	0.0034	0.0133	0.0337	0.0502	0.115
老方法 y	0.0032	0.0130	0.0333	0.0580	0.102

题解：

建立新、老分析方法的回归关系，

$$y = 0.0035 + 0.8895x$$

按第 5 章式(5-12)计算表征所建校正曲线精密度的残余标准差 s_e，按式(5-16)、式(5-18)分别计算斜率的标准差 s_b 与常数 a 的标准差 s_a，

$$s_e = \sqrt{\frac{\sum\limits_{i=1}^{n}(y_i - \overline{y})^2 - b^2 \sum\limits_{i=1}^{n}(x_i - \overline{x})^2}{n-2}} = 0.0065$$

$$s_b = \frac{s_e}{\sqrt{\sum\limits_{i=1}^{n}(x_i - \overline{x})^2}} = 0.074$$

$$s_a = s_e \sqrt{\frac{1}{n} + \frac{\overline{x}^2}{\sum\limits_{i=1}^{n}(x_i - \overline{x})^2}} = 0.0043$$

计算检验斜率 b 与截距 a 统计量

$$t_b = \frac{|b-1|}{s_a} = \frac{|0.8895-1|}{0.074} = 1.49$$

$$t_a = \frac{a-0}{s_a} = \frac{0.0035-0}{0.0013} = 0.81$$

查 t 分布表，在约定显著性水平 $\alpha = 0.05$，自由度 $f = 5-2 = 3$ 时，检验临界值 $t_{0.05,3} = 3.18$，$t_b < t_{0.05,3}$，$t_a < t_{0.05,3}$，说明新、老分析方法测定结果是一致的，用新分析方法可以替代老分析方法用于微量铅的测定。

2.1.7　间接测定中的误差传递

在分析测试中，测定组分量值有两种情况，一种是如重量分析，测定量值和测定误差可以直接由天平读数得到；而另一种情况如容量分析、分光光度分析、原子发射光谱分析等间接测定法，直接测量的是体积、吸光度、谱线强度等响应值，需要将测量的响应值通过一定关系式与测定组分的量值关联起来，直接测定量的测定误差亦通过相应关系式传递到最后的结果中，此称误差传递（propagation of error）。反过来，当预先约定测定结果不能大于某个限定值，该如何确定直接测定量所能允许的最大误差，这都是误差传递要研究的问题。

2.1.7.1　误差传递的基本公式

设

$$y = f(x_1, x_2, \cdots, x_n)$$

式中，x_1、x_2、$\cdots$、x_n 为直接定量，其测量误差，最终要传递到间接测定量 y 上，

$$y + \Delta y = f(x_1 + \Delta x_1 + x_2 + \Delta x_2 + \cdots + x_n + \Delta x_n)$$

当 Δx_1、Δx_2、$\cdots$、Δx_n 相对于 x_1、x_2、$\cdots$、x_n 很小时，上式可按泰勒级数展开为各级无穷小量之和

$$f(x_1 + \Delta x_1 + x_2 + \Delta x_2 + \cdots + x_n + \Delta x_n)$$

$$= f(x_1, x_2, \cdots, x_n) + \frac{\partial f}{\partial x_1}\Delta x_1 + \frac{\partial f}{\partial x_2}\Delta x_2 + \cdots + \frac{\partial f}{\partial x_n}\Delta x_n$$

$$+ \frac{\partial^2 f}{\partial x_1^2}\Delta x_1^2 + \frac{\partial^2 f}{\partial x_2^2}\Delta x_2^2 + \cdots + \frac{\partial^2 f}{\partial x_n^2}\Delta x_n^2$$

当略去高级项之后，

$$f(x_1 + \Delta x_1 + x_2 + \Delta x_2 + \cdots + x_n + \Delta x_n)$$

$$= f(x_1, x_2, \cdots, x_n) + \frac{\partial f}{\partial x_1}\Delta x_1 + \frac{\partial f}{\partial x_2}\Delta x_2 + \cdots + \frac{\partial f}{\partial x_n}\Delta x_n$$

于是便有

$$\Delta y = \frac{\partial f}{\partial x_1}\Delta x_1 + \frac{\partial f}{\partial x_2}\Delta x_2 + \cdots + \frac{\partial f}{\partial x_n}\Delta x_n \tag{2-16}$$

式（2-16）即为误差传递的基本公式。

当间接测定量 y 与多个直接测定量 x、z、$\cdots$、w 有关时，

$$y = f(x, z, \cdots, w)$$

对直接测定量各进行 n 次重复测定，其各次测定的误差相应有

$$\mathrm{d}y_1 = \frac{\partial f}{\partial x}\mathrm{d}x_1 + \frac{\partial f}{\partial z}\mathrm{d}z_1 + \cdots + \frac{\partial f}{\partial w}\mathrm{d}w_1$$

$$\mathrm{d}y_2 = \frac{\partial f}{\partial x}\mathrm{d}x_2 + \frac{\partial f}{\partial z}\mathrm{d}z_2 + \cdots + \frac{\partial f}{\partial w}\mathrm{d}w_2$$

$$\cdots\cdots$$

$$\mathrm{d}y_n = \frac{\partial f}{\partial x}\mathrm{d}x_n + \frac{\partial f}{\partial z}\mathrm{d}z_n + \cdots + \frac{\partial f}{\partial w}\mathrm{d}w_n$$

将上式两端开平方，根据随机误差正态分布特性，非平方项相互抵偿，于是便有

$$\mathrm{d}y_1^2 = \left(\frac{\partial f}{\partial x}\right)^2\mathrm{d}x_1^2 + \left(\frac{\partial f}{\partial z}\right)^2\mathrm{d}z_1^2 + \cdots + \left(\frac{\partial f}{\partial w}\right)^2\mathrm{d}w_1^2$$

$$\mathrm{d}y_2^2 = \left(\frac{\partial f}{\partial x}\right)^2\mathrm{d}x_2^2 + \left(\frac{\partial f}{\partial z}\right)^2\mathrm{d}z_2^2 + \cdots + \left(\frac{\partial f}{\partial w}\right)^2\mathrm{d}w_2^2$$

$$\cdots\cdots$$

$$\mathrm{d}y_n^2 = \left(\frac{\partial f}{\partial x}\right)^2\mathrm{d}x_n^2 + \left(\frac{\partial f}{\partial z}\right)^2\mathrm{d}z_n^2 + \cdots + \left(\frac{\partial f}{\partial w}\right)^2\mathrm{d}w_n^2$$

对各次测定误差求和，再分别除以 $(n-1)$，则标准差为

$$s_y = \sqrt{\frac{\sum\limits_{i=1}^{n}\mathrm{d}y_i^2}{n-1}}$$

$$= \sqrt{\left(\frac{\partial f}{\partial x}\right)^2\frac{\sum\limits_{i=1}^{n}\mathrm{d}x_i^2}{n-1} + \left(\frac{\partial f}{\partial z}\right)^2\frac{\sum\limits_{i=1}^{n}\mathrm{d}z_i^2}{n-1} + \cdots + \left(\frac{\partial f}{\partial w}\right)^2\frac{\sum\limits_{i=1}^{n}\mathrm{d}w_i^2}{n-1}} \qquad (2\text{-}17)$$

$$= \sqrt{\left(\frac{\partial f}{\partial x}\right)^2 s_x^2 + \left(\frac{\partial f}{\partial z}\right)^2 s_z^2 + \cdots + \left(\frac{\partial f}{\partial w}\right)^2 s_w^2}$$

两边除以 y，得到相对标准差

$$E_y = \sqrt{\left(\frac{\partial f}{\partial x}\right)^2\frac{s_x^2}{y^2} + \left(\frac{\partial f}{\partial z}\right)^2\frac{s_z^2}{y^2} + \cdots + \left(\frac{\partial f}{\partial w}\right)^2\frac{s_w^2}{y^2}} \qquad (2\text{-}18)$$

式中，$\dfrac{\partial f}{\partial x}$、$\dfrac{\partial f}{\partial z}$、$\dfrac{\partial f}{\partial w}$ 是误差传递系数。

2.1.7.2　误差运算的基本公式

由误差传递的一般公式(2-18)导出误差基本运算公式。

（1）加减运算

若 $y = x_1 + x_2$，按照误差传递的基本公式(2-17)，有

$$\sigma_y^2 = \left(\frac{\partial y}{\partial x_1}\right)^2\sigma_{x_1}^2 + \left(\frac{\partial y}{\partial x_2}\right)^2\sigma_{x_2}^2$$

$$= \sigma_{x_1}^2 + \sigma_{x_2}^2$$

$$\sigma_y = \sqrt{\sigma_{x_1}^2 + \sigma_{x_2}^2} \qquad (2\text{-}19)$$

（2）乘法运算

若 $y = kx_1x_2$，按照误差传递的基本公式（2-17），有

$$\sigma_y^2 = \left(\frac{\partial y}{\partial x_1}\right)^2 \sigma_{x_1}^2 + \left(\frac{\partial y}{\partial x_2}\right)^2 \sigma_{x_2}^2$$

$$= (kx_2)^2 \sigma_{x_1}^2 + (kx_1)^2 \sigma_{x_2}^2$$

$$= k^2(x_2^2 \sigma_{x_1}^2 + x_1^2 \sigma_{x_2}^2)$$

上式两边同除以 $y = kx_1x_2$，得到相对误差

$$E_y = \frac{\sigma_y}{y} = \frac{k\sqrt{x_2^2 \sigma_{x_1}^2 + x_1^2 \sigma_{x_2}^2}}{kx_1x_2} = \sqrt{\frac{\sigma_{x_1}^2}{x_1^2} + \frac{\sigma_{x_2}^2}{x_2^2}}$$

$$E_y = \sqrt{E_{x_1}^2 + E_{x_2}^2} \tag{2-20}$$

（3）除法运算

若 $y = k\dfrac{x_1}{x_2}$，按照误差传递的基本公式（2-17），有

$$\sigma_y^2 = \left(\frac{\partial y}{\partial x_1}\right)^2 \sigma_{x_1}^2 + \left(\frac{\partial y}{\partial x_2}\right)^2 \sigma_{x_2}^2$$

$$= \left(\frac{k}{x_2}\right)^2 \sigma_{x_1}^2 + \left(-\frac{kx_1}{x_2^2}\right)^2 \sigma_{x_2}^2$$

$$= \left(\frac{k}{x_2}\right)^2 \left(\sigma_{x_1}^2 + \frac{x_1}{x_2}\sigma_{x_2}^2\right)^2$$

上式两边同除以 $y = kx_1/x_2$，得到相对误差

$$E_y = \frac{\sigma_y}{y} = \sqrt{\frac{\sigma_{x_1}^2}{x_1} + \frac{\sigma_{x_2}^2}{x_2}} = \sqrt{E_{x_1}^2 + E_{x_2}^2} \tag{2-21}$$

（4）对数运算

若 $y = k + n\ln x$，按照误差传递的一般公式（2-17），有

$$\sigma_y^2 = \left(\frac{\partial y}{\partial x}\right)^2 \sigma_x^2 = \left(\frac{n}{x}\right)^2 \sigma_x^2$$

$$\sigma_y = \frac{n}{x}\sigma_x \tag{2-22}$$

（5）指数运算

若 $y = a + kx^n$，按照误差传递的一般公式（2-17），有

$$\sigma_y^2 = \left(\frac{\partial y}{\partial x}\right)^2 \sigma_x^2$$

$$= (nkx^{n-1})^2 \sigma_x^2$$

$$\sigma_y = nkx^{n-1}\sigma_x \tag{2-23}$$

2.1.7.3　误差传递公式在分析测试中的应用

（1）容量分析中的误差传递与计算

在容量分析法中，直接测定量是滴定溶液的体积 v，间接计算量是被滴定溶液内被测定

组分量，容量分析的基本关系式是

$$w = v \times c$$

式中，w 是被滴定溶液中被测组分的质量；v 是消耗滴定液的体积；c 是滴定液的浓度。按照误差传递的一般公式(2-17)，有

$$\sigma_w^2 = \left(\frac{\partial w}{\partial v}\right)^2 \sigma_v^2 + \left(\frac{\partial w}{\partial c}\right)^2 \sigma_c^2$$
$$= c^2 \sigma_v^2 + v^2 \sigma_c^2$$

上式中 σ_v^2 与 σ_c^2 分别是滴定液体积与滴定液浓度的方差。两边同除以 w，得到相对误差

$$E_w = \frac{\sigma_w}{w} = \sqrt{\frac{\sigma_v^2}{v^2} + \frac{\sigma_c^2}{c^2}}$$
$$= \sqrt{E_v^2 + E_c^2} \tag{2-24}$$

示例 2.5 今用浓度 c 为 (1.000 ± 0.001) mg/mL 的标准溶液滴定某试液，消耗滴定液体积 V 为 20.00mL，滴定管的读数误差为 0.02mL，滴定管读数的相对误差为 0.1%，滴定液浓度的相对误差也是 0.1%，试求滴定结果的精密度。

题解：

测定结果的相对误差

$$E_w = \sqrt{\left(\frac{0.001}{1.000}\right)^2 + \left(\frac{0.02}{20.00}\right)^2}$$
$$= \sqrt{(0.1\%)^2 + (0.1\%)^2} = 0.14\%$$
$$s_w = 20.00 \times 0.14\% = 0.028$$

滴定结果的精密度为 (20.00 ± 0.03) mg。

如果预先约定滴定液浓度的精密度为 0.1%，配制标准滴定液，称量所允许的最大误差应是多大？

因为在本例中，有体积与质量两个未知数，从数学上考虑，在一个方程中有两个未知数，其解是不定解。需采用化学上常用的"等效法"来解决这一问题，即假定 $E_v = E_w$。于是有

$$E_c = \sqrt{2E_c^2} = \sqrt{2E_w^2}$$
$$E_w = \sqrt{\frac{E_c^2}{2}} = \sqrt{\frac{(0.1\%)^2}{2}} = 0.07\%$$

如要配制 500mL 标准滴定溶液，需称量 500mg 基准物，称量最大允许误差是 $500 \times 0.07\% = 0.35$mg，要求必须使用万分之一的天平。如果配制 2000mL 标准滴定溶液，需称量 2000mg 基准物，最大允许称量误差为 $0.35 \times 4 = 1.4$mg，这时使用千分之一的天平称量也可满足要求。

（2）光度分析的误差传递和计算

在光度分析中，直接测定量是吸光度 A，间接计算量是被测定组分浓度 c，它们之间的关系是

$$A = \lg \frac{I_0}{I} Kcl$$

式中，A 是吸光度；I_0 是入射光强；I 是出射光强；K 是吸收系数；c 是浓度；l 是吸收池

厚度。

$$\frac{\Delta c}{c} = \frac{\Delta A}{A}$$

因为 $A = -\lg T$，T 是透射率，则

$$\Delta A = \frac{0.434 \Delta T}{T} = \frac{0.434 \Delta T}{10^{-A}}$$

因此，测定的相对误差为

$$E_c = \frac{0.434}{A \times 10^{-A}} \Delta T \qquad (2-25)$$

由式（2-25）可以确定最佳测定条件，在此条件下，测定误差最小。满足误差最小的条件是

$$\frac{\mathrm{d}E_c}{\mathrm{d}A} = 0.434 \Delta T = \frac{\mathrm{d}}{\mathrm{d}A}\left(\frac{1}{A \times 10^{-A}}\right) = 0$$

即

$$\frac{\mathrm{d}}{\mathrm{d}A}\left(\frac{1}{A \times 10^{-A}}\right) = \frac{10^{-A} - \dfrac{A \times 10^{-A}}{0.434}}{(A \times 10^{-A})^2} = 0$$

则

$$10^{-A} - \frac{A \times 10^{-A}}{0.434} = 0$$

$$A = 0.434$$

在吸光度 $A = 0.434$ 时，测量误差最小。分光光度法误差函数曲线（图 2.4）也表明，在吸光度 $A = 0.434$ 处，$\dfrac{0.434}{A \times 10^{-A}}$ 值处于误差函数曲线的最低点。在通常情况下，将吸光度选择在 $0.2 \sim 0.8$ 范围内进行测量是最合适的。

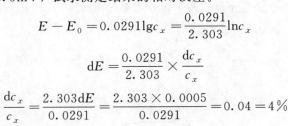

图 2.4　分光光度法误差函数曲线

（3）电解分析的误差计算

用直接电解法测某元素 2 价离子的浓度，直接测定量是电位，间接测定量是 c_x。其关系式是

$$E = E_0 + 0.0291 \lg c_x$$

如果电位测量误差为 0.5mV，试求测定结果的相对误差。

$$E - E_0 = 0.0291 \lg c_x = \frac{0.0291}{2.303} \ln c_x$$

$$\mathrm{d}E = \frac{0.0291}{2.303} \times \frac{\mathrm{d}c_x}{c_x}$$

$$\frac{\mathrm{d}c_x}{c_x} = \frac{2.303 \mathrm{d}E}{0.0291} = \frac{2.303 \times 0.0005}{0.0291} = 0.04 = 4\%$$

求得测定结果的相对误差为 4%。

2.2　分析测试数据的统计分布

测定值是一个以概率取值的随机变量，在测定的过程中不可避免地要受到不可控的随机

因素的影响，导致测定值随机波动。如果用数理统计方法对这些随机波动的测定数据进行适当的整理，寓于其中的内在规律性，就会以数据统计分布的形式呈现出来，现已从中总结、引出了许多分析测试数据统计处理的方法。深入了解分析测试数据统计分布的属性与特点，对正确应用数理统计方法处理分析测试数据是很有必要的。

2.2.1 正态分布

2.2.1.1 正态分布概率密度函数

由概率统计理论可知，若随机变量由为数众多的相互独立的随机因素的影响叠加而成，而每一个随机因素的影响又表现得非常微弱，则这个随机变量表现为正态分布（normal distribution）。从历史上看，正态分布的数学表达式是高斯（C. R. Gauss）在研究误差理论时首先推导出来的，故又称高斯分布（Gaussian distribution）。其为由数学期望 μ、方差 σ^2 确定的连续随机变量概率分布。

概率是用来表示测定值落在某一区间可能性大小的量，无量纲，其值在（0，1）之间。概率密度是单位随机变量的概率 dp/dx，其值可以是任何正数，量纲是随机变量 x 的单位之倒数。正态分布概率密度函数为

$$\varphi(x) = \frac{1}{\sigma\sqrt{2\pi}} e^{-\frac{(x-\mu)^2}{2\sigma^2}} \tag{2-26}$$

$$(-\infty < x < +\infty, \ \sigma > 0)$$

式中，x 是从总体随机抽取的样本测定值。所谓总体（population）是指随机变量（random variable）x 取值的全体。从总体抽取的 n 个测定值 x_1、x_2、$\cdots$、x_n，称为样本（sample），n 的大小称为样本容量（sample capacity）。正态分布概率密度函数包含了两个基本参数 μ 和 σ，是特征参数，不同的分析体系有不同的 μ 和 σ。因为样本是从总体随机抽取的，所以样本与总体具有相同的分布。μ 称为正态分布的均值，表征样本值的集中趋势，在不存在系统误差的条件下，即为真值。σ 是正态分布的标准差，表示样本值的离散特性，e＝2.718，是自然对数的底。为简便起见，将随机变量 x 服从均值为 μ、标准差为 σ 的正态分布记为 $N(\mu, \sigma^2)$，将 $\mu=0$，$\sigma^2=1$ 的正态分布称为标准正态分布（standard normal distribution），记为 $N(0, 1)$。μ 和 σ 是正态分布的两个基本参数。确定了 μ 和 σ，正态分布就完全被确定了。如果用图形表示正态分布，如图 2.5 所示。

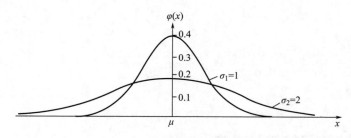

图 2.5　正态分布的概率密度函数曲线

正态分布概率密度函数曲线具有下列特性：

① 关于 $x = \mu$ 对称。

② 它是单峰曲线，在 $x = \mu$ 点达到最大值，$\varphi(x) = 1/(\sigma\sqrt{2\pi})$。随 σ 增大，曲线变得平缓，当 $\sigma = 0.5$，$\varphi(x) \approx 0.8$；当 $\sigma = 1$，$\varphi(x) \approx 0.4$；当 $\sigma = 2$，$\varphi(x) \approx 0.2$。$\varphi(x)$ 永远取正值。

③ 在 $x = \mu \pm \sigma$ 处有两个拐点。

④ 曲线以 x 轴为渐近线。

⑤ 分布曲线与 x 轴所围面积代表了各样本值出现概率的总和，其值为 1。

$$P_{(-\infty \leqslant x \leqslant \infty)} = \frac{1}{\sigma\sqrt{2\pi}}\int_{-\infty}^{\infty}\mathrm{e}^{-\frac{(x-\mu)^2}{2\sigma^2}}\mathrm{d}x = 1 \tag{2-27}$$

样本值 x 落在任意区间 (a, b) 的概率等于在横坐标上 $x = a$，$x = b$ 区间的曲线所夹的面积

$$P_{(a \leqslant x \leqslant b)} = \frac{1}{\sigma\sqrt{2\pi}}\int_{a}^{b}\mathrm{e}^{-\frac{(x-\mu)^2}{2\sigma^2}}\mathrm{d}x \tag{2-28}$$

⑥ μ 决定了曲线的中心位置，μ 的变化只导致曲线的平移，不改变曲线的形状；σ 决定了分布曲线的形状，称为形状参数。σ 的改变导致曲线形状的变化，不改变分布曲线的中心位置。测定值 x 的随机波动，使得测定误差 $\varepsilon = x - \mu$ 也出现随机波动，测定误差与测定值具有类似的统计分布形式，在数学上可用正态分布表证。参见图 2.6。

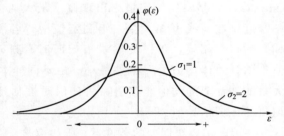

图 2.6　测定误差的概率密度曲线

2.2.1.2　正态分布的特征参数

（1）测定值的集中趋势

正态分布有两个基本参数：总体均值 μ 与总体方差 σ^2。μ 决定了正态分布的中心位置，表征测定值的集中趋势。σ^2 决定了正态分布的形状，表征了测定值的离散特性。用 μ 与 σ^2 两个数值就可以确定正态分布，预测与估计任何测定值落在某一区间的概率。

在对样本进行有限次测定时，不能获得总体均值 μ，只能得到总体均值估计值。算术平均值（mean）、加权均值（weighted mean）、中位值（median）都可用来表征测定值分布的集中趋势。

① 算术平均值　算术平均值（arithmetic mean），简称算术均值（mean）。若样本测定值 x_1、x_2、$\cdots$、x_n 来自正态分布 $N(\mu, \sigma^2)$ 总体，在等精度测定中，样本值 x_i 落在某一区间 $x_i + \Delta x$ 的概率

$$P_i = \frac{1}{\sigma\sqrt{2\pi}}\mathrm{e}^{-\frac{(x_i-\mu)^2}{2\sigma^2}}\Delta x \tag{2-29}$$

样本测定值 x_1、x_2、$\cdots$、x_n 同时出现的联合概率密度函数 $L(x)$，称为多次重复测定值的似然函数，其值是 n 次测定值概率密度的乘积，

$$L(x) = \prod_{i=1}^{n} \frac{1}{\sigma\sqrt{2\pi}} \exp\left[-\frac{1}{2\sigma^2}(x_i - \mu)^2\right]$$

$$= \left(\frac{1}{\sigma\sqrt{2\pi}}\right)^n \exp\left[-\frac{1}{2\sigma^2}\sum_{i=1}^{n}(x_i - \mu)^2\right] \tag{2-30}$$

根据"概率最大事件最可能出现"的原理，要使式（2-30）达到概率最大，指数项 $Q = \sum_{i=1}^{n}(x_i - \mu)^2$ 应最小。根据极值原理，满足极小的条件是 $\frac{\mathrm{d}Q}{\mathrm{d}\mu} = 0$，$\frac{\mathrm{d}^2 Q}{\mathrm{d}\mu^2} > 0$，要使 $\ln L(x)$ 达到最大，选择合适的参数估计值 $\hat{\mu}$，使 $\frac{\mathrm{d}Q}{\mathrm{d}\mu} = \frac{\mathrm{d}\sum_{i=1}^{n}(x_i - \mu)^2}{\mathrm{d}\mu} = 0$，$\frac{\mathrm{d}^2 Q}{\mathrm{d}\mu^2} = \frac{\mathrm{d}^2\sum_{i=1}^{n}(x_i - \mu)^2}{\mathrm{d}\mu^2} = 2n > 0$。由此得到估计值，

$$\hat{\mu} = \frac{1}{n}\sum_{i=1}^{n} x_i = \overline{x} \tag{2-31}$$

由上述最大似然估计法所求得的估计值称为最大似然估计值（maximum likelihood estimator），是一组测定值中出现概率最大的值，是最可信赖的值。从图 2.5 正态分布概率密度函数曲线可知，在一组测定值中，各测定值对均值的偏差有正有负，出现正、负偏差的机会相等，正、负偏差相互抵消，测定值对算术均值的偏差之和为零，用算术均值来估计总体均值 μ，偏差最小。由不同样本得到的估计值 $\overline{x}$ 都在被估计值 μ 附近波动，大量的估计值的均值能够消除估计值对被估计值的偏离。由此可知，样本均值 $\overline{x}$ 是总体均值的无偏估计值。

在消除了系统误差的条件下，随机变量 x 的测定值 x_1、x_2、…、x_n 都在总体均值 μ 附近波动，其期望值（expectation value）

$$\langle \overline{x} \rangle = \left(\frac{1}{n}\sum_{i=1}^{n} x_i\right) = \frac{1}{n}\left(\sum_{i=1}^{n} x_i\right)$$

$$= \frac{1}{n}\left[\langle x_1 \rangle + \langle x_2 \rangle + \cdots + \langle x_n \rangle\right]$$

$$= \frac{1}{n}(\mu + \mu + \cdots + \mu) = \frac{1}{n}n\mu = \mu$$

由于样本测定值 x_1、x_2、…、x_n 都是随机变量 x 的估计值，具有相同的理论均值 μ。样本均值 $\overline{x}$ 既是总体均值的最佳无偏估计值（best unbiased estimator），因为期望值 $\langle \overline{x} \rangle = \mu$，其又是能够消除对被估计值偏离的最佳估计值，用来估计总体均值 μ 没有系统误差，是最可信赖的值，是一组等精度测定值中出现概率最大的值。因此，在有限次等精度测定中，分析测试人员常用算术均值 $\overline{x} = \frac{1}{n}\sum_{i=1}^{n} x_i$ 报告分析测试结果。

② 加权均值　当一个分析测试任务由不同实验室、不同分析人员协同完成，或者同一分析人员在不同仪器上用不同分析方法完成，所得到的测定值的精密度是不同的。在非等精度测定的场合，要用加权均值 $\overline{x}_\mathrm{w}$ 报告测定结果。加权均值是用加权方式计算的均值，是全部加权值之和除以总权数，记为 $\overline{x}_\mathrm{w}$。

设有方差分别为 σ_1^2，σ_2^2，…，σ_n^2 的均值 $\overline{x}_1$，$\overline{x}_2$，…，$\overline{x}_n$，则加权均值为

$$\overline{x}_{\mathrm{w}} = \frac{\sum\limits_{i=1}^{n} w_i x_i}{\sum\limits_{i=1}^{n} w_i} \tag{2-32}$$

式中，$w_i = \dfrac{1}{\sigma_i^2}$，称为权。测定值的精密度越好，权值越大。在加权均值中所占的权重越大。

在不等精度测定中，x_i 出现的概率密度是

$$\varphi(x_i) = \frac{1}{\sigma_i \sqrt{2\pi}} \exp\left[-\frac{1}{2\sigma_i^2}(x_i - \mu)^2\right] \tag{2-33}$$

则样本值 $\overline{x}_1$，$\overline{x}_2$，…，$\overline{x}_n$ 的似然函数为

$$L(x_i) = \prod_{i=1}^{n} \frac{1}{\sigma_i \sqrt{2\pi}} \exp\left[-\frac{(x_i - \mu)^2}{2\sigma_i^2}\right]$$

$$= \left(\frac{1}{\sqrt{2\pi}}\right)^n \left(\prod_{i=1}^{n} \frac{1}{\sigma_i}\right) \exp\left[-\sum_{i=1}^{n} \frac{(x_i - \mu)^2}{2\sigma_i^2}\right] \tag{2-34}$$

根据"概率最大事件最可能出现"的原理，要使式（2-34）达到概率最大，指数项应最小。根据极值原理，选择合适的参数估计值 $\hat{\mu}$，使

$$\frac{\mathrm{d}}{\mathrm{d}\mu} \sum_{i=1}^{n} \left[\frac{(x_i - \mu)^2}{2\sigma_i^2}\right] = 0 \tag{2-35}$$

则有

$$\hat{\mu} = \frac{\sum\limits_{i=1}^{n} w_i x_i}{\sum\limits_{i=1}^{n} w_i} = \overline{x}_{\mathrm{w}} \tag{2-36}$$

由此可见，在非等精度测定中，加权均值 $\overline{x}_{\mathrm{w}}$ 是总体均值 μ 的一个极大似然估计值 $\hat{\mu}$，是总体 μ 的无偏估计值，是最可信赖值。因此，在不等精度测定中要用加权均值 $\overline{x}_{\mathrm{w}}$ 报告测定结果。

在非等精度测定中，加权均值 $\overline{x}_{\mathrm{w}}$ 的期望值 $\langle x_{\mathrm{w}} \rangle$ 是

$$\langle \overline{x}_{\mathrm{w}} \rangle = \frac{\sum\limits_{i=1}^{n} w_i \langle x_i \rangle}{\sum\limits_{i=1}^{n} w_i} = \frac{\mu \sum\limits_{i=1}^{n} w_i}{\sum\limits_{i=1}^{n} w_i} = \mu \tag{2-37}$$

在一组非等精度测定值中，加权均值是出现概率最大的值，是 μ 的最佳无偏估计值。因此，在有限次非等精度测量中，分析测试人员常用加权均值报告分析测试结果。

当进行等精度测定，各测定值等权，即 $w_1 = w_2 = \cdots = w_n$，这时加权均值等于算术均值

$$\overline{x}_{\mathrm{w}} = \frac{\sum\limits_{i=1}^{n} w_i x_i}{\sum\limits_{i=1}^{n} w_i} = \frac{1}{n} \sum_{i=1}^{n} x_i = \overline{x} \tag{2-38}$$

由此可见，等精度测定是不等精度测定的特例。

当一个分析测试任务由不同实验室、不同分析人员协同完成，或者同一分析人员在不同仪器上用不同分析方法完成，所得到的测定值的精密度是不同的，都属于不等精度测定。

用 $\overline{x}$ 和 $\overline{x}_w$ 表征一组测定值的集中趋势，对待估参数做出的估计，具有最小的方差。其是基于全部样本测定值信息计算出来的，是对总体均值 μ 具有充分性、有效性、无偏性和一致性的估计值。因此，用来表征和报告测定结果是最合适的。

③ 中位值　在一组依此排列的测定值 $x_1 \leqslant x_2 \leqslant \cdots \leqslant x_n$ 中，当测定值数目为奇数时，居于中间位置的测定值为中位值，记为 $\widetilde{x}$。当测定值数目为偶数时，中位数是居于中间的两个测量值的算数均值。正态总体 $N(\mu, \sigma^2)$ 的样本中位值近似遵从正态分布 $N\left(\mu, \dfrac{\pi}{2}\sigma^2\right)$，可用中位值来估计总体均值 μ。各测定值对中位值的偏差之绝对值的总和最小，中位值是一组测定值中的最佳值。

中位值对测定值中出现的极值不敏感。当测定值波动大时，中位值是比算术均值更稳健的统计量，是稳健统计中的一个重要参数。求中位值可以不必事先知道总体分布的类型，计算方便。在测定值遵从正态分布条件下，算术均值与中位值是一致的。

(2) 测定值的离散特性

测定值是随机变量，从正态分布 $N(\mu, \sigma^2)$ 总体中随机抽取容量为 n 的样本进行测定，在同一测定条件下多次重复测定得到样本值 $x_1, x_2, \cdots, x_n$ 也不可能完全相同，不可避免地有一定程度的离散。样本值的似然函数

$$L(x) = \prod_{i=1}^{n} \frac{1}{\sigma\sqrt{2\pi}} \exp\left[-\frac{1}{2\sigma^2}(x_i - \mu)^2\right]$$

$$= \left(\frac{1}{\sigma\sqrt{2\pi}}\right)^n \exp\left[-\frac{1}{2\sigma^2}\sum_{i=1}^{n}(x_i - \mu)^2\right] \tag{2-39}$$

由于 $L(x)$ 与 $\ln L(x)$ 具有相同的极值点，而求 $\ln L(x)$ 的极值点更方便。对式(2-38)取对数，得到

$$\ln L(x) = -\frac{n}{2}\ln 2\pi - \frac{n}{2}\ln\sigma^2 - \frac{1}{2\sigma^2}\sum_{i=1}^{n}(x_i - \mu)^2 \tag{2-40}$$

应用最大似然估计法，选择合适的参数估计值 $\hat{\sigma}^2$，使似然函数 $\ln L(x)$ 达到最大，满足最大的条件是

$$\frac{\partial \ln L(x)}{\partial \sigma^2} = -\frac{n}{2\sigma^2} - \frac{1}{2\sigma^2}\sum_{i=1}^{n}(x_i - \mu)^2 = 0 \tag{2-41}$$

解式(2-41)，得到总体方差估计值

$$\hat{\sigma}^2 = \frac{1}{n}\sum_{i=1}^{n}(x_i - \overline{x})^2 \tag{2-42}$$

因为 $\hat{\sigma}^2$ 的期望值（expectation value）

$$\left\langle \frac{1}{n}\sum_{i=1}^{n}(x_i - \overline{x})^2 \right\rangle = \frac{1}{n}\left\langle \sum_{i=1}^{n}(x_i - \langle x\rangle)^2 - n(\overline{x} - \langle x\rangle)^2 \right\rangle$$

$$= \frac{1}{n}\sum_{i=1}^{n}\langle(x_i - \langle x\rangle)^2\rangle - \langle(\overline{x} - \langle x\rangle)^2\rangle$$

$$=\sigma^2(x)-\sigma^2(\overline{x})=\sigma^2(x)-\frac{1}{n}\sigma^2(x)$$

$$=\frac{n-1}{n}\sigma^2(x) \qquad (2\text{-}43)$$

故 $\hat{\sigma}^2$ 是 σ^2 最大似然估计值，只是 σ^2 渐近无偏估计量，因为 $\hat{\sigma}^2$ 的期望值不是 σ^2，而是 $\frac{n-1}{n}\sigma^2$。除以（$n-1$）后，才是总体方差 σ^2 的无偏估计值

$$\hat{\sigma}^2=s^2=\frac{1}{n-1}\sum_{i=1}^{n}(x_i-\overline{x})^2 \qquad (2\text{-}44)$$

式（2-44）就是计算测定值方差与标准差的基本关系式——贝塞尔公式。在等精度测定中，样本方差 s^2 是总体方差 σ^2 的最佳无偏估计值；在非等精度测定中，并合标准差 $\overline{s}^2$ 是总体方差 σ^2 的最佳无偏估计值。

2.2.2　标准正态分布

正态分布的两个基本参数 μ 与 σ 是特征参数，不同的体系有不同的 μ 与 σ。这为计算概率带来不方便，使正态分布概率计算比较烦琐。如果通过变量变换

$$u_i=\frac{x_i-\mu}{\sigma} \qquad (2\text{-}45)$$

正态分布分 $N(\mu,\sigma^2)$ 变成期望值 $\mu=0$，方差 $\sigma^2=1$ 的标准正态分布（standard normal distribution）

$$\varphi(x)=\frac{1}{\sqrt{2\pi}}\mathrm{e}^{-\frac{u^2}{2}} \qquad (2\text{-}46)$$

记为 $N(0,1)$，可以大大简化概率的计算。任何正态分布的概率值都可由标准正态分布表查到。标准正态分布表中给出的积分值相应于图 2.7 中阴影区域的面积，即

$$P(u\geqslant K_\alpha)=\frac{1}{\sqrt{2\pi}}\int_{K_\alpha}^{\infty}\exp\left(\frac{u^2}{2}\right)\mathrm{d}u=\alpha$$

$$(2\text{-}47)$$

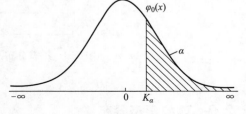

图 2.7　标准正态分布概率表的积分值

由于正态分布曲线的对称性，标准正态分布累计概率值

$$\varphi(u)=\frac{1}{\sqrt{2\pi}}\int_{-\infty}^{K_\alpha}\exp\left(-\frac{u^2}{2}\right)\mathrm{d}u=\frac{1}{\sqrt{2\pi}}\int_{-K_\alpha}^{\infty}\exp\left(-\frac{u^2}{2}\right)\mathrm{d}u$$

$$=\frac{1}{\sqrt{2\pi}}\int_{-\infty}^{\infty}\exp\left(-\frac{u^2}{2}\right)\mathrm{d}u-\frac{1}{\sqrt{2\pi}}\int_{-\infty}^{-K_\alpha}\exp\left(-\frac{u^2}{2}\right)\mathrm{d}u$$

$$=1-\varphi(-u) \qquad (2\text{-}48)$$

当 $K_\alpha>0$，直接由标准正态分布表查出与 K_α 相应的 α 值，便得到 $\varphi(u)=1-\alpha$；当 $K_\alpha<0$，由 $|k_\alpha|$ 从标准正态分布表查相应的 α 值，便得到 $\varphi(u)=\alpha$。因此，样本值落在任意区间（a,b）的概率为

$$P_{(a \leqslant x \leqslant b)} = P\left(\frac{a-\mu}{\sigma} \leqslant u \leqslant \frac{b-\mu}{\sigma}\right) = \frac{1}{\sqrt{2\pi}} \int_{\frac{a-\mu}{\sigma}}^{\frac{b-\mu}{\sigma}} e^{-\frac{u^2}{2}} du$$

$$= \frac{1}{\sqrt{2\pi}} \int_{-\infty}^{\frac{b-u}{\sigma}} e^{-\frac{u^2}{2}} du - \frac{1}{\sqrt{2\pi}} \int_{-\infty}^{\frac{a-u}{\sigma}} e^{-\frac{u^2}{2}} du$$

$$= \varphi\left(\frac{b-\mu}{\sigma}\right) - \varphi\left(\frac{a-\mu}{\sigma}\right) \tag{2-49}$$

例如已知样本值 x 遵从正态分布 $N(\mu, \sigma^2)$，x 落在区间 $(\mu-\sigma, \mu+\sigma)$ 的概率为

$$P_{(\mu-\sigma \leqslant x \leqslant \mu+\sigma)} = \varphi(1) - \varphi(-1) = 0.8413 - 0.1587 = 0.6826 = 68.26\%$$

$$P_{(\mu-2\sigma \leqslant x \leqslant \mu+2\sigma)} = \varphi(2) - \varphi(-2) = 0.9972 - 0.0228 = 0.9544 = 95.44\%$$

$$P_{(\mu-3\sigma \leqslant x \leqslant \mu+3\sigma)} = \varphi(3) - \varphi(-3) = 0.99863 - 0.00135 = 0.9973 = 99.73\%$$

从理论上讲，正态随机变量 x 的取值范围是 $(-\infty, \infty)$，但在实际测定中，只能在有限的范围内取值，一般认为取值范围是 $(-2\sigma, 2\sigma)$，因为大于 2σ 的测定值出现的概率只有 5%，大于 3σ 的测定值出现的概率更小，仅有 0.3%，都是小概率事件，在通常的分析测试中只进行少数几次测定，出现大于 2 倍标准差（2σ）、3 倍标准差（3σ）的测定值几乎是不可能的，若出现这样的测定值，也作为异常值被剔除。样本值落入各区间的概率参见图 2.8。

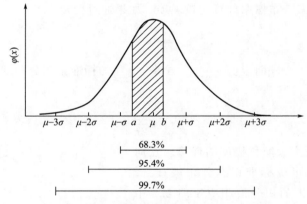

图 2.8 正态分布总体样本值落入各区间的概率

2.2.3 对数正态分布

当被研究组分含量范围变化很大，或组分分布很不均匀以及痕量组分分析时，如测定岩矿中痕量元素、土壤中某些稀有元素背景值，测定值 x 有时不遵从正态分布，但测定值取对数后 $\lg x$ 遵从正态分布，则称 x 为对数正态分布（logarithmic normal distribution）。对数正态分布与正态分布的关系如图 2.9 所示。

取对数后，$\lg x$ 的均值与方差分别是

$$\overline{x}_{\lg} = \frac{1}{n} \sum_{i=1}^{n} \lg x_i \tag{2-50}$$

$$s_{\lg}^2 = \frac{\sum\limits_{i=1}^{n} (\lg x_i - \overline{x}_{\lg})^2}{n-1} \tag{2-51}$$

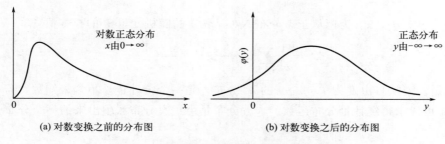

图 2.9　对数正态分布与正态分布的关系图

可分别用来估计总体均值与总体方差。取反对数后分别得到几何均值 $\overline{x}_G$（geometric mean）与几何方差 s_G^2（geometric standard deviation）

$$\overline{x}_G = lg^{-1} \overline{x}_{lg} \tag{2-52}$$

$$s_G^2 = lg^{-1} s_{lg}^2 \tag{2-53}$$

示例 2.6　从长期监测某河段的氰化物得知，氰化物含量遵从对数正态分布，某日随机从该河段取水样检验，测得氰化物含量为：

0.163、0.095、0.060、0.062、0.046、0.008、

0.045、0.043、0.021、0.018、0.009、0.002

试计算当日监测氰化物的几何均值与几何标准差。

题解：

将氰化物监测值分别转换为对数值：-0.79、-1.02、-1.21、-1.22、-1.34、-2.10、-1.35、-1.37、-1.68、-1.74、-2.05、-2.70。按式（2-49）与式（2-50）计算 $\overline{x}_{lg}$ 值与 s_{lg}^2，

$$\overline{x}_{lg} = \frac{1}{n}\sum_{i=1}^{n}lg x_i = \frac{-18.57}{12} = -1.5475$$

$$s_{lg}^2 = \frac{1}{n-1}\sum_{i=1}^{n}(lg x_i - \overline{x}_{lg})^2$$

$$= \frac{1}{12-1}\left[(lg x_i)^2 - \overline{x}_{lg}^2/12\right]^2$$

$$= \frac{31.8645 - 28.7371}{11} = 0.2843$$

$$s_{lg} = \sqrt{0.2843} = 0.5332$$

取反对数后分别得到的几何均值 G 与几何标准差 s_G

$$G = lg^{-1}(-1.5475) = 0.028$$

$$s_G = lg^{-1}(s_{lg}) = lg^{-1}(0.5332) = 3.4$$

2.2.4　χ^2 分布

χ^2 分布（χ^2-distribution），在中文里称为卡方分布，由正态分布引出的正态随机变量平方和的连续型概率分布，是 Pearson 于 1900 年推导出来的，用于 χ^2 分布参数检验与区间

估计。

若 x_1、x_2、$\cdots$、x_n 为遵从正态分布 $N(\mu,\sigma^2)$ 的随机变量 x 的样本值

$$\chi^2 = \frac{1}{\sigma^2}\sum_{i=1}^{n}(x_i - \overline{x})^2 = \frac{n-1}{\sigma^2}s^2 \qquad (2\text{-}54)$$

称为 χ^2 变量。遵从自由度为 $f=n-1$ 的 χ^2 分布，是一个统计量，不含未知数。若总体分布函数已知，可以求得统计量分布函数。卡方分布是由正态分布派生出来的一个分布，其概率密度函数是

$$\varphi(\chi^2) = \frac{1}{2^{1/2}\Gamma\left(\dfrac{f}{2}\right)}(\chi^2)^{\frac{f}{2}-1}\mathrm{e}^{-\frac{1}{2}\chi^2} \qquad (0 \leqslant \chi^2 \leqslant \infty) \qquad (2\text{-}55)$$

式中，$\Gamma(f/2)$ 是伽马函数。卡方分布的概率密度曲线如图 2.10 所示。

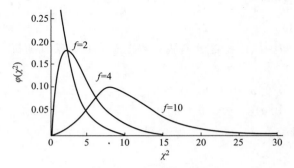 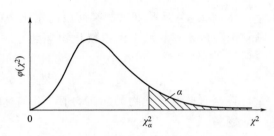

图 2.10 卡方分布的概率密度曲线   图 2.11 卡方分布概率示意图

χ^2 分布概率密度曲线的特点：

① 当 $f=1$，$\varphi(\chi^2) = \dfrac{1}{\sqrt{2\pi}}(\chi^2)^{-1/2}\mathrm{e}^{-\chi^2/2}$，单调下降，从 $+\infty$ 下降到 0。

② 当 $f=2$，$\varphi(\chi^2) = \dfrac{1}{2}\mathrm{e}^{-\chi^2/2}$，是一个指数曲线，也是单调下降，从 $1/2$ 下降趋于 0。

③ 当 $f=3$，$\varphi(\chi^2) = \dfrac{1}{\sqrt{2\pi}}(\chi^2)^{f/2}\mathrm{e}^{-\chi^2/2}$，曲线由原点出发，开始上升至 $\chi^2=1$，然后单调下降趋于 0。

④ 当 $f>2$，曲线有单峰，其峰位置可用极值的方法由式(2-55)求得。对函数

$$g(\chi^2) = (\chi^2)^{f/2-1}\mathrm{e}^{-\chi^2/2}$$

微分，并令其等于 0，

$$g(\chi^2) = \left(\frac{f}{2}-1\right)\mathrm{e}^{-\chi^2/2}(\chi^2)^{f/2-2} - \frac{1}{2}\mathrm{e}^{-\chi^2/2}(\chi^2)^{f/2-1} = 0 \qquad (2\text{-}56)$$

解式(2-56)，得 $\chi^2=f-2$。由图 2.10 可见，f 越小曲线越不对称，f 越大，曲线趋于正态分布，但 χ^2 分布越分散。χ^2 在不同显著性水平 α、不同自由度 f 时的分布值，已编成了 χ^2 分布表供查阅。χ^2 给出的值是 $\chi_f^2 > \chi_{\alpha,f}^2$ 的概率（参见图 2.11 中的阴影区）。χ^2 分布表只给出了至 $f=45$ 的 χ^2 值。$f>45$ 的 χ^2 值，可通过近似计算得到。

Fisher 曾经证明，当 $f>30$，$\sqrt{2\chi^2}$ 近似遵从正态分布 $N(\sqrt{2f-1},1)$，亦即 $\sqrt{2\chi^2}-$

$\sqrt{2f-1}$ 近似遵从标准正态分布 $N(0, 1)$，于是有

$$\sqrt{2\chi^2_{\alpha,f}} - \sqrt{2f-1} \approx u_\alpha \tag{2-57}$$

得到

$$\chi^2_{\alpha,f} \approx \frac{1}{2}(u_\alpha + \sqrt{2f-1})^2 \tag{2-58}$$

式中，u_α 是标准正态分布 $N(0, 1)$ 上的 100α 点，可由标准正态分布概率密度表中查得，因此，可以计算出 $f > 30$ 以后的 χ^2 值。

示例 2.7 某钢铁厂生产的铁水中含碳量，在正常的情况下，遵从正态分布 $N(4.55, 0.10^2)$，某一生产日抽测了 10 炉铁水，测得的含碳量分别是：4.53、4.66、4.55、4.50、4.48、4.62、4.42、4.57、4.54、4.58，试问这一天生产的铁水中含碳量的总体方差是否正常。

题解：

计算含碳量的平均值 $\overline{x} = 4.545$，方差 $s^2 = 0.004761$，统计量

$$\chi^2 = \frac{n-1}{\sigma^2}s^2 = \frac{10-1}{0.10^2} \times 0.069^2 = 4.28$$

查 χ^2 分布表，约定显著性水平 $\alpha = 0.05$，$f = n-1 = 9$，在正常生产情况下，允许 $\chi^2_{0.05,9}$ 波动范围的上、下限值分别是

$$P(\chi^2 \geqslant \chi_{\alpha/2}) = P(\chi^2 \geqslant 19.023) = 0.025$$
$$P(\chi^2 \geqslant \chi_{1-\alpha/2}) = P(\chi^2 \geqslant 2.700) = 0.975$$

当天抽检的结果，$\chi^2 = 4.28$ 值落入该范围内，说明当天生产的铁水中含碳量是正常的。

也可从 $\chi^2 = 4.28$ 的出现概率考虑。查 χ^2 分布表，表中没有相应于 $\chi^2 = 4.28$ 的概率值。用内插法计算，在 $f = 9$，$\chi^2_{0.90,9} = 4.168$，$\chi^2_{0.75,9} = 5.899$，由内插法求得相应于 $\chi^2 = 4.28$ 的概率为 0.89，这是一个大概率事件，因此，可以认为当天生产的铁水中的含碳量没有异常情况。或者说，当天生产铁水的情况是正常的。做出这一结论的置信度是 95%。

2.2.5 t 分布

t 分布（t-distribution），又称学生氏分布，是 1908 年英国统计学家 W. S. Gosset 发现的，是由正态分布引出来的一个分布，描述正态分布 $N(\mu, \sigma^2)$ 总体均值 μ 与样本均值 $\overline{x}$ 之间的关系，用于对总体均值 μ 的假设检验与区间估计。

若 x_1、x_2、…、x_n 是由遵从正态分布 $N(\mu, \sigma^2)$ 的总体中随机抽取的样本值，对总体均值 μ 假设检验的统计量 t 有

$$t = \frac{\overline{x} - \mu}{s/\sqrt{n}} \tag{2-59}$$

即为遵从自由度 $f = n-1$ 的 t 分布。式中，$\overline{x}$ 是样本值的均值；s 是样本值的标准差。t 分布的概率密度函数是

$$\varphi(t) = \frac{1}{\sqrt{\pi f}} \times \frac{\Gamma\left(\frac{f+1}{2}\right)}{\Gamma\left(\frac{f}{2}\right)}\left(1 + \frac{t^2}{f}\right)^{-\frac{f+1}{2}} \quad (-\infty < t < \infty) \tag{2-60}$$

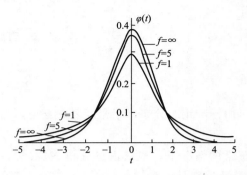

图 2.12 不同 f 时的 t 分布概率密度曲线

式中，$\Gamma(f)$ 是伽马函数。t 分布只取决于自由度 f 与统计量 t 值。t 分布概率密度曲线如图 2.12 所示。

t 分布的概率密度曲线的特点是：

① 分布的概率密度关于 $t=0$ 对称。

② 在 $t=0$ 处分布概率密度达到极大。

③ 在 $t=\pm\sqrt{f(f+2)}$ 处有拐点；当 $f\rightarrow\infty$，t 分布近似于标准正态分布 $N(0,1)$。

④ 由图 2.12 可见，当 $f<10$ 时，t 分布与标准正态分布相差很大。如 $\alpha=0.05$，$f=5$，由 t 分布表查得 $t_{0.05,5}=2.571$，由正态分布表查得的 $K_{0.05}=1.96$，两者相差很大；$f=20$ 时，查得 $t_{0.05,19}=2.086$，逐渐接近 $K_{0.05}=1.96$；当 $f\rightarrow\infty$，$t_{0.05,\infty}=K_{0.05}=1.96$。

若 $\overline{x}_1$ 与 $\overline{x}_2$ 分别来自正态总体 $N(\mu_1,\sigma^2)$ 与 $N(\mu_2,\sigma^2)$，则 $(\overline{x}_1-\overline{x}_2)$ 遵从正态分布 $N\left(\mu_1-\mu_2,\dfrac{\sigma^2}{n_1}+\dfrac{\sigma^2}{n_2}\right)$，$\dfrac{(\overline{x}_1-\overline{x}_2)-(\mu_1-\mu_2)}{1/n_1+1/n_2}$ 遵从标准正态分布 $N(0,1)$。统计量

$$t=\frac{(\overline{x}_1-\overline{x}_2)}{\overline{s}}\sqrt{\frac{n_1 n_2}{n_1+n_2}} \tag{2-61}$$

为遵从自由度 $f=n_1+n_2-2$ 的 t 分布。式中，n_1 与 n_2 分别是 $\overline{x}_1$ 与 $\overline{x}_2$ 的测定次数；$\overline{s}$ 是并合标准差，用来估计 σ。

本书附录表 3 中给出双侧 t 分布表，表中给出的是双侧概率值，

$$P(|t|>t_{\alpha/2})=\int_{-\infty}^{t_{\alpha/2}}\varphi(t)\mathrm{d}t+\int_{t_{1-\alpha/2}}^{\infty}\varphi(t)\mathrm{d}t=\alpha \tag{2-62}$$

随机变量出现在某一区间的概率

$$P(t_{\frac{\alpha}{2}}<t<t_{1-\frac{\alpha}{2}})=1-\alpha \tag{2-63}$$

可由 t 分布表查出。随机变量出现在区间的概率示意图见图 2.13 所示

例如，$p=0.10$，$f=10$，由 t 分布表查得 $t=1.812$，即 $|t|>1.812$ 的概率是 10%，$|t|<1.812$ 的概率是 90%。

示例 2.8 某化工厂生产的一种化工产品，其中某一有害杂质的含量，遵从 $\mu=0.30\%$ 的正态分布，今抽取 10 个产品进行检验，测得杂质含量平均值为 0.32%，标准差为 0.04%，是否应拒收这批产品？

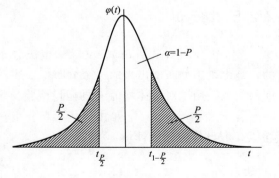

图 2.13 t 分布概率示意图

题解：

因为杂质含量越低，产品质量越好，只有当杂质含量超过允许限时，才能判为不合格产品，因此，这是单侧检验。已知正常合格产品的杂质含量 $\mu=0.30\%$。抽样检验时，$f=10-1=9$，平均值 $\overline{x}=0.32\%$，标准差 $s=0.04\%$。计算的统计量

$$t = \frac{\overline{x} - \mu}{s/\sqrt{n}} = \frac{0.32 - 0.30}{0.04/\sqrt{10}} = 1.581$$

实验值 $t = 1.581$ 处在双侧 t 分布表的 $\alpha = 0.2$ 与 $\alpha = 0.1$ 之间。但本例是单侧检验，双侧检验的 α 值相当于单侧检验是 $\alpha/2$ 值，即 0.1 与 0.05 之间。用内插法求得的 α 值是

$$\alpha = 0.05 + \frac{1.833 - 1.581}{1.833 - 1.383} \times (0.10 - 0.05) = 0.078$$

出现 $t = 1.581$ 的概率是 7.8%，不是小概率事件，根据现有资料，不能认为样本不是来自 $\mu = 0.30\%$ 的总体，即出现差异 $(\overline{x} - \mu) = 0.32 - 0.30 = 0.02(\%)$ 在统计上是允许的，不能拒收该批产品。

也可以从总体 μ 是否被包含在置信区间的角度来考虑，根据本例的情况，$f = 9$，$t_{0.05} = 1.833$，置信限为

$$\frac{s}{\sqrt{n}} t_{0.05} = \frac{0.04}{\sqrt{10}} \times 1.833 = 0.023$$

单侧置信区间为

$$\overline{x} \pm \frac{s}{\sqrt{n}} t_{0.05} = 0.32 \pm \frac{0.04}{\sqrt{10}} \times 1.833 = 0.32 \pm 0.023$$

即置信区间是 $0.297 \sim 0.343$，有害杂质含量在允许的置信区间内，因此，没有理由拒收这批产品，应作为合格产品接收。

2.2.6 F 分布

F 分布（F-distribution）是描述正态分布方差比的概率比分布函数，用于方差统计检验。F 分布的概率密度函数

$$\varphi(F) = \frac{\Gamma\left(\dfrac{f_1 + f_2}{2}\right)}{\Gamma\left(\dfrac{f_1}{2}\right)\Gamma\left(\dfrac{f_2}{2}\right)} f_1^{\frac{f_1}{2}} f_2^{\frac{f_2}{2}} \frac{F^{\frac{f_2-2}{2}}}{(f_2 + f_1 F)^{(f_1 + f_2)/2}} \quad (0 \leqslant F \leqslant \infty) \quad (2\text{-}64)$$

式中，$\Gamma(f)$ 是伽马函数。F 分布只取决于计算方差 s_1^2 与 s_2^2 的自由度 f_1 与 f_2。图 2.14 表示不同自由度（f_1，f_2）时 F 分布的概率密度曲线。

F 分布概率密度曲线的特点：

① 曲线是偏态的，自由度越小，偏态越严重。

② 当自由度 f_1 与 f_2 都较大时，F 分布可用正态分布来近似。

③ F 分布的一个重要性质，

$$F_{1-\alpha(f_1, f_2)} = \frac{1}{F_{\alpha(f_1, f_2)}} \quad (2\text{-}65)$$

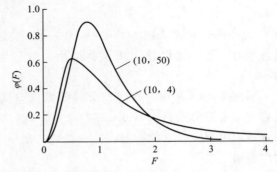

图 2.14 不同自由度（f_1，f_2）的
F 分布概率密度曲线

若 x_1、x_2、$\cdots$、x_n 与 y_1、y_2、$\cdots$、y_n 分别遵从正态分布 $N(\mu_1, \sigma_1^2)$ 与 $N(\mu_2, \sigma_2^2)$，且两样本相互独立，方差分别是 s_1^2 与 s_2^2，则检验统计量

$$F = \frac{s_1^2}{s_2^2} \tag{2-66}$$

为遵从第一自由度 $f_1 = n_1 - 1$ 与第二自由度 $f_2 = n_2 - 1$ 的 F 分布。

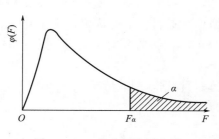

图 2.15　F 分布概率示意图

若由实验测定值计算的 F 值大于 F 分布表中的临界值，表示两方差之间有显著性差异。通常统计书的 F 分布中给出的概率是指 $P = \int_{F_a}^{\infty} \varphi(F) \mathrm{d}F = \alpha$，即图 2.15 中的阴影区域。$F$ 分布中只给出了 $F_{\alpha(f_1, f_2)}$ 值，利用式（2-65）可以求得 $F_{1-\alpha(f_1, f_2)}$ 值。如由 F 分布中查得 $F_{0.05(12,15)} = 2.48$，则 $F_{0.95(12,15)} = 1/2.48 = 0.403$。

因为 F 分布中涉及 f_1、f_2 两个自由度，在编制 F 分布时，在式（2-66）检验统计量中，分子是数值大的 s_1^2，其自由度 f_1 置于分布表上方的横行，分母是数值小的 s_2^2，其自由度 f_2 置于分布表左侧的纵列。

F 分布与 χ^2 分布、t 分布的关系是 $F_{(1, \infty)} = \dfrac{\chi_{f_1}^2}{f}$，$F_{(1, f_2)} = t_{f_2}^2$。因此，从 F 分布表能查到 χ^2 值与 t 值。

示例 2.9　研究电极形状加工精度对原子发射光谱测定精密度的影响，用目视法与仪器监测法控制光谱碳电极的加工精度，对两种方法加工的电极各进行 25 次测定，得到的标准差分别为 $s_1 = 0.023$ 与 $s_2 = 0.019$，试问用仪器严格监控电极加工精度是否有必要。

题解：

本题提出问题的实质是用仪器严格监控电极加工精度是否对测定精密度有明显改善，从统计检验上考虑，这是一个单侧检验问题。已知 $n_1 = n_2 = 25$，$s_1 = 0.023$，$s_2 = 0.019$。计算 F 检验统计量

$$F = \frac{s_1^2}{s_2^2} = \frac{0.023^2}{0.019^2} = 1.47$$

查 F 分布表，在显著性水平 $\alpha = 0.10$，$F_{0.10(24,24)} = 1.70$，则 $F < F_{0.10(24,24)}$。从现有实验资料来看，还不足以说明用仪器严格监控电极加工精度对改善光谱测定精密度有显著的影响。

示例 2.10　用甲、乙两种形状的电极分别对原子发射光谱进行了 25 次与 15 次测定，得到的标准差分别是 $s_1 = 0.027$，$s_2 = 0.014$，试问用甲、乙两种形状电极对原子发射光谱测定精密度有无显著的影响。

题解：

本题所提出的问题与前一个示例是不同的，甲、乙两种形状电极不管甲种形状电极优于乙种形状电极，还是乙种形状电极优于甲种形状电极，都算是有显著性差异，因此是双侧检验问题。已知

$$f_1 = 25, \quad s_1 = 0.027$$
$$f_2 = 15, \quad s_2 = 0.014$$

计算 F 检验统计量

$$F = \frac{s_1^2}{s_2^2} = \frac{0.027^2}{0.014^2} = 3.72$$

选择显著性水平 $\alpha = 0.01$，用单侧 F 分布表进行双侧检验，要用 $F_{\alpha/2(f_1, f_2)}$ 值，不用 $F_{\alpha(f_1, f_2)}$。在显著性水平 $\alpha = 0.01$，$F_{0.01(24,14)} = 3.43$，选择显著性水平 $\alpha = 0.005$，$F_{0.005(24,14)} = 3.96$，则 $F_{0.01(24,14)} < F < F_{0.005(24,14)}$。说明两种形状的电极对发射光谱测定的精密度影响是高度显著的，乙种形状电极的测定精密度明显优于甲种形状电极。

2.3　常用专业术语

2.3.1　检出限和定量限

检出限（detection limit），又称检测限。检出限的定性含义，是指能产生一个确证在试样中存在被测组分的分析信号所需要的该组分的最小含量或最小浓度。根据 IUPAC 的推荐，在测定误差遵从正态分布的条件下，检出限是指能以 99.7% 的置信度检出组分的最小含量或浓度。检出限是评价分析方法的最大检测能力的指标。

检出限可由最小检测信号值与空白噪声导出。设被测组分在检出限水平测得其分析信号均值为 A_L。在相同条件下，对空白试样进行足够多次（例如 20 次）测定，测得其信号均值为 $\overline{A_b}$，标准差为 s_b。根据检出限的定义，当

$$\overline{A_L} - \overline{A_b} \geqslant k s_b \tag{2-67}$$

才可以在约定置信系数 $k = 3$ 水平（置信概率为 0.997）检出测定信号，判定被测组分的存在。最小检出量和最小检出浓度分别记为 q_L 和 c_L，

$$q_L = \frac{\overline{A_L} - \overline{A_b}}{b_q} = k \frac{s_b}{b_q} \tag{2-68}$$

$$c_L = \frac{\overline{A_L} - \overline{A_b}}{b_c} = k \frac{s_b}{b_c} \tag{2-69}$$

式中，b 为校正曲线在低浓度区的斜率，表示被测组分的量或浓度改变一个单位时分析信号的变化量，即灵敏度。在实际分析测试工作中，亦有用置信度 95%（即 2 倍标准差）来表征一个分析方法的检出限。检出限与灵敏度是密切相关的两个表征分析方法特性的参数，灵敏度越高，检出限越低。检出限考虑了噪声的影响，而灵敏度没有考虑噪声对测定信号的影响。如图 2.16 所示，A 与 B 两种情况的信号强度相同，灵敏度是相同的，但从有噪声的 A 中检出分析信号时，由于受到噪声的干扰，显然要比从没有噪声的 B 中检出分析信号的难度要大，其检出限要比 B 差。

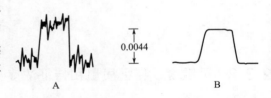

0.0044

由式(2-68)和式(2-69)计算的检出限，取

图 2.16　噪声对检出限与灵敏度的影响

置信系数 $k=3$（置信度为 99.7%），在测定误差遵从正态分布和大样本测定的条件下才成立。在测定低浓度或低含量组分时，测定误差更可能偏离正态分布。而且在实际工作中，基体匹配的空白样品不容易找到，通常用不含被测组分的纯溶液作为空白样品，测得的标准差 s_b 往往偏小，求得的检出限值比预期的要好些。当被测量信号值小于 3 倍空白噪声时，测定量值是可疑的；等于和大于 3 倍空白噪声时，测定量值是可信的。检出限可以作为分析人员选择和评估分析方法能否满足实际分析工作要求的基本依据。

在例行分析中，都是小样本测定，测定值遵从 t 分布，用 t 代替式（2-68）和式（2-69）中的 k，某些国标和行业标准规定用 11 次重复测定的标准差计算检出限，要使置信概率达到 0.99，从 t 分布表查得 $t=3.169$，要使置信概率达到 0.999，$t=4.587$，按近似内插法求得置信概率为 0.997 时的 $t=4.114$。就是说，按 3 倍标准差求得的检出限值偏低、偏好了。或者说，置信概率不到 0.997，而在 $0.98\sim0.99$ 之间，按近似内插法，求得置信概率为 0.9856。值得注意的是，在导出检出限关系式时，假定测定（$\overline{A}_L-\overline{A}_b$）差值的标准差为 s_b。而按照误差传递原理，若空白样品信号的标准差为 s_b，测定量值为检出限水平的样品的分析信号的标准差亦可视为 s_b，则测定差值（$\overline{A}_L-\overline{A}_b$）信号的标准差应为 $s=\sqrt{s_b^2+s_b^2}=\sqrt{2}s_b=1.414s_b$。因此，要使分析信号 A_L 能以置信度 99.7% 显著地从噪声中检出，至少应使（$\overline{A}_L-\overline{A}_b$）$\geqslant 3s=4.242s_b$。由此可见，要使在检出限水平的测定量值有足够的可靠性，计算检出限的置信系数至少要大于 $4.242s_b$。如果同时是小样本测定，要使置信概率为 0.997，$t=4.114$，$4.114\times\sqrt{2}s_b=5.817\approx 6s_b$。就是说，在实际工作中，取 6 倍标准差 s_b 计算检出限更为合理。等于或大于 6 倍空白噪声 s_b 时，才能有效地进行定量测定。

定量限（quantification limit），又称为测定限（determination limit），是指定量分析方法在约定显著性水平 $\alpha=0.05$（置信度 95%）或 $\alpha=0.003$（置信度 99.7%）实际可能测定的某组分含量的下限。若样品中分析物的量等于或大于测定下限，则可认为该样品可在约定的置信度水平被定量测定。定量限不仅受到测定噪声的限制，这一点与检出限是相同的，还受到空白（背景）绝对水平的限制，这一点是与检出限不同的。只有当分析信号比噪声和空白背景大到一定程度时才能可靠地分辨与检测出来。在高空白（背景）下比在低空白（背景）下分辨一个分析信号更困难，噪声和空白背景越高，就需要越高的被测定量产生信号，说明高的噪声和空白背景值使定量限变坏。这是为什么在进行痕量分析时，要减少玷污将空白值控制在尽可能低的水平的重要原因。假定 $\overline{A}_L/\overline{A}_b=K$ 为从噪声和空白背景 $\overline{A}_b$ 中分辨和检出分析信号的阈值，代入式（2-68）和式（2-69）中，得到实际能测定的最小量 q_L 和最小浓度 c_L 分别是

$$q_L=\frac{(K-1)\overline{A}_b}{b_q} \tag{2-70}$$

$$c_L=\frac{(K-1)\overline{A}_b}{b_c} \tag{2-71}$$

2.3.2　灵敏度、特征质量和特征浓度

灵敏度（sensitivity）表示被测组分的量或浓度改变一个单位时分析信号的变化量。它

是表征分辨分析信号变化能力的参数。在仪器分析中，分析灵敏度直接依赖于检测器的灵敏度与放大倍数。仪器检测器的灵敏度 s 越高，噪声 N 也随之增大，信噪比（signal to noise ratio）s/N 不一定得到提高，检出限未必能得到改善。由于灵敏度没有考虑测量噪声的影响，不宜于用它表征一个分析方法的检测能力。

在一些原子吸收光谱分析文献中，将产生 1‰ 吸收或 0.0044 吸光度所需要的被测组分的含量或浓度定义为灵敏度。根据 1975 年 IUPAC 的建议，已不再将其称为灵敏度，而分别称为特征质量（characteristic mass）m_0 和特征浓度（characteristic concentration）m_c。若用质量为 m 或浓度为 c 的溶液测得的吸光度为 A，则特征质量 m_0 和特征浓度 m_c 分别为

$$m_0 = \frac{m \times 0.0044}{A} \qquad (2\text{-}72)$$

$$m_c = \frac{c \times 0.0044}{A} \qquad (2\text{-}73)$$

特征质量或特征浓度与灵敏度存在同样的问题，没有将分析信号与噪声联系起来，用来表征分析方法的最低检出能力同样是不合适的。

灵敏度分为质量灵敏度与浓度灵敏度。质量灵敏度（mass sensitivity）是单位时间内单位物质质量所产生的信号量。浓度灵敏度（concentration sensitivity）是单位时间内单位物质浓度所产生的信号量。

2.3.3 精密度

精密度（precision）是指在规定条件下多次重复测定同一量时各测定值之间彼此相符合的程度，表征测定过程中因随机误差导致的测定值离散性大小的参数，可用算术平均差（记为 d）、极差（记为 R）、标准差（记为 s）或相对标准差（relative standard deviation，记为 RSD）表示，但最常用标准差 s 或相对标准差 RSD 来表示。良好的精密度是保证获得高准确度的先决条件，测量精密度不高，就不可能有高的准确度；反之，测量精密度高，准确度也未必一定高，这种情况表明测定中随机误差小，但系统误差较大。准确度与精密度是两个性质不同的参数，前者由系统误差决定，后者受随机误差制约。当不存在系统误差时，准确度优劣与精密度优劣是一致的。对于一个理想的测定结果，既要求精密度高，又要求准确度高。

精密度与被测定的量值和浓度大小有关。因此，在报告测定结果的精密度时，应该指明获得该精密度的被测定组分的量值或浓度大小以及测定次数。

2.3.4 准确度

准确度（accuracy）是指在一定实验条件下多次测定的均值与真值之间一致的程度。准确度表征系统误差的大小，用误差 ε 或相对误差 RE 表示。误差或相对误差越小，准确度越高，说明测定值越接近于真值。已定系统误差可用修正值来修正，未定系统误差可用不确定度来评估。

$$\varepsilon = \overline{x} - \mu \tag{2-74}$$

$$RE = \frac{\overline{x} - \mu}{\mu} \times 100\% \tag{2-75}$$

式中，$\overline{x}$ 是测定均值；μ 是总体均值或真值。

　　样品中某一组分的真实含量是客观存在的定值，但人们并不确知真值。标准物质和基准物质给出的标准值，都是由实验测定得到的，而任何测定都不可避免地带有误差，因此它也只是真值的近似值。各级标准物质证书上给出的标准值，无一例外地都只是客观存在的真值的近似值，只是与真值接近的程度不同而已，上一级标准物质的标准值比下一级标准物质的标准值更接近于真值。因为无法获得真值，故接近程度现在已不用误差或相对误差表征，而用可由测定值的有关信息进行评估的不确定度表示。在标准物质证书中常用 $\overline{x} \pm U$ 表示标准值，其中 U 是均值 $\overline{x}$ 在指定置信概率的不确定度。在等精度测量中，多次测定的算术均值 $\overline{x}$ 是一组测定值中出现概率最大的值，是总体均值 μ 的最优无偏估计值。因此，常用它来表征测定结果。

2.3.5　样本标准差

2.3.5.1　等精度测定的标准差

　　标准偏差，简称标准差，又称均方根偏差。是测定值偏差平方和除以自由度的方根值，记为 s。s^2 称为方差（variance），表征测定值离散特性的参数。s 按贝塞尔公式计算，

$$s = \sqrt{\frac{1}{n-1}\sum_{i=1}^{n}(x_i - \overline{x})^2}$$

$$= \sqrt{\frac{1}{n-1}\left[\sum_{i=1}^{n}x_i^2 - \frac{1}{n}\left(\sum_{i=1}^{n}x_i\right)^2\right]} \tag{2-76}$$

式中，x_i 是样本测定值；$\overline{x}$ 是样本的测定均值；n 是样本容量，即样本测定值的数目。

　　用贝塞尔公式计算的等精度测定的标准差，又称为单次测定标准差。需要注意的是，所谓单次测定标准差，其统计含义是指在进行多次重复测定时，平均在每次测定上的偏差，是多次重复测定偏差的统计均值。不是只进行一次测定的标准差，因为一次测定无法计算标准差。

　　当测定分 m 组进行，总的测定方差由 m 组的测定方差共同决定。若各组测定的次数相同，单次测定方差按并合方差公式计算。并合方差计算公式为

$$\overline{s}^2 = \frac{1}{m(n-1)}\sum_{i=1}^{m}\sum_{j=1}^{n_i}(x_{ij} - \overline{x}_i)^2 = \frac{1}{m}\sum_{i=1}^{m}s_i^2 \tag{2-77}$$

式中，x_{ij} 是第 i 组第 j 次测定值；$\overline{x}_i$ 是第 i 组的测定均值；n_i 是第 i 组的测定值的数目；s_i^2 是第 i 组的测定方差。

　　当各组的测定值的数目不相同时，则用加权方差求并合方差

$$\overline{s}^2 = \frac{1}{\displaystyle\sum_{i=1}^{m}n_i - m}\sum_{i=1}^{m}\sum_{j=1}^{n_i}(x_{ij} - \overline{x}_i)^2 \tag{2-78}$$

用标准差表征一组测定值的离散特性，其优点是：①全部测定值都参与标准差的计算，充分利用了测定所得到的全部信息；②样本标准差是总体标准差的最佳无偏估计值，用 s 估计总体标准差 σ 不存在系统误差，用标准差量度精密度是最有效的；③对一组测定量值中离散性大的测定值（离群值）反应灵敏，当一组测量中出现离散性大的离群值时，标准差随即明显变大；④标准差的平方值方差（variance）具有加和性。当一个测定结果受到多个因素的影响时，测定结果的总的方差等于各个因素产生的方差之和，此即方差加和性原理。它是对测定数据进行统计分析时的重要依据之一。

2.3.5.2　非等精度测定的标准差

贝塞尔公式(2-76)用于计算等精度测定值的标准差。当一个分析人员用不同分析方法或在不同仪器上进行测定，特别是在协同试验时，由不同实验室或同一实验室的不同分析人员协同进行测定时，均为非等精度测定，要用并合标准差（pooled standard deviation）公式计算。并合标准差，记为 s_r，考虑了参与标准差计算的不同测定值的精密度的差异对计算结果的影响。

$$s_r = \sqrt{\frac{1}{\sum\limits_{i=1}^{m}(n_i - 1)} \sum_{i=1}^{m} \sum_{j=1}^{n_i} (x_{ij} - \overline{x}_i)^2} \tag{2-79}$$

式中，m 为分组数，即参加协同试验的实验室或分析人员的数目；n_i 为第 i 个实验室或分析人员重复测定的次数。不同实验室或不同人员的技术水平、所使用仪器的不同精度以及所采用的分析方法的差异，使得所得到的测定值的精密度存在差异。即使是同一分析人员使用同样的仪器和方法在一个较长时间内不同时间段进行测定，所得到的测定值的精密度常常也是有差异的。严格地说，只有同一分析人员使用同样的仪器和分析方法在短时间内进行的重复测定，才能看成等精度测定。不同的测定值是否是等精度的，可通过第 4 章所述 F 统计检验来确定。用式(2-78)计算的标准差，不仅考虑了不同实验室或不同人员技术水平的差异对测定值精密度的影响，技术水平越高、仪器的精度越高、分析方法越好，s_r 越小，而且考虑了为获得测定值所花费的人力和物力，测定次数越多，所花费的人力和物力越多。由此可见，用式(2-78)计算不等精度测定的标准差是很合理的。

2.3.5.3　标准差的精密度

样本标准差是随机变量，其值也随机波动，表征标准差离散特性和精密度的参数是标准差的标准差（standard deviation of standard deviation）。记为 $s(s)$。

$$s(s) = \frac{s}{\sqrt{2(n-1)}} \tag{2-80}$$

标准差的标准差 $s(s)$ 只与测定次数 n 有关。要使标准差的标准差 $s(s)$ 小于 $10\%s$，至少要进行 51 次测定。在通常的分析测试中，只进行少数几次测定，即 $s(s)/s$ 大于 10%，标准差第二位数已是不确定了。因此，在通常的分析测试中标准差最多只能取 2 位有效数字。标准差的大小和精密度依赖于被测定组分量值水平和重复测定次数，因此，报告标准差时必须说明是在什么量值水平和经过多少次重复测定得到的，否则，无法对所报告的标准差的可信程度和置信区间做出判断。

2.3.5.4　均值标准差

多次重复测定均值 $\bar{x}$ 的精密度要优于单次测定值的精密度，均值的标准差（standard deviation of mean）$s_{\bar{x}}$ 要优于单次测定值的标准差 s。$s_{\bar{x}}$ 随测定次数 n 增多而减小。

对于等精度测定值，算术均值标准差 $s_{\bar{x}}$ 随测定次数 n 的增多而减小，在 $n < 5$ 时，标准差 $s_{\bar{x}}$ 随测定次数 n 的增多而减小较快，但随测定次数 n 不断增多，$s_{\bar{x}}$ 减小的速度减慢。这就是说，在 $n < 5$ 时，增加重复测定次数 n，可以有效地提高测定均值的精密度；$n > 5$，$s_{\bar{x}}$ 随测定次数 n 的增多而减小的速度较慢；在 $n > 10$ 以后，$s_{\bar{x}}$ 随测定次数 n 的增多减小非常慢。因此，采用增加测定次数来提高测定均值的精密度不可取。

算术均值标准差 $s_{\bar{x}}$ 与单次测定标准差 s 的关系参见式（2-81）与图 2.17。

$$s_{\bar{x}} = \frac{s}{\sqrt{n}} \qquad (2\text{-}81)$$

对于非等精度测定值，加权均值是由非等精度测定值计算出来的，其精密度亦用加权方差或加权标准差表征。样本加权均值的方差按式（2-82）计算

$$s_w^2 = \frac{1}{\sum\limits_{i=1}^{n} w_i} = \frac{1}{\sum\limits_{i=1}^{n} \dfrac{1}{s_i^2}} \qquad (2\text{-}82)$$

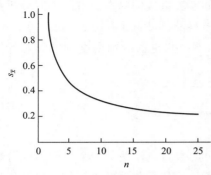

图 2.17　算术均值标准差与测定次数的关系

式中，w_i 是测定值 x_i 的权值，$w_i = 1/s_i^2$。

样本方差 s^2 和样本标准差 s 充分利用了样本测定所提供的信息，分别是总体方差 σ^2 与标准差 σ 的最佳无偏估计值，所以应用最广。

2.3.5.5　标准差的计算方法

在总体方差无偏估计量中，s^2 是最优的。在数据处理中，最常用 s^2 来估计总体方差 σ^2。下面介绍几种计算标准差的常用方法。

（1）贝塞尔计算法

用贝塞尔公式（2-76）直接计算等精度测定的标准差时，一种方式是用均值计算，另一种是用原始数据以展开式计算。

用式（2-76）计算标准差与方差时，有两点值得注意。第一，各测量值同加或同减一个值 a，其标准差与方差不变，同乘一个数 b 其方差为原来方差的 b^2 倍。利用这一特点可以简化计算。第二，要尽量应用展开式由原始数据进行计算，不用均值进行运算。用均值计算，常出现循环小数的情况，数据取舍会引入误差，尤其在连续运算过程中，由于数据取舍引入的误差对最后计算结果的影响是不可忽视的。因此，最好用原始数据以展开式计算标准差或方差。

（2）极差估算法

若测定值 x 遵从正态分布，样本极差 R 与 σ^2 有关。R 的均值 μ_R 与方差 σ_R^2 分别为

$$\mu_R = d_2\sigma \tag{2-83}$$

$$\sigma_R^2 = d_2^2\sigma^2 \tag{2-84}$$

式中，d_2 和 d_2^2 是与测定值的数目有关的校正系数，可由表 2.1 查得。R 是 μ_R 的估计值，R/d_n 可以作为 σ 的估计值。因此，可用 R 估算标准差。

表 2.1　用极差估算标准差的校正系数表

分组数 m	测定次数 n								
	2	3	4	5	6	7	8	9	10
1	1.41	1.91	2.24	2.48	2.67	2.83	2.96	3.08	3.18
2	1.28	1.81	2.15	2.40	2.60	2.77	2.91	3.02	3.13
3	1.23	1.77	2.12	2.38	2.58	2.75	2.89	3.01	3.11
4	1.21	1.75	2.11	2.37	2.57	2.74	2.88	3.00	3.10
5	2.19	2.74	2.10	2.36	2.56	2.73	2.87	2.99	3.10
6	2.18	2.73	2.09	2.36	2.56	2.73	2.87	2.99	3.10
7	2.17	2.72	2.08	2.35	2.56	2.73	2.87	2.98	3.09
8	2.16	2.71	2.08	2.35	2.56	2.72	2.86	2.98	3.09
9	2.15	2.70	2.07	2.34	2.55	2.72	2.86	2.98	3.09
10	2.14	2.69	2.07	2.34	2.55	2.72	2.86	2.98	3.09
d_2	1.13	1.69	2.06	2.33	2.53	2.70	2.85	2.97	3.08

当 $n > 10$ 时，用 R 估计 s 的精度很差，这时可将测定值随机分为 m 组，使每组测定值的数目 $n < 10$。因各组样本属于同一总体，各组的极差和标准差均可用作总体离散特性的量度。因此，可用极差的均值 $\overline{R}$ 来估计总体标准差，获得较好的估计精度。当分组数目 m 足够大，$d_{(m,n)}$ 与 d_2 接近，$d_{(m,n)} \approx d_2$，则

$$s = \frac{\overline{R}}{d_{(m,n)}} = \frac{1}{m}\sum_{i=1}^{m} R/d_{(m,n)} \tag{2-85}$$

示例 2.11　用原子发射光谱法测定锗，得到下列一组数据（%）：0.047、0.042、0.050、0.048、0.058、0.058、0.055、0.049、0.050、0.043、0.050、0.050，试计算测定结果的标准差。

题解：

用贝塞尔公式(2-76)计算标准差，$s = 0.0050$。

用极差法计算标准差，将测定值随机分为两组，$m = 2$，$n = 6$：

$$0.043、0.050、0.058、0.050、0.042、0.048，R_1 = 0.016$$

$$0.049、0.047、0.058、0.050、0.050、0.055，R_2 = 0.011$$

$$\overline{R} = \frac{R_1 + R_2}{2} = \frac{0.016 + 0.011}{2} = 0.0135$$

查表 2.1 极差估算标准差的校正系数表，$d_{(2,6)} = 2.60$，则

$$s = \frac{\overline{R}}{d_{(2,6)}} = \frac{0.0135}{2.60} = 0.0052$$

如果将测定值随机分为 3 组与 4 组，再按极差估算法计算标准差，计算结果见下表。

分组数	组内测定值数目	极差	计算的标准差 s
2	6	0.0135	0.0052
3	4	0.0110	0.0052
4	3	0.0088	0.0050

用极差估算法计算的标准差值与用贝塞尔公式(2-76)计算的标准差值是相当接近的，但计算过程较简便。

（3）最大偏差估算法

在一组测定值中，偏差绝对值最大者称为最大偏差。若样本值 x_1、x_2、…、x_n 遵从正态分布 $N(\mu, \sigma^2)$，其期望值

$$\langle |d|_{\max} \rangle = k_n \sigma \tag{2-86}$$

式中，k_n 是与测定值数目有关的系数（参见表 2.2）。因此，可用最大偏差估算总体标准差 σ。在有限次测定中，样本标准差 s 是总体标准差 σ 最优无偏估计值。因此，可用最大偏差估算标准差 s。

$$s = \frac{|d|_{\max}}{k_n} \tag{2-87}$$

表 2.2　最大偏差法估算标准差系数表

n	2	3	4	5	6	7	8	9	10	15	20	25	30
$1/k_n$	1.77	1.02	0.83	0.74	0.68	9.64	0.61	0.59	0.57	0.51	0.48	0.46	0.44

仍以示例 2.11 的数据为例，用最大偏差估算法计算标准差。在本例中，均值 $\overline{x} = 0.050$，最大偏差

$$|d|_{\max} = |0.058 - 0.050| = 0.008$$

查表 2.2，在 $n = 12$，内插法求得 $1/k_n = 0.55$，计算标准差

$$s = 0.55 \times 0.008 = 0.0044$$

（4）最大误差估算法

在一组测定值中，误差绝对值最大者称为最大误差。若样本值 x_1、x_2、…、x_n 遵从正态分布 $N(\mu, \sigma^2)$，则最大误差的期望值

$$\langle \varepsilon_{\max} \rangle = k_n'' \sigma \tag{2-88}$$

式中，k_n'' 是与测定值数目有关的系数（参见表 2.3）。在有限次测定中，若被测定样本值的真值已知，可由测定的最大误差估算测定值的标准差

$$s = \frac{|\varepsilon|_{\max}}{k_n''} \tag{2-89}$$

当 $n < 10$，用式(2-89)估算标准差，具有一定的精度，方法简便。

表 2.3　最大误差法估算标准差系数表

n	$1/k''_n$	n	$1/k''_n$	n	$1/k''_n$
1	1.25	11	0.52	21	0.46
2	0.88	12	0.51	22	0.45
3	0.76	13	0.50	23	0.45
4	0.68	14	0.50	24	0.45
5	0.64	15	0.49	25	0.44
6	0.61	16	0.48	26	0.44
7	0.58	17	0.48	27	0.44
8	0.56	18	0.47	28	0.44
9	0.55	19	0.47	29	0.43
10	0.53	20	0.46	30	0.43

示例 2.12　已知一牛肝标准物质中铅保证值为 0.135mg/kg，今称取一份标准物质进行测定，测得值是 0.144mg/kg，问测定的精密度是多少？

题解：

因为只进行了一次测定，不能用贝塞尔法计算标准差，但可用最大误差法估计测定的标准差。测定的最大误差 $|\varepsilon_i|_{\max} = |0.144 - 0.135| = 0.009$。查表2.3，令 $C_n = 1/k''_n$，$C_n = 1.25$。计算一次测定的标准差是

$$s = 1.25 \times 0.009 = 0.011$$

2.4　参数估计优劣的评价标准

前面介绍了许多根据样本测定的信息，应用数理统计方法估计和推断总体参数（均值、方差、标准差）的方法。用不同的估计方法得到的估计值是不同的，如何评价估计总体参数的优劣，评价的标准是什么？

评价的标准是一致性、无偏性、有效性和充分性。

一致性是指当样本容量趋于无穷大时，样本的特征参数依概率收敛于相应的总体特征参数。随着样本容量增大，估计值接近于待估总体参数的可能性越大。用大样本比小样本得到的估计值更精确。

无偏性是指由不同样本值计算的估计值都在被估计值附近波动，大量估计值的均值能够消除估计值对被估计值的偏离，用来估计待估参数不存在系统误差，反映估计值的准确度。在等精度测定的场合，样本算术均值 $\bar{x}$ 是总体均值 μ 的无偏估计值，样本方差 s^2 是总体方差 σ^2 的无偏估计值，而最大似然估计值 $\hat{\sigma}^2$ 不是总体方差 σ^2 的无偏估计值，只是其渐近无偏估计值。

有效性是方差越小的估计值接近待估参数的概率越大。在诸多的估计值中，具有最小方差的估计值即是最优的无偏估计值，称为有效性。具有最小方差的估计值称为有效估计值。用多次测定均值估计总体均值比用单次测定值更有效。

充分性是充分利用样本信息对待估参数做出估计。算术均值 $\bar{x}$ 与方差 s^2 就是充分利用样本信息对待估参数 μ 与 σ^2 做出的一致性、有效性的无偏估计值。而中位值 $\tilde{x}$、极差 R 没有充分利用样本测定所获得的信息，因此不是 μ 与 σ^2 的充分估计值。

第3章

试验设计

3.1 概述

所谓试验设计（experimental design），是指以数理统计理论为指导科学安排试验，研究因数效应与进行数据分析，以高效而经济地获取所需要的数据与信息的一种方法。试验设计是 20 世纪 20 年代由英国生物统计学家费歇尔（R. A. Fisher）提出来的，最先用于农业和生物学领域，以后逐步推广到其他领域。

试验中用来衡量试验效果的质量指标，称为试验评价指标（evaluating index），可以是单一的评价指标，也可以是多参数的综合评价指标（comprehensive evaluating index）。影响评价指标的要素称为因素，因素分为可控因素（controllable factors）、不可控因素（uncontrollable factors）、标示因素、区组因素。可控因素（controllable factors），其水平可以人为调控地直接影响评价指标而欲考察的因素，通过试验选择其最佳因素水平。不可控因素的水平不能人为调控。标示因素是其水平不能轻易改变或选择的因素，如分析人的技术水平、仪器质量的差异等。试验的目的并不是要选择其最佳水平，而是考察与了解它与可控因素之间的相互影响。区组因素是指在试验中其影响可以混淆控制因素，但又不需要考察的因素，只是用来划分区组以提高试验精密度而在试验中又要当作一个因素对待的因素。例如，几个人协同试验分别在不同的仪器上进行，得到不同的精密度，这可能由于因素的影响，也可能由于不同人员的技术水平或不同仪器性能的差异引起精密度的变化，造成了因素效应与分析人员、仪器性能效应的"混杂"，妨碍了对因素效应的判断，为了避免这种"混杂"，在试验中虽然不需要对分析人员与仪器性能进行选择，但在试验时仍然将分析人员与仪器性能当作一个因素对待。

因素所处的状态称为水平，因素水平（level of factor）变化引起评价指标的变化。如果所考察的因素之间有相互影响，称因素之间存在交互效应（factor interaction）。

分析测试的目的是为科学研究与生产实践提供可靠的原始数据和基础性资料。这些数据和基础性资料是保证与促进科学研究持续进行，不断改善产品质量与提高生产效率所不可缺少的。这些数据和基础性资料都来源于分析测试实验，一个合适的、科学的试验设计是获得可靠原始数据和基础性资料的先决条件。分析人员都知道，一个测试任务要经历多步操作才能完成，过程中受到多种因素的影响，且因素之间又常存在交互效应。分析信号随机波动性大。分析微量样品、痕量组分时，分析信号弱，常为试验误差所掩盖，以致有时难以有效地从噪声（noise）和背景（background）中分辨与检测到有用的分析信号，也难以对影响分析信号的因素做出正确的判断。

试验设计涉及分析测试过程的各个环节，如抽样检验，要分析一批均匀性不十分好的固体样品如矿样，一种做法是取样点较多，每个样本重复次数较少；另一种做法是取样点数目少，而每一个样本重复测定次数较多。当总测定次数相同时，这两种做法效果是不一样的，哪一种做法更合理？从获得有代表性分析结果考虑，显然前一种做法要优于后一种做法，因为对同一样本进行多次重复测定，只改善了该样本的测定精密度，而对于提高不均匀性样品整体精密度与改善测定结果的代表性作用不大；而前一种做法更有利于提高不均匀性样品测定的整体精密度与测定结果的重复性和稳定性。

在着手研究与建立一种分析方法时，首先遇到的一个问题就是该选择哪个或哪些影响因素进行研究，如果选取的因素过多，将一些对试验指标影响很小的不重要因素也列入研究范围，无疑要增加不必要的工作量；反之，选取的因素过少，可能会遗漏个别对试验指标有影响的因素，使获得的优化条件不能全面反映真实情况。后面将详细谈到，初选影响因素最合适的试验设计是均匀试验设计。

选定了欲要优化的因素之后，采用什么方法进行优化，是特别值得重视的。图 3.1 显示了 3 种不同优化方法的试验点分布的特点。

全面试验法的试验点分布在立方体试验区的 27 个交叉点，一轮全面试验就需进行 $3^3 = 27$ 次试验，如果还想对试验误差作出估计，需进行重复实验，重复进行一遍试验又是 27 次试验，总共要进行 54 次试验，试验工作量相当大。优点是能获得全局最优化（global optimization）条件。

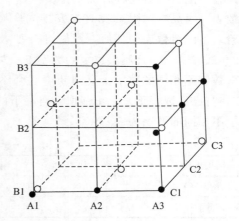

图 3.1　不同优化方法的试验点分布图

（1）27 个交叉点是全面试验法试验点的分布；

（2）●点是单因素轮换试验法试验点的分布；

（3）○点是正交试验法试验点的分布

正交试验法试验点（白圆点）均衡地分布在整个试验区，一轮试验只需进行 9 次试验，虽不能获得全局最优分析条件，却能获得接近于全局最优的试验优化条件，而试验工作量却少很多。

选择"单因素轮换法"优化测定条件是不少分析人员过去以至现在习惯采用的优化方法。所谓"单因素轮换法"就是除待研究的因素之外的所有其他因素都固定在某个水平，再逐个地轮流考察各个欲研究的因素及其水平的影响，然后将各单因素试验获得的优化条件组合在一起作为整个试验的优化条件。这种优化方法的优点是简便、易于操作。但缺点是：第一，当欲考察的因素或因素水平数较多时，试验工作量较大。第二，从图 3.1 单因素轮换法的试验点分布可以看到，单因素轮换试验的实验点（黑圆点）只分布在整个试验区域偏隅部分，试验点的分布对全试验区域没有足够的代表性，得到的优化条件只是局部的而非全局的最优条件。第三，不能考察因素之间的交互效应，通常是将各单因素试验的"最佳"分析条件简单地组合在一起作为整个试验的"最佳"分析条件，其实只是对局部试验区的优化结果，对全试验区而言没有足够的代表性。第四，不同的实验室、不同分析人员获得的优化条件难以进行比对，因为不同分析人员将不同因素固定在不同的水平，得到的各因素的优化条件各有不同。第五，因不能考察因素之间无交互效应。只有在因素之间无交互效应时，其优化效果与多参数同时优化效果是一致的。

从以上的分析可以看到，科学的试验设计对分析测试工作具有重要性。

3.2 试验设计的基本原则

试验设计创始人费歇尔提出了试验设计的三个基本原则：重复测定、随机化和局部控制。

重复测定的目的是估计试验误差与提高试验精密度，因为通过重复测定才能估计试验误差，没有重复测定就不能估计试验误差，从而也就无法估计出因素之间的交互效应。从统计原理可知，均值的精密度要优于单次测定值的精密度，通过多次重复测定可以减小测定误差，提高测定的精密度。

随机化将系统误差转化为随机误差，是避免系统误差与欲考察因素效应"混杂"的有效措施。随机化有两种方法安排实验，一种是用抽签的方法决定试验顺序，另一种是利用随机数表（参见本书附录表10）安排试验顺序。例如用正交表 $L_9(3^4)$ 安排试验，共进行 9 次试验，由随机数表中任何一行任何一列，比如第 10 行第 4 列连续读取 9 个数字 8、0、5、7、2、2、3、9、4，删去重复的数字 2，少了一个数字，再接着继续往下读数，补入一个与已有数字不相同的数字，直到获得 9 个不相同的数字为止。在本例中，在数字 4 之后是数字 7，与已有数字重复，不能取，再往下的数字是 1，与已有数字不重复，可以取，最后得到 9 个不相同的数字为 8、0、5、7、2、3、9、4、1，试验顺序如表 3.1 所示。

表 3.1 试验顺序表

随机化数字	8	0	5	7	2	3	9	4	1
试验序号	8	1	6	7	3	4	9	5	2
试验顺序号	1	2	3	4	5	6	7	8	9

在试验中所有试验都按随机化顺序进行，称为完全随机化试验设计法。完全随机化试验设计法的特点是设计试验容易，各个试验的重复次数不受限制，数据处理简单，自由度数目多，有利于提高统计检验的灵敏度。这种试验设计法适合于各试验之间差异较小及小规模的试验。

局部控制是按照某一标准将试验对象进行分组，所分的组称为区组。在区组内试验条件比较一致或相似，试验精密度较高，区组之间的差异较大。将待比较的水平设置在差异较小的同一区组内以减小试验误差的原则，称为局部控制。当试验规模较大，各试验之间差异较大时，采用完全随机化试验设计，会使试验误差过大，有碍于因素效应的判断。在这种情况下，常根据局部控制的原则将整个试验划分为若干区组，在同一区组内按随机化顺序进行试验，此种试验设计称为随机区组试验设计法。在每个区组内，如果每个因素的所有水平都出现，称为完全随机区组试验。完全随机区组试验，从试验安排到数据分析都比较方便。表 3.2 的试验安排方式就是一个完全随机区组试验。但有时由于条件限制，不能采用完全随机区组实验时，可采用平衡不完全区组试验。比如用 A、B、C、D 4 种配方生产了 4 种飞机轮胎，确定哪种轮胎性能最佳，因为一架飞机只安装两个轮胎，只能同时比较两种配方生产的轮胎，不能同时进行 4 种配方生产的轮胎试验，因此不可能采用完全随机区组试验，而只能采用平衡不完全区组试验。表 3.3 为采用平衡不完全区组试验法进行飞机橡胶轮胎性能的试验方案。

表 3.2　完全随机区组试验法安排试验方式

试验顺序号	1	2	3	4	5	6	7	8	9	10	11	12
完全随机化	A_1	A_1	A_3	A_2	A_3	A_1	A_2	A_2	A_3	A_3	A_1	A_2
随机区组	A_1	A_2	A_3	A_2	A_3	A_1	A_3	A_2	A_1	A_3	A_1	A_2
区组	I			II			III			IV		

表 3.3　平衡不完全区组试验法飞机橡胶轮胎性能试验方案

区组	配方			
	A	B	C	D
1	×	×		
2	×		×	
3	×			×
4		×	×	
5		×		×
6			×	×

在设计实验方案时，要有明确的目的，设计试验可能是为了优化试验条件，考察干扰效应，检验样品的均匀性，制备校正曲线，等等，应根据不同的试验目的确定要考察的因素。不能遗漏有显著性影响的因素，特别是主要影响因素。对于没有显著性影响的因素不要包括在考察因素之列。同时注意不将与主要影响因素有交互效应的因素包括在试验中，以避免对主因素效应的判断。设计试验时要适当安排重复测定，以便估计实验误差与因素交互效应，减小试验误差的影响，提高统计检验的灵敏度。

下面简要地介绍几种实用的试验设计方法，既能最大限度减少试验工作量，又能获得全局优化或较全面的试验优化条件。

3.3　均匀试验设计

分析人员知道，正交试验设计（orthogonal design of experiment）是一种高效的多因素优化方法，其优点是将实验点在试验区内均衡分散性与测试数据整齐可比性完美结合。为了保证测试数据整齐可比性，实验点数目不能过少，实验点在试验范围内亦不能过于分散。当同时考察的因素数与因素水平数较多时，用正交设计表安排实验，实验工作量仍是相当可观的。如果不考虑测试数据整齐可比性，在试验范围内选取更少的有代表性的实验点均衡地分散在试验区内，而得到的实验结果仍能反映全面试验结果的主要特征，因而可以大大减少实验工作量。能满足这一要求的试验设计就是均匀试验设计。

均匀试验设计（homogeneous design of experiment）是一种用规格化均匀设计表安排试验的多因素试验设计方法。均匀设计表是我国数学家方开泰用数论方法构造出来的。按照均匀设计表安排实验，可以将更多的因素与因素水平同时包括在同一个试验方案里，让实验点更加均衡地分布在整个试验区内，通过少量次数的实验就能同时考察多因素、多水平对试验指标的影响。实验结果相对于全面试验具有较好的代表性，分析信号响应值最佳的试验点所对应的实验条件即使不是全面试验的最优条件，也是接近于全面试验的最优条件，可以直接采用它作为相对较优的试验条件。

均匀试验设计表各符号的含义与均匀设计表试验点分布分别参见图3.2与图3.3。

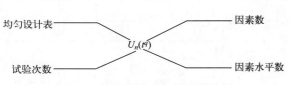

图 3.2　均匀设计表各符号的含义

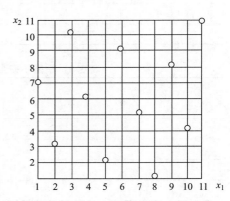

图 3.3　$U_{11}(11^{10})$ 均匀设计表试验点分布

符号 U 代表均匀设计表，U 下标 n 表示实验次数，括弧内的指数 q 表示最多允许安排的因素的个数，括弧内的 t 表示因素水平数。如均匀设计表 $U_{13}(13^{12})$，最多允许安排12个因素，每个因素可有13个水平，总共进行13次实验。

本书附录中列出了多种均匀试验设计表及与其配合应用的使用表，供读者选用。

均匀试验设计的优点是，实验工作量小，同时考察因素数与因素水平数目多，只要进行少量次数试验就可以找到大致上合适的分析测试条件，快速从众多因素中筛选出要研究的因素及其水平。这在零星样品的快速分析，多因素、多水平优化条件的初选方面，是很有用的。

3.3.1　均匀试验设计的试验安排

因为均匀设计表中各列的地位是不平等的，用均匀设计表安排试验时，因素安排在均匀设计表哪一列不是任意的，需按均匀试验设计使用表中的规定，根据需要安排因素数，以确定因素应安排在哪些列。现以均匀试验设计表 $U_{13}(13^{12})$ 安排试验为例做一简要说明，见表3.4和表3.5。

表 3.4　均匀试验设计表 U_{13}（13^{12}）安排试验

试验号	列号											
	1	2	3	4	5	6	7	8	9	10	11	12
1	1	2	3	4	5	6	7	8	9	10	11	12
2	2	4	6	8	10	12	1	3	5	7	9	11

续表

试验号	列号											
	1	2	3	4	5	6	7	8	9	10	11	12
3	3	6	9	12	2	5	8	11	1	4	7	10
4	4	8	12	3	7	11	2	6	10	1	5	9
5	5	10	2	7	12	4	9	1	6	11	3	8
6	6	12	5	11	4	10	3	9	2	8	1	7
7	7	1	8	2	9	3	10	4	11	5	12	6
8	8	3	11	6	1	9	4	12	7	2	10	5
9	9	5	1	10	6	2	11	7	3	12	8	4
10	10	7	4	1	11	8	5	2	12	9	6	3
11	11	9	7	5	3	1	12	10	8	6	4	2
12	12	11	10	9	8	7	6	5	4	3	2	1
13	13	13	13	13	13	13	13	13	13	13	13	13

表 3.5　$U_{13}(13^{12})$ 均匀试验设计表的使用表

因素数	安排因素的列号											
2	1	5										
3	1	3	4									
4	1	6	8	10								
5	1	6	8	9	10							
6	1	2	6	8	9	10						
7	1	2	6	8	9	10	12					
8	1	2	6	7	8	9	10	12				
9	1	2	3	6	7	8	9	10	12			
10	1	2	3	5	6	7	8	9	10	12		
11	1	2	3	4	5	6	7	8	9	10	12	
12	1	2	3	4	5	6	7	8	9	10	11	12

　　研究 m 个因素对试验指标的影响，不考虑因素之间交互作用时，选用实验次数等于因素数的均匀试验设计表安排实验就可以了。如果要考虑因素之间交互作用，如研究 m 个因素，在回归方程中，一次项、二次项各有 m 项，交互作用项有 C_m^2 项，共有（$2m+C_m^2$）项，至少要选用实验次数等于（$2m+C_m^2$）次的均匀试验设计表安排实验。如研究 3 因素试验，$m=3$，如果因素与试验指标之间的关系为二次多项式，回归方程一次项与二次项各有 3 项，因素之间交互作用 $C_3^2=3$ 项，除常数项不计之外，有 9 个待定系数，至少要选用 $U_9(9^6)$ 均匀试验设计表来安排试验。

　　均匀设计试验次数少，实验精度较差，为提高试验精度，可选用试验次数多的均匀设计表来重复安排因素各水平的试验。例如用原子吸收分光光度法测定铂，同时考察乙炔流量、空气流量、试液提取量、燃烧器高度和灯电流等 5 因素的影响，每个因素选取 5 个水平，因没有可供直接选用的均匀试验设计表，可选用因素数与水平数更多的均匀设计表如

$U_{11}(11^{10})$ 安排试验（参见附录表9），删去均匀设计表中的最后一行，共进行10次试验。根据该均匀试验设计表的使用表，$U_{11}(11^{10})$ 表可安排10个因素水平。因素数为5，按使用表要求，因素安排在 $U_{11}(11^{10})$ 表中第1、2、3、5和7列。因只考察5因素、5个水平的影响，可将因素水平重复安排，以提高试验的精密度。

均匀试验设计安排的实验序号是可以随机安排的，但每一次实验各因素水平组合是不能随意变动的。至于在安排试验时，各因素水平如何组合，可凭借专业知识和工作经验，但有一点是必须注意的，不能将最有利的条件组合在一次实验中，也不能将最不利的条件组合在一次实验中。

3.3.2 均匀设计实验数据分析

均匀设计实验数据分析分为直观分析与回归分析两种基本方式。均匀设计的特点是实验次数少，简便快速，与这一特点相配合，通常采用直观法分析数据，以求快速确定多因素试验的优化条件。选取获得最大试验指标值所对应的试验条件作为相对较优的试验条件。均匀设计实验次数少，实验数据没有整齐可比性，不能采用一般的方差分析（analysis of variance）法处理数据，需用多元线性回归或逐步回归分析，数据计算工作量太大，如果没有必备的计算工具，数据计算非常烦琐。

用回归分析处理数据，因计算工作量大，一般不考虑因素三次项与3因素交互作用。响应函数（试验指标）y 一般设计为如下形式：

$$y = b_0 + \sum_{i=1}^{m} b_i x_i + \sum_{i=1}^{T} b_{ik} x_i x_k + \sum_{i=1}^{m} b_{ii} x_i^2 \tag{3-1}$$

$$i = 1, 2, \cdots, m; k > i; T = C_m^2$$

式中，x_i 是影响试验指标的因素；x_i^2 是因素二次项；$x_i x_k$ 是有交互作用的两个因素；C_m^2 是两因素交互作用项数；b_0、b_i、b_{ik}、b_{ii} 是待定回归系数。若令 $X = x_i x_k (i = 1, 2, \cdots, m; k \geqslant i)$，通过变量变换，可将式(3-1)化为多元线性函数式(3-2)求解，

$$y = b_0 + \sum_{i=1}^{2m+T} b_i X_i \tag{3-2}$$

式(3-2)中回归系数 b_0 与 b_i 由正规方程组式(3-3)与式(3-4)求得。然后即可建立多元回归方程。

$$\begin{cases} L_{11}b_1 + L_{12}b_2 + \cdots + L_{1m}b_m = L_{1y} \\ L_{21}b_1 + L_{22}b_2 + \cdots + L_{2m}b_m = L_{2y} \\ \cdots\cdots \\ L_{m1}b_1 + L_{m2}b_2 + \cdots + L_{mm}b_m = L_{my} \end{cases} \tag{3-3}$$

$$b_0 = \bar{y} - \sum_{j=1}^{n} b_i \bar{x}_i \tag{3-4}$$

其中

$$\bar{x}_i = \frac{1}{n} \sum_{j=1}^{n} x_{ij} \tag{3-5}$$

$$\bar{y} = \frac{1}{n} \sum_{j=1}^{n} y_j \tag{3-6}$$

$$L_{ik} = \sum_{j=1}^{n} (x_{ij} - \overline{x}_i)(x_{kj} - \overline{x}_k)$$

$$= \sum_{j=1}^{n} x_{ij} x_{kj} - \frac{1}{n} \left(\sum_{j=1}^{n} x_{ij} \right) \left(\sum_{j=1}^{n} x_{kj} \right) \tag{3-7}$$

$$L_{iy} = \sum_{j=1}^{n} (x_{ij} - \overline{x}_i)(y_i - \overline{y})$$

$$= \sum_{j=1}^{n} x_{ij} y_j - \frac{1}{n} \left(\sum_{j=1}^{n} x_{ij} \right) \left(\sum_{j=1}^{n} y_j \right) \tag{3-8}$$

式中，i、$k = 1$，2，…，m；$j = 1$，2，…，n；x_{ij}、x_{kj} 表示 x_i、x_k 在第 j 次实验中的取值；y_j 表示 y 在第 j 次的实验结果。

为了确定所拟合的回归方程是否有意义，需对回归方程进行显著性检验。在第 6 章详细介绍了偏差加和性与自由度加和性原理，总偏差平方和 Q_T 可以分解为回归偏差平方和 Q_g 与残余方差平方和 Q_e。

$$Q_T = L_{yy} = \sum_{j=1}^{n} (y_j - \overline{y})^2 = \sum_{j=1}^{n} y_j^2 - \frac{1}{n} \left(\sum_{j=1}^{n} y_j \right)^2 \tag{3-9}$$

$$Q_g = \sum_{i=1}^{m} (Y - \overline{y})^2 \tag{3-10}$$

$$Q_e = Q_T - Q_g = \sum_{j=1}^{n} (y_{ij} - Y_i)^2 \tag{3-11}$$

三者的自由度分别是 $f_T = n - 1$，$f_g = m - 1$，$f_e = m(n-1)$。回归方差 $s_g^2 = Q_g/(m-1)$，残余方差 $s_e^2 = Q_e/(n-m-1)$。其中，Y 是由回归方程预期的分析信号响应值，Y_i 是由回归方程预期被测组分 x_i 的分析信号响应值。

回归方程的显著性检验统计量是

$$F = \frac{s_g^2}{s_e^2} = \frac{Q_g/(m-1)}{Q_e/[m(n-1)]} \tag{3-12}$$

若 F 值大于约定显著性水平 α 与相应自由度下临界值 $F_{\alpha(f_g, f_e)}$，则说明所拟合的回归方程是有统计意义的。残余方差 $s_e^2 = Q_e/(m-n-1)$ 表征回归方程的精密度。

回归系数 b_i 表示在其他因素不变的情况下因素 x_i 变化一个单位引起试验指标 y 值变化的大小。它的绝对值越大，表明该因素对试验指标值的影响越大，在回归方程中越重要。但回归系数的绝对值大小与因素所用单位有关。因此，不能将不同单位的回归系数直接进行比较，需将各因素回归系数标准化，消除所用单位的影响，然后通过比较标准回归系数 b_i' 的绝对值大小确定各因素对试验指标影响的相对大小。各因素的标准回归系数 b_i'，按式（3-13）求出。

$$b_i' = b_i \sqrt{\frac{L_{ij}}{l_{yy}}} \tag{3-13}$$

3.3.3　均匀设计试验示例

用均匀设计表 $U_{13}(13^{12})$ 安排试验，研究灰化温度 T_{ash}、灰化时间 t_{ash}、原子化温度

T_{at}、原子化时间 t_{at} 四因素对石墨炉原子吸收分光光度法（GFAAS）测定钯吸光度的影响。根据均匀试验设计使用表的规定，因素安排在 1、6、8、10 列，具体安排与实验结果列于表 3.6。

表 3.6　实验安排与分析测定数据

试验号	1列	T_{ash}/℃	6列	t_{ash}	8列	T_{at}	10列	t_{at}	吸光度
1	（1）	200	（6）	26	（8）	2800	（10）	8	0.151
2	（2）	350	（12）	50	（3）	2600	（7）	7	0.113
3	（3）	500	（5）	25	（11）	3000	（4）	5	0.199
4	（4）	650	（11）	50	（6）	2700	（1）	4	0.115
5	（5）	800	（4）	18	（1）	2500	（11）	9	0.091
6	（6）	850	（10）	42	（9）	2900	（8）	7	0.142
7	（7）	1100	（3）	18	（4）	2600	（5）	6	0.099
8	（8）	1250	（9）	42	（12）	3000	（2）	4	0.135
9	（9）	1400	（2）	10	（7）	2800	（12）	9	0.128
10	（10）	1550	（8）	34	（2）	2500	（9）	8	0.029
11	（11）	1700	（1）	10	（10）	2900	（6）	6	0.116
12	（12）	1800	（7）	34	（5）	2700	（3）	5	0.016

直观分析表 3.6 的数据，第 3 号实验得到的吸光度最大，达到 0.199。较好的优化条件为：灰化温度 $T_{ash}=500℃$，灰化时间 $t_{ash}=25s$，原子化温度 $T_{at}=3000℃$，原子化时间 $t_{at}=5s$。直观分析数据非常简便快捷。这在零星样品分析，多因素多水平优化条件初选方面，很占优势。

用回归分析处理均匀设计实验数据，在不考虑因素之间交互作用的情况下，通常采用二次多项式来拟合吸光度 A 与灰化温度 T_{ash}、灰化时间 t_{ash}、原子化温度 T_{at}、原子化时间 t_{at} 的回归方程。

$$A=b_0+b_1x_1+b_2x_2+b_3x_3+b_4x_4+b_5x_1^2+b_6x_2^2+b_7x_3^2+b_8x_4^2$$

先由表 3.6 的实验数据计算正规方程组的各项系数，

$$L_{11}=\sum_{j=1}^{n}x_{1j}^2-\frac{1}{n}\left(\sum_{j=1}^{n}x_{1j}\right)^2$$

$$=1.601\times10^7-\frac{1}{12}\times(1.235\times10^4)^2=3.302\times10^6$$

$$L_{12}=L_{21}=\sum_{j=1}^{n}x_{1j}x_{2j}-\frac{1}{12}\left(\sum_{j=1}^{n}x_{1j}\right)\left(\sum_{j=1}^{n}x_{2j}\right)$$

$$=3.431\times10^5-\frac{1}{12}\times(1.235\times10^4)\times(3.600\times10^2)=-2.740\times10^4$$

$$L_{13}=L_{31}=\sum_{j=1}^{n}x_{1j}x_{3j}-\frac{1}{12}\left(\sum_{j=1}^{n}x_{1j}\right)\left(\sum_{j=1}^{n}x_{3j}\right)$$

$$=3.394\times10^7-\frac{1}{12}\times(1.235\times10^4)\times(3.300\times10^4)=-1.750\times10^4$$

$$L_{14} = L_{41} = \sum_{j=1}^{n} x_{1j}x_{4j} - \frac{1}{12}\left(\sum_{j=1}^{n} x_{1j}\right)\left(\sum_{j=1}^{n} x_{4j}\right)$$

$$= 7.930 \times 10^4 - \frac{1}{12} \times (1.235 \times 10^4) \times (7.800 \times 10^2) = -9.750 \times 10^2$$

$$L_{15} = L_{51} = \sum_{j=1}^{n} x_{1j}x_{5j} - \frac{1}{12}\left(\sum_{j=1}^{n} x_{1j}\right)\left(\sum_{j=1}^{n} x_{5j}\right)$$

$$= 2.334 \times 10^{10} - \frac{1}{12} \times (1.235 \times 10^4) \times (1.601 \times 10^7) = 6.863 \times 10^9$$

$$L_{16} = L_{61} = \sum_{j=1}^{n} x_{1j}x_{6j} - \frac{1}{12}\left(\sum_{j=1}^{n} x_{1j}\right)\left(\sum_{j=1}^{n} x_{6j}\right)$$

$$= 1.177 \times 10^7 - \frac{1}{12} \times (1.235 \times 10^4) \times (1.304 \times 10^4) = -1.650 \times 10^6$$

$$L_{17} = L_{71} = \sum_{j=1}^{n} x_{1j}x_{7j} - \frac{1}{12}\left(\sum_{j=1}^{n} x_{1j}\right)\left(\sum_{j=1}^{n} x_{7j}\right)$$

$$= 9.366 \times 10^{10} - \frac{1}{12} \times (1.235 \times 10^4) \times (9.110 \times 10^4) = -9.758 \times 10^7$$

$$L_{18} = L_{81} = \sum_{j=1}^{n} x_{1j}x_{8j} - \frac{1}{12}\left(\sum_{j=1}^{n} x_{1j}\right)\left(\sum_{j=1}^{n} x_{8j}\right)$$

$$= 5.451 \times 10^5 - \frac{1}{12} \times (1.235 \times 10^4) \times (5.420 \times 10^2) = -1.271 \times 10^4$$

$$L_{iy} = \sum_{j=1}^{n} x_{ij}y_{j} - \frac{1}{12}\left(\sum_{j=1}^{n} x_{ij}\right)\left(\sum_{j=1}^{n} y_{j}\right)$$

$$= 1.182 \times 10^7 - \frac{1}{12} \times (1.235 \times 10^4) \times (1.335) = -1.922 \times 10^2$$

按照同样方法计算正规方程组中其他系数 L_{ik} 与 L_{iy}，计算结果一并列于表 3.7 中。

表 3.7　正规方程组的系数 L_{ik} 与 L_{iy}

	X_1	X_2	X_3	X_4	X_5	X_6	X_7	X_8	y
X_1	3.302×10^6	-2.740×10^4	-1.750×10^4	-9.750×10^2	6.863×10^9	-1.650×10^6	-9.758×10^7	-1.271×10^4	-1.922×10^2
X_2	-2.740×10^4	2.240×10^3	-8.000×10^2	-1.280×10^2	-5.583×10^7	1.344×10^5	-4.400×10^6	-1.644×10^3	-4.760×10^{-1}
X_3	-1.750×10^4	-8.000×10^2	3.500×10^5	-1.666×10^3	-4.013×10^7	-4.800×10^7	1.925×10^9	-2.080×10^4	6.755×10^1
X_4	-9.750×10^2	-1.280×10^2	-1.666×10^3	3.500×10^1	-2.126×10^6	-3.680×10^3	-8.800×10^6	4.550×10^2	-1.125×10^{-1}
X_5	6.860×10^9	-5.583×10^7	-4.013×10^7	-2.126×10^6	1.500×10^{13}	-3.458×10^9	-2.539×10^{11}	-3.020×10^7	-4.320×10^5
X_6	-1.652×10^6	1.344×10^5	-4.800×10^4	-3.680×10^3	-3.458×10^9	8.370×10^6	-2.830×10^{11}	-9.916×10^4	-1.498×10^1
X_7	-9.758×10^7	-4.400×10^6	1.925×10^9	-8.800×10^6	-2.539×10^{11}	-2.830×10^8	1.059×10^{13}	-1.140×10^8	3.740×10^5
X_8	-1.271×10^4	-1.644×10^3	-2.080×10^4	4.550×10^3	-3.020×10^7	-9.916×10^4	-1.140×10^8	5.990×10^3	-1.412
y	-1.922×10^2	-4.760×10^{-1}	6.775×10^1	-1.125×10^{-1}	-4.320×10^5	-1.498×10^1	3.740×10^5	-1.412	2.72×10^{-2}

将表 3.7 中系数 L_{ik} 与 L_{iy} 代入式 (3-3) 正规方程组，求出回归系数，建立回归方程。

$$A = 0.3836 + 1000 \times 10^{-5} x_1 - 3.324 \times 10^{-3} x_2 - 3.529 \times 10^{-4} x_3 + 1.421 \times 10^{-2} x_4$$

$$- 3584 \times 10^{-8} x_1^2 + 4.034 \times 10^{-5} x_2^2 + 9.852 \times 10^{-8} x_3^2 - 1.076 \times 10^{-3} x_4^2$$

计算的回归系数 b_i 与标准回归系数 b_i' 列入表 3.8。

表 3.8　回归系数与标准回归系数

b_0	b_1	b_2	b_3	b_4	b_5	b_6	b_7	b_8
0.3836	1000×10^{-5}	-3.324×10^{-3}	-3.529×10^{-4}	1.421×10^{-2}	-3.584×10^{-8}	4.034×10^{-5}	9.852×10^{-8}	-1.076
b_0'	b_1'	b_2'	b_3'	b_4'	b_5'	b_6'	b_7'	b_8'
0.3836	0.1096	-0.9484	-1.259	0.5068	-0.8378	0.7036	1.9331	-0.5022

为了检验所建立的回归方程是否有统计意义，需进行统计检验。回归方程的总偏差平方和

$$Q_T = \sum_{i=1}^{n} y_i^2 - \frac{1}{n}\left(\sum_{i=1}^{n} y_i\right)^2 = 2.7516\times10^{-2}$$

总自由度为 $f_T = 12 - 1 = 11$。

回归平方和

$$Q_g = \sum_{i=1}^{n}(y_i - \overline{y})^2 = 2.7362\times10^{-2}$$

回归自由度为 $f_g = 8$。

残差平方和

$$Q_e = Q_T - Q_g = 2.7516\times10^{-2} - 2.7362\times10^{-2} = 1.54\times10^{-4}$$

残余自由度 $f_e = 11 - 8 = 3$。

回归方差　　　　$s_g^2 = 2.7362\times10^{-2}/8 = 3.420\times10^{-3}$，

残余方差　　　　$s_e^2 = 1.5400\times10^{-4}/3 = 5.1333\times10^{-5}$。

检验统计量

$$F = \frac{s_g^2}{s_e^2} = \frac{3.420\times10^{-3}}{5.1333\times10^{-5}} = 66.6$$

查 F 分布表，$F_{0.01(8,3)} = 27.19$，$F > F_{0.01(8,3)}$，表明所建立的回归方程具有统计意义。

按式(3-13)计算标准回归系数 b'，计算结果列入表 3.8 中。由表 3.8 中的数据可以看到，原子化温度影响最大，其标准回归系数为 $b_7' = 1.9331$，其次是灰化温度，其标准回归系数为 $b_5' = -0.8378$，再次是灰化时间的影响，其标准回归系数为 $b_6' = 0.7036$，原子化时间的影响最小，其标准回归系数 $b_8' = -0.5022$。

3.4　正交试验设计

3.4.1　正交试验设计的特点

用均匀设计表安排试验，突出的优点是实验工作量小，同时考察因素数与因素水平数多，最适合对实验优化条件进行初选。采用直观法处理数据简便，但明显的缺点是不能确定影响测定结果的因素中哪些因素是主要因素，哪些因素是次要因素，更不能考察因素之间存在的交互效应。事实上，每个因素的影响并不是等同的，因素之间的交互效应也是经常存在的。采用回归分析处理数据，计算工作量大。正交试验设计实验工作量不算很大，计算相对

比较简便，能很好地确定因素主效应、因素之间的交互效应，估计试验误差，是一种应用广泛的试验设计。

正交试验设计（orthogonal design of experiment），又称正交试验法，即按正交表安排试验。精心设计的正交表的突出特点就是：①试验点在整个试验区范围内均匀分布。因素之间搭配均匀，试验点分布均衡，相对于全面试验而言，它只是部分试验，但对其中任何两因素，它又是具有相同重复次数的全面试验，两因素各个水平都有同等机会组合在一起，得到的试验结果能基本上反映全面试验的情况，但试验工作量大大减少了。②试验中各因素水平按一定顺序有规律地变化，各个因素的各水平出现次数相同，由非均衡分散性可能带来的其他因素对欲考察因素的影响相互抵偿，试验数据具有整齐可比性。采用直观分析法简单比较因素各水平的均值便可以估计因素各水平的主效应，数据处理工作大大简化。③获得的信息丰富。正交表将偏差平方和分解后固定到正交表的每一列上。安排因素的列，其偏差平方和代表了该因素效应的大小；没有安排因素的列，其偏差平方和用来估计试验误差。因此，用方差分析解析数据可以考察和定量估计因素的主效应、因素之间的交互效应和试验误差。④优化条件是在样品中各共存组分各种可能组合条件下获得的，符合实际分析的情况。获得的优化条件实用性好。

精心设计的正交表的突出特点为正交试验设计带来了突出的优点：从全面试验中挑选少数具有很好代表性的试验点进行试验，在这些试验点测得的数据又具有整齐可比性，简单地比较数据均值就能对各因素效应的相对大小做出判断，大大减少了试验与处理数据的工作量，获得的实验结果基本上能反映全面试验的效果。从图 3-1 试验点的分布图可以看到，对于一个 3 因素 3 水平试验，进行一轮全面试验，需进行 27 次实验，而采用正交试验设计，在整个优化区内选取均匀分散的具有代表性的 9 个试验点（图 3.1 上的白圆圈实验点）进行实验，就可以得到基本上能反映全面试验情况的试验结果。正交试验设计将实验点的均衡分散性与试验数据的整齐可比性完美地结合，这正是正交试验设计之所以能成为一种优良的多因素优化试验方法的关键所在。

3.4.2　正交表的使用

本书附录中列出了各种类型常用的正交表供读者选用。正交设计表及其各符号的含义参见图 3.4。符号 L 代表正交表，L 下面的 n 表示实验次数，括弧内的指数 q 表示最多允许安排的因素数，括弧内的 t 表示因素水平数。如正交表 $L_9(3^4)$，最多允许安排 4 个因素，每个因素可有 3 个水平，总共进行 9 次实验。又如正交表 $L_{16}(4^2 \times 2^9)$，最多允许安排 2 个 4 水平因素，9 个 2 水平因素，总共进行 16 次实验。

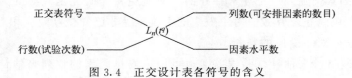

图 3.4　正交设计表各符号的含义

附录中给出的正交表有饱和正交表，满足 $n = 1 + \sum\limits_{i=1}^{q} (t_i - 1)$ 关系式的正交表都是饱和正交表，各因素的水平数相同，如 $L_4(2^3)$、$L_8(2^7)$、$L_9(3^4)$、$L_{27}(3^{13})$、$L_{16}(4^5)$、$L_{25}(5^6)$ 等，见表3.9；混合正交表，各因素的水平数不等，可安排不同水平数的因素，如 $L_8(4 \times 2^4)$、$L_{16}(4^2 \times 2^9)$、$L_8(4 \times 2^4)$、$L_{16}(4^3 \times 2^6)$、$L_{16}(4^4 \times 2^3)$ 等；两列间交互作用表，给出了任何两因素交互作用列的位置，如在两列相交位置上的数字所标示的列，见表3.10，（1）列与（2）列相交的数字是3，即交互作用列为第3列，（3）列与（4）相交的数字是7，即交互作用列为第7列，如此等等。两水平正交表只有一个交互列，三水平正交表有两个交互列。

表 3.9 $L_8(2^7)$ 正交表

试验号	列号						
	1	2	3	4	5	6	7
1	1	1	1	1	1	1	1
2	1	1	1	2	2	2	2
3	1	2	2	1	1	2	2
4	1	2	2	2	2	1	1
5	2	1	2	1	2	1	2
6	2	1	2	2	1	2	1
7	2	2	1	1	2	2	1
8	2	2	1	2	1	1	2

表 3.10 $L_8(2^7)$ 两列间的交互作用表

1	2	3	4	5	6	7
列号						
(1)	3	2	3	4	7	6
	(2)	1	6	7	4	5
		(3)	7	6	5	4
			(4)	1	2	3
				(5)	3	2
					(6)	1

用正交表安排实验时，应注意的一些事项。

① 所选用的正交表，要能容纳所研究的因素数与因素水平数，在这一前提下，应选择实验次数最少的正交表。

② 在实验中因素交互效应是经常存在的，应避免将需研究主效应的因素安排在正交表的交互效应列内，以防止交互效应对主效应的干扰。除非已知交互效应相对于主效应而言足够小，以至于不妨碍对主效应的判断。

③ 要安排重复试验来估计试验误差。也可用未安排因素的空列来估计试验误差，但要选择无交互效应的空列来估计试验误差，以避免交互效应干扰对主效应的判断。

④ 为了便于选择可用的正交表与减小试验工作量，有时可将某些因素组合为复合因素安排在正交表中。

⑤ 各因素水平的组合要随机化，在安排试验时，不要将最有利的水平或最不利的水平集中在某一次试验中，各因素的水平不一定都是从小到大或从大到小安排，可以随机化安排。可以采用抽签的办法或用随机化表来决定因素水平的顺序。试验顺序要随机化安排，不一定按正交表的试验序号进行，以避免试验操作前后掌握宽严程度不一、仪器设备性能随时间发生变化带来的影响。

⑥ 对主要因素，不要轻易固定在某一水平上。对于次要因素，为了减小试验工作量，根据专业知识和工作经验，有时可将其固定在某一合适水平上。

⑦ 用正交表安排试验，尽可能使各因素的水平数相同，重复试验次数相同，以减少与简化随后的试验数据的处理工作。有时由于条件的限制，各因素保持相同水平数有困难，可选用不等水平数的正交表来安排试验。如果没有合适的正交表可供选用，可采用拟水平法。即将水平数少的因素的某一两个重要的水平重复安排到试验中，使水平数满足正交表的要求。这个重复的水平只是形式上的虚拟水平，称为拟水平（pseudo-level）。不过要注意的是，在计算有拟水平的因素的总效应及其平均效应时，应进行不等测定次数的校正。

⑧ 如果试验需由几个人或需在不同的仪器设备上完成，为了消除不同人员技术水平不同、仪器设备性能差异给试验结果可能带来的影响和干扰，可将人员、仪器设备作为一个因素安排在正交表中。

⑨ 要求试验精度高，分析交互效应多时，可选择试验次数多的正交表。试验费用高的，要选用试验次数少的正交表。

3.4.3 正交实验数据分析

在正交试验中，用来衡量试验效果的质量指标称为试验指标，可以是一个或一个以上。正交试验法只适用于能人为控制与调节的因素。在多因素试验中，要尽量使不可控因素随机化，以避免引起附加的误差叠加到被研究因素的主效应与各因素交互效应上。判断因素效应时，作为衡量标准的是试验误差效应，只有被研究的因素的效应在统计上显著地大于试验误差效应时才能判定因素效应存在。实验的精密度越高，对因素效应的判断越灵敏。这就要求在试验中尽量保持试验条件的稳定性。

用火焰原子吸收分光光度法测定铂，考察乙炔与空气流量比 r、燃烧器高度 h，进样量 q 和空心阴极灯电流 i 对测定吸光度的影响。选用正交表 $L_{16}(4^5)$ 安排试验。为避免进样量大小对吸收值的影响，采用吸收值与进样量之比值 $x = A/q$ 作为试验指标。试验结果见表 3.11。

表 3.11 火焰原子吸收分光光度法测定铂的试验安排

试验序号	列号（因素）						吸光度 A_i		
	乙炔/空气流量比 r	燃烧器高度 h /mm		进样量 q/mL		灯电流 i/mA	1	2	合计
1	(1)0.5/6.0	(1)	1	(1)2.4		(1)6	10.0	9.0	19.0
2	(2)1.0/8.0	(2)	5	(2)5.7		(1)6	24.5	23.5	48.0
3	(3)1.5/10.0	(3)	9	(3)3.1		(1)6	31.5	30.5	62.0

试验序号	列号（因素）				吸光度 A_i		
	乙炔/空气流量比 r	燃烧器高度 h/mm	进样量 q/mL	灯电流 i/mA	1	2	合计
4	(4)2.0/12.0	(4) 13	(4)3.5	(1)6	30.0	29.0	59.0
5	(3)1.5/10.0	(2) 5	(1)2.4	(2)10	1.5	2.0	3.5
6	(4)2.0/12.0	(1) 1	(2)5.7	(2)10	14.0	14.5	28.5
7	(1)0.5/6.0	(4) 13	(3)3.1	(2)10	31.0	23.0	58.0
8	(2)1.0/8.0	(3) 9	(4)3.5	(2)10	32.5	34.5	63.0
9	(4)2.0/12.0	(3) 9	(1)2.4	(3)14	1.5	1.0	2.5
10	(2) 1.5/10.0	(4) 13	(2)5.7	(3)14	20.0	20.5	40.5
11	(2)1.0/8.0	(1) 1	(3)3.1	(3)14	30.0	28.5	58.5
12	0.5/6.0	(2) 5	(4)3.5	(3)14	35.0	35.0	71.0
13	1.0/8.0	(4) 13	(1)2.4	(4)20	2.0	3.0	5.0
14	(1)0.5/6.0	(3) 9	(1)5.7	(4)20	21.5	21.5	43.0
15	(4)2.0/12.0	(2) 5	(3)3.1	(4)20	18.0	18.0	36.0
16	(3)1.5/10.0	(1) 1	(4)3.5	(4)20	21.5	21.5	43.0
T_1	191.0	149.0	30.0	188.0			
T_2	178.5	158.5	160.0	153.0	$T = \sum\limits_{i=1}^{4}\sum\limits_{j=1}^{2} x_{ij} = 644.5$		
T_3	149.0	174.5	214.5	172.5			
T_4	126.0	162.5	240.0	123.0			
R	65.0	25.0	210.0	61.0			

注：T_1、T_2、T_3、T_4 代表各因素的 1、2、3、4 水平吸收值之和，T 为全部因素各水平吸收值的总和。R 为因素水平变化引起吸收值最大值与最小值之差，R 越大，表示该因素对吸收值的影响越大。

3.4.3.1 试验数据直观分析

正交试验数据分析，通常有两种方法：直观分析法与方差分析法。

前面已经指出，正交试验设计将实验点的均衡分散性与试验数据的整齐可比性结合，通过比较试验指标的均值就能对各因素效应的相对大小做出判断，为直观分析法奠定了理论基础。直观分析法又称极差分析法，极差大小反映了试验中各因素影响的大小，极差 R 大表示该因素对试验指标影响大，是主要因素，极差 R 小表明该因素对试验指标影响小，是次要因素。直观分析是先计算各因素每一水平下试验指标值的总和与均值，通常还绘制试验指标值随因素水平的变化趋势曲线（示意图见图 3.5）。

直观分析的优点是简便，计算工作量很小，适合用来判断主因素效应。不足之处是未能充分利用试验所获得的信息，判断因素效应不精细，也不能估计实验误差。

对火焰原子吸收分光光度法测定铂数据的直观分析看到，在所设定的欲考察的 4 个因素的试验范围内，进样量影响最大，依次是乙炔/空气流量比和灯电流，燃烧器高度影响最小。获得的各单因素优化条件是：进样量 $q=3.5\text{mL/min}$，乙炔/空气流量比 $r=0.5/6.0$，灯电流 $i=6\text{mA}$，燃烧器高度 $h=9\text{mm}$。

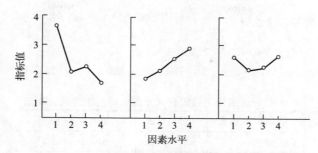

图 3.5　试验指标值随因素水平的变化趋势曲线

正交法安排实验-直观分析法处理数据，与"单因素轮换法"安排实验得到的单因素优化条件相比，优越之处在于：单因素轮换法试验点在全优化区域内的分布没有足够的代表性（参见图 3.1），得到的优化条件是局部最优条件，正交试验设计获得的优化条件更接近全局最优条件。与正交试验设计-方差分析法处理数据相比，尽管直观分析法未能充分利用正交试验设计所得到的信息，但正交试验设计与直观分析法相结合，仍不失是一种考察多因素主效应简便而有效的优化方法。

3.4.3.2　试验数据方差分析

方差分析（analysis of variance）是基于偏差平方和的加和性与自由度加和性原理及 F 检验，处理多因素试验数据的一种数理统计方法。总偏差平方和、总自由度可以分解为各因素、试验误差效应平方和、自由度，并固定在正交表的每一列。若安排因素的列，其偏差平方和、自由度可表征该因素对试验指标的影响大小，若没有安排因素的列，其偏差平方和、自由度可用来估计试验误差效应。用方差分析法处理正交试验设计数据，计算工作量总的来说不算很大，但可以充分利用正交试验所获得的信息，判断因素主效应与因素之间的交互效应，估计实验误差。有关方差分析的详情，请参阅本书的第 6 章。

用方差分析法处理正交试验数据的程序，先计算各因素水平的偏差平方和、自由度与总偏差平方和、自由度，以及方差估计值，对因素效应进行 F 检验，列出方差分析表，给出方差分析结论。现以表 3.11 火焰原子吸收分光光度法测定铂为例，对其正交试验数据进行方差分析。

先分别计算总偏差平方和 Q_T、乙炔/空气流量比偏差平方和 Q_r、燃烧器高度偏差平方和 Q_h、进样量偏差平方和 Q_q、灯电流偏差平方和 Q_i 与试验误差平方和 Q_e，将计算结果列入方差分析表 3.12。

$$Q_T = \sum_{i=2}^{m} \sum_{j=1}^{n_j} x_{ij}^2 - \frac{T^2}{32} = 16912.76 - 12980.63 = 3932.13$$

$$Q_r = \frac{1}{2 \times 4} \sum_{i=1}^{4} T_{ri}^2 - \frac{T^2}{32} = 13302.53 - 12980.63 = 321.90$$

$$Q_h = \frac{1}{2 \times 4} \sum_{i=1}^{4} T_{hi}^2 - \frac{T^2}{32} = 13023.41 - 12980.63 = 42.78$$

$$Q_q = \frac{1}{2 \times 4} \sum_{i=1}^{4} T_{qi}^2 - \frac{T^2}{32} = 16263.78 - 12980.63 = 3283.15$$

$$Q_i = \frac{1}{2 \times 4} \sum_{i=1}^{4} T_{ii}^2 - \frac{T^2}{32} = 13234.78 - 12980.63 = 254.15$$

$$Q_e = Q_T - Q_r - Q_h - Q_q - Q_i$$

$$= 3932.13 - 321.90 - 42.78 - 3283.15 - 254.15 = 30.15$$

表 3.12　火焰原子吸收分光光度法测定铂方差分析表

方差来源	偏差平方和	自由度	方差估计值	F 值	$F_{0.05(f_1 \cdot f_2)}$	显著性	最优水平
乙炔空气流量比 r	321.90	3	103.30	63.48	3.13	＊＊	r_1
燃烧器高度 h	42.78	3	14.26	8.97	3.13	＊＊	h_3
进样速度 q	3283.15	3	1094.38	688.29	3.13	＊＊	q_4
灯电流 i	254.15	3	84.72	53.28	3.13	＊＊	i_1
试验误差	30.15	19	1.59				
总　和	3932.13	31					

方差分析表说明，在显著性水平 $\alpha = 0.05$，进样量、乙炔/空气流量比、灯电流与燃烧器高度的效应都是高度显著的。优化条件是：进样量 $q = 3.5\text{mL/min}$，乙炔/空气流量比 $r = 0.5/6.0$，灯电流 $i = 6\text{mA}$，燃烧器高度 $h = 9\text{mm}$。方差分析的结论与直观分析的结论是一致的。

3.5　模糊正交试验设计

3.5.1　模糊正交试验设计安排

模糊正交设计（fuzzy orthogonal design）是根据要研究的因素及其水平数，选择合适的正交表安排试验，用模糊数学方法处理试验数据，获取分析信息。

用模糊正交设计研究石墨炉探针原子化法测定铋，考察灰化温度（T_{ash}）、灰化时间（t_{ash}）、原子温度（T_{at}）、原子化时间（t_{at}）、探针插入时间（t_p）对测定铋的影响，用 $I = \dfrac{ABs/C}{(RSD)^2}$ 为综合评价指标，以消除进样量 C 与实验相对误差 RSD 对响应指标吸光度 ABs 的影响。模糊正交试验设计的试验安排与测定结果列入表 3.13。

表 3.13　模糊正交试验设计的试验安排与测定结果

序号	T_{ash}/℃	t_{ash}/s	T_{at}/℃	t_p/s	t_{at}/s	$ABs/C \times 10^{-4}$	RSD	I
1	400	25	2000	6	6	8.13	0.058	0.242
2	400	35	1800	8	10	8.83	0.075	0.158
3	400	30	2400	4	4	4.80	0.079	0.078
4	400	20	2200	10	8	3.13	0.033	0.655
5	500	25	1800	4	8	1.87	0.100	0.018
6	500	35	2000	10	4	6.80	0.028	0.886
7	500	30	2200	6	10	6.50	0.094	0.073

序号	T_{ash}/℃	t_{ash}/s	T_{at}/℃	t_p/s	t_{at}/s	ABs /$C\times10^{-4}$	RSD	I
8	500	20	2400	8	6	4.77	0.079	0.076
9	200	25	2400	10	10	6.83	0.059	0.256
10	200	35	2200	4	6	4.93	0.048	0.216
11	200	30	2000	8	8	5.23	0.110	0.045
12	200	20	1800	6	4	2.07	0.180	0.006
13	300	25	2200	10	4	9.58	0.076	0.165
14	300	35	2400	6	8	11.05	0.010	0.110
15	300	30	1800	8	6	5.00	0.065	0.115
16	300	20	2000	4	10	4.63	0.030	0.497
ΣI_1	1.132	0.681	1.670	0.431	0.649			
$(\Sigma I_1)^*$	0.315	0.189	0.464	0.120	0.181			
ΣI_2	1.054	1.370	0.298	0.444	0.984			
$(\Sigma I_2)^*$	0.293	0.381	0.083	0.124	0.274			
ΣI_3	0.523	0.310	0.519	0.808	1.134			
$(\Sigma I_3)^*$	0.145	0.086	0.144	0.225	0.315			
ΣI_4	0.887	1.234	0.109	1.912	0.828			
$(\Sigma I_4)^*$	0.247	0.343	0.308	0.532	0.230			

注：ΣI_1，ΣI_2，ΣI_3，ΣI_4 分别是各因素4个水平综合指标 I 的总和，$(\Sigma I_1)^*$，$(\Sigma I_2)^*$，$(\Sigma I_3)^*$，$(\Sigma I_4)^*$ 是其归一化值。

根据表3.13中的数据，直观分析探针插入时间、原子化温度、灰化时间、灰化温度、原子化时间等5因素对综合评价指标的影响。以 $\Delta=\Sigma I$ 表征影响的大小，其中，ΣI 是同一因素水平4次试验得到的综合评价指标值的总和；Δ 是每一因素4个水平 ΣI 值之间的极差，表征了各因素水平变化对综合评价值的影响之平均效应。Δ 值越大表示该因素对综合评价值的影响越大。根据表3.13中的数据计算出的 Δ 值分别是：探针插入石墨炉的时间 $t_p=$ 1.481s，原子化温度 $T_{at}=1.372$℃，灰化时间 $t_{ash}=1.060$s，灰化温度 $T_{ash}=0.609$℃，原子化时间 $t_{at}=0.485$s。说明在所研究的因素水平范围内，对综合评价指标值 I 影响最大的是探针插入石墨炉的时间 t_p，各因素对综合评价指标值 I 影响大小的顺序依次是 $t_p>T_{at}>t_{ash}>T_{ash}>t_{at}$。

3.5.2 试验数据的模糊数学分析

设试验中的因素为 A_i，其论域为 X_i，则有

$$X_i=\{A_{ij}\}$$

$i=1$，2，3，4，5；$j=1$，2，3，4。

为便于因素各水平的比较，将因素 A_i 在各水平 j 上 A_{ij} 的综合评价值 I 之和归一化［所谓归一化就是将每一因素4个水平的综合评价值 I 之和 ΣI 除每一水平的综合评价值 I，得到归一化值，即 $I_{ij}=I_j/\Sigma I_{ij}$，$(0\leqslant I_{ij}\leqslant1)$］，代表了因素 A_i 在 j 水平 $A_{ij}\in X_i$ 处的隶属度，

即 A_{ij} 属于集合 A_i 的程度，表示对综合评价值 I 的影响程度，因此，可以将 I_{ij} 表示为 X_i 上的模糊子集 $\underset{\sim}{A}_i$，

$$A_1 = (0.315, 0.293, 0.145, 0.247)$$
$$A_2 = (0.189, 0.381, 0.086, 0.343)$$
$$A_3 = (0.464, 0.083, 0.144, 0.308)$$
$$A_4 = (0.120, 0.110, 0.225, 0.546)$$
$$A_5 = (0.180, 0.274, 0.315, 0.230)$$

按照最大隶属度原则，各因素的最大隶属度分别是 $\underset{\sim}{A}_1 = 0.315$，$\underset{\sim}{A}_2 = 0.381$，$\underset{\sim}{A}_3 = 0.464$，$\underset{\sim}{A}_4 = 0.546$，$\underset{\sim}{A}_5 = 0.315$。即 $\underset{\sim}{A}_4 > \underset{\sim}{A}_3 > \underset{\sim}{A}_2 > \underset{\sim}{A}_1 = \underset{\sim}{A}_5$，影响最大的是探针插入时间 t_p，依次是原子化温度 T_{at}、灰化时间 t_{ash}，影响最小的是灰化温度 T_{ash} 和原子化时间 t_{at}。结论与模糊正交试验设计数据直观分析法的结论是一致的。

石墨炉探针原子化法测定铋，根据过去的经验，探针插入石墨炉内的时间 t_p 与原子化温度 T_{at}，原子化温度 T_{at} 与原子化时间 t_{at} 之间常存在交互作用。每种因素各有 4 个水平，两因素之间共有 16 种可能的搭配组合方式，它们之间的模糊关系为

$$\boldsymbol{A}_3^T \times \boldsymbol{A}_4 = \begin{bmatrix} 0.464 \\ 0.083 \\ 0.144 \\ 0.308 \end{bmatrix} \begin{bmatrix} 0.120 & 0.110 & 0.225 & 0.546 \end{bmatrix}$$

$$= \begin{bmatrix} 0.120 & 0.110 & 0.225 & 0.464 \\ 0.083 & 0.083 & 0.083 & 0.083 \\ 0.120 & 0.110 & 0.144 & 0.144 \\ 0.120 & 0.110 & 0.225 & 0.308 \end{bmatrix} = \underset{\sim}{\boldsymbol{R}}_1$$

$$\boldsymbol{A}_3^T \times \boldsymbol{A}_5 = \begin{bmatrix} 0.464 \\ 0.083 \\ 0.144 \\ 0.308 \end{bmatrix} \begin{bmatrix} 0.180 & 0.274 & 0.315 & 0.230 \end{bmatrix}$$

$$= \begin{bmatrix} 0.180 & 0.274 & 0.315 & 0.230 \\ 0.083 & 0.083 & 0.083 & 0.083 \\ 0.144 & 0.144 & 0.144 & 0.144 \\ 0.180 & 0.274 & 0.308 & 0.230 \end{bmatrix} = \underset{\sim}{\boldsymbol{R}}_2$$

$\underset{\sim}{\boldsymbol{R}}_i (i = 1, 2)$ 是论域示两因素不同水平 j、k 之间搭配组合对评价指标的影响。由关系矩阵 $\underset{\sim}{\boldsymbol{R}}_i$ 可见，如果只考虑 T_{at} 与 t_{at} 以 A_{32}（2000℃）与 A_{44}（10s）搭配组合最佳，隶属度 r_{jk} 最大可达 0.464；由关系矩阵 $\underset{\sim}{\boldsymbol{R}}_2$ 可见，如果只考虑 T_{at} 与 t_{at} 以 A_{32}（2000℃）与 A_{44}（4s）搭配组合最佳，最大隶属度 r_{jk} 可达 0.315。同样可以评价所有各因素各水平搭配组合对综合评价值的影响，如正交试验 4 是灰化温度 $T_{ash} = 400℃$、灰化时间 $T_{ash} = 20s$、原子化温度 $T_{at} = 2200℃$、探针插入时间 $T_p = 10s$、原子化时间 $t_{at} = 8s$，相互搭配组合的隶属度是

$$0.315 \wedge 0.343 \wedge 0.308 \wedge 0.546 \wedge 0.230 = 0.230$$

正交试验 6 是灰化温度 $T_{ash} = 500℃$、灰化时间 $T_{ash} = 35s$、原子化温度 $T_{at} = 2000℃$、探针插入时间 $T_p = 10s$、原子化时间 $t_{at} = 4s$，相互搭配组合的隶属度是

$$0.293 \wedge 0.381 \wedge 0.464 \wedge 0.546 \wedge 0.315 = 0.293$$

按同样方法可以求得正交试验中各次试验的有关模糊集的隶属度。由此可见，用模糊数学方法处理正交试验设计数据，不仅可以估计各因素的主效应，同时也可以估计各因素不同水平最佳的搭配组合。在本例中，在可能的各因素不同水平搭配组合中，$T_{ash} = 500℃$、$t_{ash} = 35s$、$T_{at} = 2000℃$、$t_p = 10s$、$t_{at} = 4s$ 搭配组合对综合评价值影响最大，综合评价值达到 0.886。

3.6 单纯形优化设计

单纯形优化法（simplex optimization method），简称单纯形法。1962 年 W. Spendley 首先提出了基本单纯形（basical simplex），并将其用于化学领域。1965 年，J. A. Nelder 等提出了改进单纯形优化法（modified simplex optimization method），变固定步长为可变步长，并引入了反射、扩大与整体压缩规则，加速了优化过程。自此以后，不少学者从不同角度对单纯形优化法做了改进，成为分析测试中广泛应用的一种多因素优化方法。其特点是计算简便，不受因素数的限制，当因素数增多时，实验次数并不增加很多，只需进行不多次数实验即可找到最佳实验条件。单纯形优化法与均匀设计、正交试验设计法的不同之处在于，每一次选用的实验条件是根据前一次实验结果来决定的，对实验条件逐步进行调整，最后达到最优化，是一种动态调优方法。

3.6.1 单纯形优化设计的原理

所谓单纯形是指多维空间中的一种凸形图，它的顶点数比空间维数多 1，二因素组成的单纯形是一个三角形，三因素组成的单纯形是四面体，n 个因素组成的单纯形是一个由 $(n+1)$ 个顶点组成的超多面体。为直观了解单纯形优化的原理，图 3.6 给出了一个二因素组成的初始单纯形及其优化推移图。

单纯形优化法是利用图形对称原理将单纯形不断向前推移，即将实验中效果最差的实验点去掉，沿经过单纯形形心点的延长线

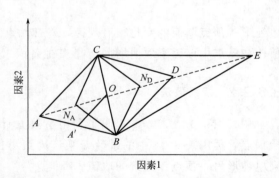

图 3.6 二因素初始单纯形及其推移示意图

做等距离（固定步长）的反射，经过若干次推移单纯形之后，找出最优的实验条件。如果用较大的步长推移单纯形，虽可以加快优化速度，但得到的优化精度较差，反之，采用较小的步长移动单纯形，得到的优化精度较好，但实验次数增多，优化速度变慢。为了解决这一矛盾，Nelder 等提出采用变步长推移单纯形，既能加快优化速度，又能获得满意的优化精度。

改进单纯形推移的新实验点按式（3-14）计算，

$$[新实验点] = (1+a) \frac{留下的 n 个实验点之和}{n} - a [去掉的实验点] \qquad (3-14)$$

3.6.2 初始单纯形的构建

构成初始单纯形有三种方法：计算法、朗系数法与均匀设计法。

3.6.2.1 计算法

首先确定一个单纯形初始顶点（初始实验点），再由初始顶点出发计算单纯形的其他顶点（实验点）。设单纯形初始顶点为

$$A = (a_1, a_2, \cdots, a_n)$$

其中，a_1、a_2、$\cdots$、a_n 分别代表第 1、2、$\cdots$、n 个因素的取值，若单纯形推移步长为 a，则单纯形其他各顶点的取值分别为

$$B = (a_1 + p, a_2 + q, a_3 + q, \cdots, a_n + q)$$

$$C = (a_1 + q, a_2 + p, a_3 + q, \cdots, a_n + q)$$

$$\cdots\cdots$$

$$n = (a_1 + q, a_2 + q, a_3 + q, \cdots, a_{n-1} + p, a_n + q)$$

$$n + 1 = (a_1 + q, a_2 + q, a_3 + q, \cdots, a_{n-1} + p, a_n + p)$$

其中，

$$p = \frac{\sqrt{n+1} + n - 1}{\sqrt{2}\,n} a \tag{3-15}$$

$$q = \frac{\sqrt{n+1} - 1}{\sqrt{2}\,n} a \tag{3-16}$$

单纯形各顶点取值的变化很有规律，除初始点之外，第 i 个实验点的第 $(n-1)$ 个因素的取值比初始点中该因素取值增加 p，其他各因素的取值增加 q。

3.6.2.2 朗系数法

1969 年，D. E. Long 提出了利用系数 k 计算初始单纯形各顶点的方法。先确定一个初始顶点，再用表 3.14 中的系数 k 乘该因素步长 a，所得到的值加到初始点的取值上，便得到单纯形另一顶点该因素的取值。

表 3.14 Long 系数 k 表

顶点	因素									
	A	B	C	D	E	F	G	H	I	J
1	0	0	0	0	0	0	0	0	0	0
2	1.000	0	0	0	0	0	0	0	0	0
3	0.500	0.866	0	0	0	0	0	0	0	0
4	0.500	0.289	0.817	0	0	0	0	0	0	0
5	0.500	0.289	0.204	0.791	0	0	0	0	0	0
6	0.599	0.289	0.204	0.158	0.775	0	0	0	0	0
7	0.500	0.289	0.204	0.158	0.129	0.764	0	0	0	0

顶点	因素									
	A	B	C	D	E	F	G	H	I	J
8	0.500	0.289	0.204	0.158	0.129	0.109	0.756	0	0	0
9	0.500	0.289	0.204	0.158	0.129	0.109	0.094	0.750	0	0
10	0.500	0.289	0.204	0.158	0.129	0.109	0.094	0.083	0.745	0
11	0.500	0.289	0.204	0.158	0.129	0.109	0.094	0.083	0.075	0.742

3.6.2.3　均匀设计法

均匀设计表容纳的因素数与因素水平数多，用均匀设计表构建初始单纯形，不需进行任何计算，方法简便。根据需要研究的因素数，选择合适的均匀设计表，根据使用表的要求，确定安排因素的列，作为初始单纯形的顶点。

3.6.3　单纯形优化的推移规则

① 如图 3.6 所示，如果在单纯形中，A 点是效果最差的实验点，则将 A 点通过形心点 O 的延长线 AD 推移单纯形到反射点 D 点。

② 对单纯形 BCD 中的三个顶点进行实验，若在 D 点得到的响应值在 BCD 中是最好的，说明推移方向是正确的，反射成功。这时可使用较大的步长（取 $a > 1$ 的步长），将 D 点推移到 E 点。这一步称为"扩大"。如果在 E 点的响应值优于 D 点，则扩大成功，用 E 点取代 D 点，构成新单纯形 BCE。如果 E 点的响应值劣于 D 点，说明扩大失败，仍采用 D 点构成单纯形 BCD。

③ 如果新实验点 D 点在新单纯形 BCD 中效果最差，但比 A 点的效果好，这时可采用 $0 < a < 1$，将单纯形推移到 N_D 点，这一步称为"收缩"。在这种情况下，用 N_D 构成 BCN_D 单纯形。如果实验点 D 点的效果比实验点 A 点还差，这时可采用 $a < 0$，将单纯形推移到 N_A 点，这一步称为"内收缩"，在这种情况下，用 N_A 构成新单纯形 BCN_A。选择单纯形推移步长为整个优化区间的 5%～20% 比较适宜。

④ 如果在 AD 方向上所有实验点的效果都比实验点 A 差，则不能沿 AD 方向推移单纯形，在这种情况下，要对单纯形进行整体压缩，以原单纯形中最好的实验点 B 点为基点，由基点到各实验点距离的一半为新点，构成新单纯形 BOA'。

⑤ 如果单纯形在推移过程中出现"往复"，这时可以效果次坏的实验点代替效果最坏的实验点作为基点，按照上述的单纯形的推移规则继续推移单纯形。

改进单纯形优化法解决了优化速度与优化条件精度的矛盾，是各种单纯形优化法中应用最广泛的一种单纯形优化方法。

3.6.4　单纯形推移的收敛准则

按照单纯形推移规则，推移到何时为止，收敛的标准是什么？对于一个由 n 个因素组成的具有（$n+1$）顶点的多面体单纯形，如果某一个实验点经过（$n+1$）次推移仍未被淘汰，表明该实验点的实验条件是最优的，单纯形到此终止推移。这种收敛方法称为自然收敛法。

在实际分析测试中，由于存在误差，当响应函数（试验指标）值变化处于实验误差范围内，表明实验条件已达到最优化，可以停止推移单纯形。这种收敛方法称为实验误差收敛法。由实验误差建立的收敛准则是

$$\frac{|R_b - R_w|}{R_b} < \varepsilon \tag{3-17}$$

式中，R_b 是最好的响应值；R_w 是最坏的响应值；ε 是试验误差。

示例：用均匀设计表 $U_5(5^4)$ 建立初始单纯形，以综合评价函数 COF 为优化指标，高效液相色谱分离精制植物油中维生素 E 的三种异构体 α、β、δ，考察流动相组成、流速与柱温对分离的影响，试寻求最佳分离条件。

$$COF = \sum_{i=1}^{m} \omega_i \ln \frac{R_{ij}}{R_d} + \beta(t_m - t)$$

式中，R_{ij} 是第 i 次实验中第 j 个与（$j-1$）个色谱峰分离度；$R_d=1.5$，是欲达到的分离度；t_m 是要求达到的分析时间；t 是最后一个色谱峰的保留时间；ω_i 是对色谱峰的加权因子，对色谱峰 1 与 2、2 与 3 等同看待，$\omega_1=\omega_2=0.5$；β 是对分析时间的加权因子，根据经验，分析时间延长 1min，分离度提高 0.15，故取 $\beta=0.15$。初始单纯形的建立与推移过程见表 3.15。

表 3.15　初始单纯形的建立与推移过程

顶点号	甲醇：水	流速/(mL/min^{-1})	柱温/℃	COF 值	最坏点	实验点	说明
1	92：8	1.2	42	−1.829			
2	94：6	0.8	38	−2.190			
3	96：4	0.4	34	−0.024			
4	98：2	1.0	30	−0.006	2	1,2,3,4	$a=1.0$,反射
5	97：3	1.6	33	0.326	1	1,2,3,4	$a=1.5$,扩展
6′	98：2	1.8*	31			1,3,4,5	$a=1.0$,扩展失败,反射
6″	102：−2*	1.5	27			1,3,4,5	$a=0.25$,反射失败,收缩
6	98：2	1.4	30	0.106	3	1,3,4,5	$a=1.5$,收缩成功,反射
7′	99：1	1.3	28*			3,4,5,6	$a=0.8$,反射失败,收缩
7	99：1	1.3	30	0.013	4	3,4,5,6	$a=1.0$,收缩成功,反射
8′	98：2	1.9*	32			4,5,6,7	$a=0.4$,反射失败,收缩
8	98：2	1.6	31	0.180	7	5,6,7,8	$a=1.0$,收缩成功,反射
9′	96：4	1.8*	33			5,6,7,8	$a=0.5$,反射失败,收缩
9	97：3	1.6	33	3.326		5,6,7,8	收敛

注：* 超出约定条件的允许范围。

由表 3.15 单纯形推移结果可见，单纯形经过 5 次推移后收敛，得到的最大综合评价值 $COF=0.326$，最佳的实验条件是：流动相组成甲醇：水$=97$：3，流速 1.6mL/min，柱温 33℃。在此条件下，维生素 E 的 α、β、δ 三种异构体得到完全分离。

3.7　多种试验设计的综合应用

在分析测试过程的不同阶段，所面临的任务与需解决的问题不同，安排试验的方法亦应有所不同，需根据具体情况选择合适的试验设计。分析人员在开始进行试验之前，除了根据专业知识与经验对各种因素对试验指标的影响有些初步的分析与了解之外，对因素的实际影响都是不太清楚的。在初始研究阶段，用均匀设计安排试验是比较好的，因为均匀设计可以将较多的因素与因素水平数安排在同一个试验方案里，试验点在整个试验区域内均衡地分散，有充分的代表性，试验次数不多，直观分析实验数据可以快速找到近似全局优化的条件，为以后合理地安排试验深入研究各因素的影响提供重要依据。所获得的近似优化条件也可直接用于测定中。

单纯形优化法不受因素数的限制，计算简便，因素数增多时，单纯形推移次数并不增加很多，即可找到最佳实验条件，是一种多因素动态调优方法。但还是不如均匀设计更方便，均匀设计不仅可以用于快速优化，也适合于多因素多水平初步筛选。

在初步确定主、次要因素之后，需进一步了解主、次要因素的影响程度以及确定哪些因素水平有影响，这时应用正交试验设计是很合适的。根据主、次要因素的重要性不同，选用不等因素水平数的正交表安排试验，既可采用直观法分析数据以快速确定近似优化条件，也可基于正交设计分析数据的整齐可比性用方差分析处理试验数据，计算工作量也不算大，可以获得更加丰富的分析信息，能得到主、次要因素的主效应，因素之间的交互效应，估计实验误差，等。值得注意的是，当研究的因素较多时，要有选择地研究某些因素之间的交互作用，不能盲目地设置过多的交互作用项，因为不是所有因素之间都有交互作用，有些因素之间虽有交互作用，但相对于主效应而言并无显著影响，不必单独分离出来，可将其归入试验误差处理。交互作用项要占据正交表的因素列，设置交互效应项过多，势必会减少对主要因素效应的研究，或选用试验次数更多的正交表，要增加很多的试验工作量。

如果要对因素效应做定量估计，并想对未试验过的因素水平进行预测，可采用回归分析处理试验数据。

一般说来，一个组分的测定完全不受共存组分干扰的情况是少有的。因此，建立分析方法时，通常都要考虑共存组分的干扰效应。分析人员通常的做法是，以不含干扰组分的试样测定值 x_0 为参照标准，再测定含有干扰组分试样的测定值 x_i，如果 $x_i = x_0$，认为该共存组分不干扰，否则判为有干扰；或者事先约定一个判断标准 ε，若 $x_i > x_0$ 判为有正干扰，$x_i < x_0$ 则判为有负干扰。如此这般对每一种共存组分孤立地进行研究，不仅耗费时间，而且效果极差，因为一种组分单独存在产生的干扰，与和其他组分共存时产生的干扰通常是不一样的。合适的做法是用正交表安排试验，在多组分共存的情况下进行试验，用方差分析处理数据，区分各共存组分的干扰情况，既省时省力效率高，研究结论又更符合实际使用情况。

分析中最常用的定量方法是标准曲线法，为此需要制备校正曲线。习惯上，一般用纯标准系列制备校正曲线，这样制备的校正曲线，用来分析有其他组分共存的复杂试样时，常常会引入系统误差。当有其他组分共存时，用多水平正交表安排试验，采用基体匹配法将各共存组分尽可能均衡地分配在各标准系列内，这样制备的校正曲线更实用。用这样的方法也可以在一次实验中同时制得多个组分的校正曲线。

一般来说，一种分析方法都是针对特定分析对象一定量值范围建立的，建立的分析方法是否可用和实用，要用已有的标准样品、管理样等实际样品来检验，而合适的标准样品或管理样并不是随时随地都能得到的，特别在研发新的分析方法时，更不易得到所需要的标准样品或管理样，这给新建分析方法的适用性检验带来困难。一般来说，标准分析方法比标准样品或管理样更容易找到，这时可用成对试验设计-t 统计检验来进行新建分析方法的适用性检验。将准备的各种不同类型、多种量值范围的试样分为两份，用新建分析方法与公认的推荐分析方法进行分析，分别测定欲测组分量值，求出两分析方法测定量值的差值，自然有正有负，有大有小。假设两分析方法都是可靠的，多次成对测定的差值均值的期望值应为零，只要对成对测定值的差值均值进行 t 统计检验，如果没有显著性差异，表明两种分析方法分析结果是一致的，既然公认推荐分析方法分析结果是可靠的，两种分析方法的测定结果在统计上又是一致的，说明新建分析方法测定结果也是可靠的。至少可以推广应用于已经试验过的这些不同类型、多种量值范围的试样。这种成对试验设计-t 统计检验进行新建分析方法的适用性检验模式的优点是：不需要标准物质或管理控制样，一次试验可同时检验新建分析方法对多种类型、不同量值范围试样的适用性。

第4章

统计检验

4.1 概述

在多数情况下，分析测试都是采取抽样检验，通过对抽取样本的分析测试，依据概率论的原理，对总体的某个或某些特征，从统计上进行估计与推断。统计推断（statistical inference）包括参数估计（parameter estimation）与假设检验（hypothesis test）。参数估计与假设检验是既有联系又有区别的两类统计推断。参数估计是随机变量分布函数已知，通过样本数据对总体未知参数或未知分布的某个参数进行估计。如果不知道随机变量分布函数形式，只是假设其具有某种函数分布形式，假设是否正确，需根据样本数据通过检验分布参数来判断，以决定对原假设是接收还是拒绝。

参数估计是根据样本数据估计总体参数值，参数估计包括点估计与区间估计。如估计总体均值、总体方差，称为参数点估计。估计值不正好等于待估参数，而只是其近似值，估计值的精确程度以置信区间给出，它包括参数存在的区间与区间内包含待估参数真值的概率。

关于总体的假设，称为统计假设（statistical assumption）。检验统计假设的方法称为假设检验。假设检验是根据样本数据来检验关于总体参数的假设，以判断总体分布是否具有指定的特征。假设检验总是先对总体未知分布或总体参数做出假设，并假定统计假设是成立的，然后根据样本数据来检验统计假设同样本值数据是否有显著性矛盾，如果没有显著性矛盾，就接受原来所做出的统计假设，记为 H_0，称为原假设或零假设（null hypothesis）；如果有显著性矛盾，就拒绝原来的统计假设 H_0，而接受与原假设同时设立且对立的另一备用假设，称为备择假设（alternative hypothesis），记为 H_1。

4.2 统计检验的理论依据与基本方法

统计检验的依据是小概率原理。所谓小概率原理，是指发生概率很小的事件在一次抽样检验中实际上是不可能发生的。检验统计量（test statistic）为

$$T = T(x) \tag{4-1}$$

T 是样本值和待估参数的函数，不包括未知量值。在假设成立时，检验统计量的概率密度函数 $\varphi(T)$ 已知，T 落入某一区域 ω 的概率

$$P(T \in \omega) = \int_{T \in \omega} \varphi(T)\mathrm{d}T = \alpha \tag{4-2}$$

α 取值很小，通常是 $\alpha = 0.05$，$\alpha = 0.01$。因此，当原假设 H_0 为真时，T 落入 ω 区域内的概率是 0.05 或 0.01，是一个小概率事件。根据小概率原理，在一次抽样检验中几乎是不可能发生的，如果发生了，则有理由认为原假设不正确，或者说，原假设与样本数据有显著性矛盾，应在显著性水平（significance level）$\alpha = 0.05$，$\alpha = 0.01$ 拒绝原假设 H_0，接受备择假设 H_1。由此可见，ω 是拒绝原假设的区域，称为拒绝域（rejection region）。拒绝域的边界值称为临界值（critical value）。显著性水平 α 就是在原假设 H_0 成立时统计量 T 落入拒绝域内的概率，α 越小，统计量 T 落入拒绝域内的概率就越小。如果统计量 T 真落入拒绝域内，表明原假设 H_0 与样本值有显著性矛盾。只要统计量 T 落入拒绝域内，就有理由拒绝原假设 H_0。反之，如果统计量 T 落入拒绝域外，而落入接受域（acceptance region）内，说明并非小概率事件，原假设 H_0 与样本数据没有显著性矛盾，没有理由拒绝原假设 H_0。统计量值 T 落入拒绝域外的概率（$1-\alpha$），是原假设为真条件下接受原假设 H_0 的置信水平。

测定值是随机变量，有一定波动性，由测定值计算的统计量值也必然有一定变动范围，即使原假设 H_0 为真，统计量值仍有一定的概率 α 落入拒绝域内，因此也可能会错误地拒绝原假设 H_0，这种原假设 H_0 为真而拒绝原假设的错误，称为假设检验的第一类错误（error of first kind），又称拒真错误（error of rejecting true），α 为犯假设检验第一类错误的概率。α 越小，犯第一类错误的概率越小，α 是限制犯第一类错误的保证。

正因为测定值是随机变量，由测定值计算的统计量值 T 也有一定的概率 P 落入非拒绝域（$W-\omega$），

$$P[T \in (W-\omega)] = 1 - P(T \in \omega) = \beta \tag{4-3}$$

式中，W 是统计量值 T 全部可落入的区域。在检验假设时，就是原假设并不正确，而错误地接受了原假设 H_0，这类错误称为假设检验的第二类错误（error of second kind），又称纳伪错误（error of accepting false），其概率记为 $\beta = (1-\alpha)$，是限制犯第二类错误的保证。

在样本容量一定的条件下，要同时减小假设检验的两类错误是不可能的，减小了犯第一类错误的概率 α，同时会增大犯第二类错误的概率 β，反之亦然。不管犯哪一类错误，都将因误判而造成损失。在实际工作中如何选取 α 与 β，以使错判造成的损失最小为原则。在分析测试的统计检验中，通常选取显著性水平 $\alpha = 0.05$，有时也选取 $\alpha = 0.01$ 或 $\alpha = 0.10$，

统计检验的基本方法是概率论证明法，即先假定统计假设 H_0 成立，而后用样本数据计算统计量值，根据小概率原理进行论证。统计检验的一般程序是：

① 根据具体任务要求，设立原假设 H_0 与备择假设 H_1；

② 选择合适的检验统计量；

③ 选定或者约定显著性水平 α；

④ 基于样本测定值数据计算实验统计量值；

⑤ 根据小概率原理进行统计推断。

若计算的实验统计量值落入拒绝域内，则拒绝原假设 H_0，接受备择假设 H_1；若计算的试验统计量值落入非拒绝域内，则没有理由拒绝原假设 H_0，则在约定显著性水平 α 接受

原假设 H_0；若计算的检验统计量值落在接受区与拒绝区边界，最好继续进行试验，获取更多的信息再进行判断。

4.3　离群值的检验与异常值判断准则

4.3.1　判断离群值的准则

观测值（observed value）在分析测试中通常称为测定值（determination value），是一个以概率取值的随机变量（random variable）。在实际测定中，有时在一组测定值中会出现一个或几个数值明显地比其余的测定值偏大或偏小的离群值。对于离群值，必须首先从技术上寻找原因，如果是由技术上的原因产生的离群值，不管其是否为异常值，都必须剔除。当技术上寻找不出原因时，需要进行统计检验，若检验结果说明离群值位于所允许的合理误差范围之内，仍应保留；若位于所允许的合理误差范围之外，则应将其剔除，不能将其计入最后的测定结果中。

在通常的条件下，测定值遵循正态分布，按照概率理论，落在两倍标准差之外的测定值的概率小于 0.05，在统计学上称为小概率事件。这种测定值有可能来自不同的总体，需要根据数理统计理论进行判定。中华人民共和国国家质量监督检验检疫总局（现国家市场监督管理总局）和中国国家标准化管理委员会于 2008 年 7 月 16 日新发布了《数据的统计处理和解释 正态样本离群值的判断和处理》，于 2009 年 1 月 1 日正式实施，代替 GB/T 4883—1985。根据离群值的属性，对有关离群值的术语重新进行了定义。新标准将样本中离其他观测值（测定值）较远的一个或几个观测值（测定值）称为离群值（outlier），暗示它们可能来自不同的总体。在 $\alpha=0.01$ 剔除水平统计检验为显著的离群值，称为统计离群值（statistical outlier），需要进行剔除。在 $\alpha=0.05$ 检出水平显著，但在 $\alpha=0.01$ 剔除水平不显著的离群值，称为歧离值（straggler），是否剔除视具体情况而定。但在通常分析测试中，在没有特殊说明的情况下，一般按照小概率事件原理，将两倍标准差定为合理的误差范围，将与均值的偏差大于两倍标准差的离群测定值都作为异常值（abnormal value）剔除。

4.3.2　检验离群值的方法

离群值的检验方法分标准差事先已知与标准差事先未知两类。标准差事先已知的一类常用检验方法有三倍标准差（又称 3σ）法、ASTM 检验法等。标准差未知时，需要从待检验的一组测定值数据本身计算标准差，常用的检验方法有格鲁布斯检验法、狄克松检验法、T 检验法、偏度-峰度检验法、极差检验法等。

4.3.2.1　三倍标准差法

在通常情况下，测定值遵循正态分布，测定值偏离均值三倍标准差的概率是 0.01。当实验中出现偏离均值三倍标准差（3σ）的统计离群值时，可将该离群值作为异常值剔除，此称三倍标准差法，亦称 3σ 检验法。从统计角度考虑，出现概率≤0.05 的测定值，是小概率

事件，故在日常的分析测定中，将偏离均值两倍标准差的测定值也作为异常值舍去。检验离群值的统计量是

$$T = \frac{x_d - \overline{x}}{\sigma} \tag{4-4}$$

式中，$\overline{x}$ 是一组测定值的均值；x_d 是待检验的离群值；σ 是已知的标准差。

4.3.2.2 ASTM 检验法

ASTM 检验法是美国材料实验协会（American Society for Testing Materials）提出和推荐的一种检验 x_d 的方法，特点是当 σ 未知时，建议用同一试样至少进行 10 次测定，用不包括待检验的离群值 x_d 在内的其余测定值计算标准差 s 代替式(4-4)中 σ 对离群值 x_d 进行统计检验。如果由式(4-4)计算的 T 值大于 ASTM 临界值表（见表 4.1 和表 4.2）中相应显著性水平 α 的临界值 T_α，则判 x_d 为异常值。

表 4.1　ASTM 检验法临界值表（$\alpha = 0.05$）

f	样本中测定值的数目 n								
	3	4	5	6	7	8	9	10	12
10	2.34	2.63	2.83	2.98	4.10	4.20	4.29	4.36	4.49
11	2.30	2.58	2.77	2.92	4.03	4.13	4.22	4.29	4.41
12	2.27	2.54	2.73	2.87	2.98	4.08	4.16	4.23	4.35
13	2.24	2.51	2.69	2.83	2.94	4.05	4.11	4.18	4.29
14	2.22	2.48	2.66	2.79	2.90	2.99	4.07	4.14	4.25
15	2.20	2.45	2.63	2.76	2.87	2.95	4.04	4.11	4.21
16	2.18	2.43	2.61	2.74	2.84	2.93	4.01	4.08	4.18
17	2.17	2.42	2.59	2.72	4.82	2.91	2.98	4.05	4.15
18	2.15	2.40	2.57	2.70	2.80	2.89	2.96	4.02	4.12
19	2.14	2.39	2.56	2.68	2.78	2.87	2.94	4.00	4.10
20	2.13	2.37	2.54	2.67	2.77	2.85	2.92	2.98	4.08
∞	1.95	2.16	2.30	2.41	2.49	2.56	2.61	2.66	2.74

表 4.2　ASTM 检验法临界值表（$\alpha = 0.01$）

f	样本中测定值的数目 n								
	3	4	5	6	7	8	9	10	12
10	4.12	4.46	4.70	4.87	4.02	4.14	4.24	4.38	4.47
11	4.04	4.37	4.59	4.76	4.90	4.01	4.11	4.19	4.33
12	2.98	4.29	4.51	4.67	4.80	4.91	4.00	4.08	4.21
13	2.93	4.23	4.44	4.60	4.72	4.83	4.92	4.99	4.12
14	2.88	4.18	4.38	4.54	4.66	4.76	4.85	4.92	4.04
15	2.84	4.13	4.33	4.48	4.60	4.70	4.78	4.86	4.98
16	2.81	4.10	4.29	3.44	4.56	4.65	4.73	4.80	4.92
17	2.78	3.07	4.26	4.40	4.52	4.61	4.68	4.75	4.86

f	样本中测定值的数目 n								
	3	4	5	6	7	8	9	10	12
18	2.76	4.04	4.23	4.37	4.48	4.57	4.64	4.73	4.82
19	2.74	4.01	4.20	4.34	4.45	4.54	4.61	4.68	4.79
20	2.72	2.99	4.17	4.31	4.42	4.51	4.58	4.65	4.75
∞	2.00	2.62	2.76	2.87	2.95	4.02	4.07	4.12	4.20

注：f 是计算 σ 的自由度，由同一试样测定值计算 σ 时，$f =$（测定次数 -1），由不同试样进行多次测定时，$f =$（每一试样测定次数 -1）×试样数。

示例 4.1 测定铁矿石中的铁，根据过去长期积累的资料，已知标准差 $s = 0.083$，现对一矿石中铁含量进行了 4 次测定，测定值分别是 63.27、63.30、63.41、63.62，试问测定值 63.62 是否为异常值。

题解：

根据测定值计算均值 $\overline{x}$ 和统计量值 T

$$\overline{x} = \frac{63.27 + 63.30 + 63.41 + 63.62}{4} = 63.40$$

$$T = \frac{63.62 - 63.40}{0.083} = 2.65$$

因为 $s = 0.083$ 是由过去长期积累资料获得的，其自由度可视为 ∞，样品测定次数 $n = 4$，查表 4.1 ASTM 检验法临界值表，$T_{0.05, \infty} = 2.16$，$T > T_{0.05, \infty}$，表明测定值 63.62 与其余测定值属于同一总体的概率小于 0.05，是小概率事件，应将其判为异常值，做出这一判断的置信度是 95%。

4.3.2.3 格鲁布斯检验法

格鲁布斯检验法（Grubbs test method）是一种检验与判断一组测定值中异常值的方法。若一组测定值数据遵从正态分布 $N(\mu, \sigma^2)$。将其按大小排序，$x_1 < x_2 < \cdots < x_n$，若有异常值存在，必然出现在两端 x_1 或 x_n。

用 n 个测定值计算方差 s_n^2 与 $n-1$ 个测定值计算的方差 s_{n-1}^2

$$s_n^2 = \frac{1}{n-1} \sum_{i=1}^{n} (x_i - \overline{x})^2$$

$$s_{n-1}^2 = \frac{1}{n-2} \sum_{i=1}^{n-1} (x_i - \overline{x}_{n-1})^2$$

都可用来估计 σ^2，都是 σ^2 一致而有效的估计值，其方差比值应等于或接近于 1，即 $s_n^2 / s_{n-1}^2 \approx 1$。反之，若有异常值存在，由于方差对异常值反应特别敏感，方差变化较大，方差比亦随之有较大的变化。舍弃异常值之后，由 $n-1$ 个测定值计算的方差迅速减小，方差比亦随之迅速减小。若令

$$G = \frac{x_d - \overline{x}}{s_n} \tag{4-5}$$

则有
$$\frac{s_n^2}{s_{n-1}^2} = \frac{(n-2)}{(n-1)} \Big/ \left[1 - \frac{n}{(n-1)^2}G\right] \qquad (4-6)$$

式中，x_d 是待检验的离群值；$\bar{x}$ 与 s_n 分别是由包括离群值在内的全部 n 个测定值计算的均值与标准差。由式(4-6)可见，方差比 s_n^2/s_{n-1}^2 大于某一数值就等价于 G 大于另一个数值，而计算 G 比计算方差比方便。因此，将 G 作为统计量进行异常值检验就方便多了。若由式(4-5)计算的统计量值 G 大于格鲁布斯检验临界值表 4.3 中给定显著性水平 α 的临界值 $G_{\alpha,n}$ 的概率为 α，是小概率事件，则可在置信度 $p=1-\alpha$ 下判离群值 x_d 为异常值，予以剔除。

示例 4.2 火焰原子吸收分光光度法测定粉煤灰中的铁，5 次测定值是 4.06、4.05、4.09、4.05、4.17，试用格鲁布斯检验法检验测定值 4.17 是否为异常值。

$$\bar{x} = \frac{4.06 + 4.05 + 4.09 + 4.05 + 4.17}{5} = 4.084$$

$$s = \sqrt{\frac{1}{n} \sum_{i=1}^{5} (x_i - 4.084)^2} = 0.0508$$

$$G = \frac{4.17 - 4.084}{0.0508} = 1.693$$

查格鲁布斯检验临界值表（表 4.3），$G_{0.05,5} = 1.672$，$G > G_{0.05,5}$ 表明测定值 4.17 是异常值。

表 4.3 格鲁布斯检验临界值表

n	$\alpha=0.10$	$\alpha=0.05$	$\alpha=0.01$	n	$\alpha=0.10$	$\alpha=0.05$	$\alpha=0.01$
3	1.148	1.153	1.155	10	2.036	2.176	2.410
4	1.425	1.463	1.492	11	2.088	2.234	2.485
5	1.602	1.672	1.749	12	2.134	2.285	2.550
6	1.729	1.822	1.944	13	2.175	2.331	2.607
7	1.828	1.938	2.097	14	2.213	2.371	2.659
8	1.909	2.032	2.221	15	2.247	2.409	2.705
9	1.977	2.110	2.323	16	2.279	2.443	2.747

4.3.2.4 狄克松检验法

狄克松检验法（Dixon test method）是一种检验与判断一组测定值中异常值的方法。在一组测定值中有一个以上的离群值时，用狄克松检验法检验离群值。检验时使用的统计量列于表 4.4 中。若计算的统计量值大于狄克松检验临界值表中相应显著性水平 α 和测定次数 n 时的临界值 $\gamma_{\alpha,n}$，则将可疑的离群值 x_d 判为异常值，予以剔除。

表 4.4 狄克松检验法的统计量和临界值表

n	统计量	α			
		0.10	0.05	0.01	0.005
3		0.886	0.941	0.988	0.994
4		0.679	0.765	0.889	0.926
5	$\gamma_{10} = \dfrac{x_n - x_{n-1}}{x_n - x_1}, \gamma_{10} = \dfrac{x_2 - x_1}{x_n - x_1}$	0.557	0.642	0.780	0.821
6		0.482	0.560	0.698	0.740
7		0.434	0.507	0.637	0.680

续表

n	统计量	α			
		0.10	0.05	0.01	0.005
8	$\gamma_{11}=\dfrac{x_n-x_{n-1}}{x_n-x_2},\gamma_{11}=\dfrac{x_2-x_1}{x_{n-1}-x_1}$	0.479	0.554	0.683	0.725
9		0.441	0.512	0.635	0.677
10		0.409	0.477	0.597	0.639
11	$\gamma_{21}=\dfrac{x_n-x_{n-2}}{x_n-x_2},\gamma_{21}=\dfrac{x_3-x_1}{x_{n-1}-x_1}$	0.517	0.576	0.679	0.713
12		0.490	0.545	0.642	0.675
13		0.467	0.521	0.615	0.649
14		0.492	0.546	0.641	0.574
15		0.472	0.525	0.616	0.647
16		0.454	0.507	0.595	0.624
17		0.438	0.490	0.577	0.605
18		0.424	0.475	0.561	0.589
19		0.412	0.462	0.547	0.575
20		0.401	0.450	0.535	0.562
21	$\gamma_{22}=\dfrac{x_n-x_{n-2}}{x_n-x_{n-3}},\gamma_{22}=\dfrac{x_3-x_1}{x_{n-2}-x_1}$	0.391	0.440	0.524	0.551
22		0.382	0.430	0.514	0.541
23	检验(x_n)　　检验(x_1)	0.374	0.421	0.505	0.532
24		0.367	0.413	0.497	0.524
25		0.360	0.406	0.489	0.516
26		0.354	0.399	0.486	0.508
27		0.348	0.393	0.475	0.501
28		0.342	0.387	0.469	0.495
29		0.337	0.381	0.463	0.488
30		0.332	0.376	0.457	0.483

4.3.2.5　T 检验法

T 检验法（T-test method）使用统计量

$$K=\frac{\left|x_{\mathrm{d}}-\overline{x}\right|}{s} \tag{4-7}$$

式中，$\overline{x}$ 与 s 分别是由不包括待检验离群值在内的其余 $(n-1)$ 个测定值计算的均值与标准差。当由式(4-7)计算的统计量值 K 大于表 4.5 中显著性水平 α 和测定次数 n 时的临界值 $K_{\alpha,n}$ 时，则将可疑的离群值 x_{d} 判为异常值，予以剔除。

表 4.5　T 检验临界值 $K_{\alpha,n}$ 表

n	α		n	α		n	α	
	0.01	0.05		0.01	0.05		0.01	0.05
4	11.46	4.97	13	4.23	2.29	22	2.91	2.14
5	6.53	4.56	14	4.17	2.26	23	2.90	2.13
6	5.04	4.04	15	4.12	2.24	24	2.88	2.12
7	4.36	2.78	16	4.08	2.22	25	2.86	2.11
8	4.96	2.62	17	4.04	2.20	26	2.85	2.10
9	4.71	2.51	18	4.01	2.18	27	2.84	2.10
10	4.54	2.43	19	2.98	2.17	28	2.83	2.09
11	4.41	2.37	20	2.95	2.16	29	2.82	2.09
12	4.31	2.33	21	2.93	2.15	30	2.81	2.08

仍以示例 4.2 火焰原子吸收分光光度法测定粉煤灰中的铁为例，

$$\overline{x} = \frac{4.06 + 4.05 + 4.09 + 4.05}{4} = 4.06$$

$$s = \sqrt{\frac{1}{3} \sum_{i=1}^{4} (x_i - 4.06)^2} = 0.019$$

$$K = \frac{x_d - \overline{x}}{s} = \frac{4.17 - 4.06}{0.019} = 5.79$$

查表 4.5，$K_{0.05,5} = 4.56$，$K > K_{0.05,5}$，表明测定值 4.17 是异常值。这一结论与格鲁布斯检验的结论是一致的。

用 T 检验法检验离群值时，预先剔除了待检验的离群值，保证了计算的标准差的正确性，在理论上得到了较严格的结果，提高了检验的精度与灵敏度。但是，检验之前预先剔除的离群值有可能不是异常值，而只是极值，由于剔除了它，计算的标准差变小，原来位于临界值边界的极值很有可能被作为异常值剔除。

4.3.2.6 偏度-峰度检验法

若有一组按大小顺序排列的测定值 $x_1 < x_2 < \cdots < x_n$，要检验单侧异常值，用偏度检验法（skewness test），检验统计量是

$$b_s = \frac{\sqrt{n} \sum_{i=1}^{n} (x_i - \overline{x})^3}{\left[\sum_{i=1}^{n} (x_i - \overline{x})^2 \right]^{3/2}} = \frac{\sqrt{n} \left[\sum_{i=1}^{n} x_i^3 - 3\overline{x} \sum_{i=1}^{n} x_i^2 + 2n (\overline{x})^3 \right]}{\left(\sum_{i=1}^{n} x_i^2 - n\overline{x}^2 \right)^{3/2}} \qquad (4-8)$$

若计算的统计量值 b_s 大于表 4.6 偏度检验临界值表中的临界值 $b_{\alpha,n}$，则判定 x_n 为异常值；若 $-b_s$ 大于 $b_{\alpha,n}$，则判定 x_1 为异常值。

表 4.6 偏度检验临界值表

n	α		n	α	
	0.05	0.01		0.05	0.01
8	0.99	1.42	35	0.62	0.92
9	0.97	1.41	40	0.59	0.87
10	0.95	1.39	45	0.56	0.82
12	0.91	1.34	50	0.53	0.79
15	0.85	1.26	60	0.49	0.72
20	0.77	1.15	80	0.43	0.63
30	0.66	0.98	100	0.39	0.57

要检验两端的最大和最小测定值是否为异常值，用峰度检验法（peakness test）。检验统计量是

$$b_k = \frac{n \sum_{i=1}^{n} (x_i - \overline{x})^4}{\left[\sum_{i=1}^{n} (x_i - \overline{x})^2 \right]^2} = \frac{n \left[\sum_{i=1}^{n} x_i^4 - 4\overline{x} \sum_{i=1}^{n} x_i^3 + 6\overline{x}^2 \sum_{i=1}^{n} x_i^2 - 3n\overline{x}^4 \right]}{\left[\sum_{i=1}^{n} x_i^2 - n\overline{x}^2 \right]^2} \qquad (4-9)$$

若计算的统计量值 b_k 大于表 4.7 峰度检验临界值表中的临界值 $b_{\alpha,n}$，则判偏离均值最远的测定值为异常值；否则，判测定值中没有异常值。

表 4.7 峰度检验临界值表

n	$\alpha=0.05$ 下限	$\alpha=0.05$ 上限	$\alpha=0.01$ 下限	$\alpha=0.01$ 上限	n	$\alpha=0.05$ 下限	$\alpha=0.05$ 上限	$\alpha=0.01$ 下限	$\alpha=0.01$ 上限
8	2.30	4.70	1.47	4.53	35	1.90	4.10	0.87	5.11
9	2.14	4.86	1.18	4.82	40	1.94	4.06	0.96	5.02
10	2.05	4.95	1.00	5.00	45	2.00	4.00	1.06	4.94
12	1.95	4.05	0.80	5.20	50	2.01	4.99	1.12	4.87
15	1.87	4.13	0.68	5.32	60	2.06	4.94	1.22	4.73
20	1.83	4.17	0.64	5.36	80	2.15	4.85	1.42	4.52
30	1.81	4.11	0.79	5.21	100	2.23	4.77	1.61	4.37

示例 4.3 用分子发射腔分析法测定磷酸在氢-空气扩散火焰中 HPO 分子发射强度，10 次测定的测定值分别是 74.5、69.5、69.0、69.5、67.0、67.0、64.5、69.5、70.0、70.5，试用偏度-峰度检验法检验该组测定值中是否存在异常值。

题解：

为简化计算，每个测定值都同减去 69，之后再进行计算。

$\bar{x}=-0.5$，$\sum x^2=66$，$\sum x^3=-182.25$，$\sum x^4=1631.25$，再按式(4-9)计算峰度统计量值，$b_k=3.42$。查峰度检验临界值表，$b_{0.05,10}=3.95$，$b_k<b_{0.05,10}$，表明该组测定值中没有异常值。

偏度-峰度检验法存在"判少为多"与"判无为有"的可能。当一组测定值中有一个以上的异常值时，用它来连续进行异常值的检验与剔除，存在"判多为少"与"判有为无"的可能，但情况比狄克松检验法与格鲁布斯检验法要好一些。偏度-峰度检验法的计算工作量较大。

4.3.2.7 极差检验法

用极差法检验离群值时，使用统计量

$$t_R = \frac{|x_d - \bar{x}|}{R} \tag{4-10}$$

式中，$\bar{x}$ 是由包括离群值在内的全部 n 个测定值计算的均值；R 是极差；x_d 是待检验的可疑离群值。由测定值按式(4-10)计算的 t_R 值大于表 4.8 中显著性水平 α 和测定次数 n 的临界值时，则将可疑的离群值 x_d 判为异常值，予以剔除。

表 4.8 极差法检验可疑离群值的临界值表 ($\alpha=0.05$)

n	3	4	5	6	7	8	9	10	12	15	20
t_R	1.53	1.05	0.86	0.76	0.69	0.64	0.60	0.58	0.54	0.50	0.46

仍以示例 4.2 火焰原子吸收分光光度法测定粉煤灰中铁为例，$\bar{x}=4.08$，$R=0.12$，

$$t_R = \frac{|x_d - \overline{x}|}{R} = \frac{4.17 - 4.08}{0.12} = 0.75$$

查表 4.8，$t_{R(0.05,5)} = 0.86$，$t_R < t_{R(0.05,5)}$，说明测定值 4.17 不能作为异常值舍去，这一结论与格鲁布斯法的检验结论是不同的。极差检验法的优点是简便，但将本为异常值的测定值作为正常值保留的可能性较大。

4.3.3　离群值检验中应注意的问题

用不同的检验方法检验可疑离群值，由于不同的检验方法依据的检验准则不同，存在检验功效的差别，有时会得到不同的结论。用狄克松检验法与极差检验法检验时保留异常值的可能性较大。徐中秀曾对若干种混入另一总体的数据，各进行了一万次模拟试验，以比较各种检验方法检验离群值的功效，发现格鲁布斯检验效果最好。数学上证明，在一组测定值中只有一个异常值时，格鲁布斯法检出异常值的功效优于狄克松检验法，在各种检验法中是最优的。

在一组测定值中有一个以上异常值时，方差估计值 s_{n-1}^2 中包含了另一个异常值，使之变大，计算的统计量值变小，使得一些异常值检验不出来，犯"判多为少"或"判有为无"错误的可能性增大。在一组测定值中有一个以上的离群值时，狄克松检验法的检验功效优于格鲁布斯检验法，并可用于离群值的连续检验和异常值连续剔除。T 检验法预先剔除了待检验的离群值，使得计算的标准差变小，将本来位于边界的极值判为异常值的可能性较大。

当一组测定值中有一个以上离群值时，检验离群值的顺序也值得注意。通常是先检验偏离平均最大的离群值，如果检验确认不是异常值，其他的离群值就不必再检验；如果检验确认是异常值，将其舍弃，而后再检验偏离均值次大的离群值，依此类推。

在协同试验中，由于参与协同试验的各个实验室的试验条件和分析人员的技术水平不尽相同，获得测定值的精密度有差异，标准差有大有小，若用各自的标准差来检验离群值，则必然是测定数据精密度高（标准差小）的实验室和分析人员所测得的数据被舍弃较多，而测定数据精密度差（标准差大）的实验室和分析人员所测得的数据被舍弃得少，必将导致最终汇总的数据整体质量下降。因此，不能用不同实验室和不同分析人员各自的标准差来检验离群值，一定要用同一检验标准——并合标准差（pooled standard deviation），即参加协同试验的各实验室、各分析人员的标准差的加权均值来检验离群值。

4.3.4　异常值的处理

异常值反映了一种客观现象，有可能深化人们对客观事物的认识。如对大气和废水中有害组分的监测，由于样品随时间、空间变化很大，异常值的出现预示着污染情况的某种变化，由此进行深入研究很有可能发现新的污染源和污染新的变化趋势。又如研究环境背景值，某个点出现异常值，很可能暗示该地区是一个高背景值区，这些异常值当然不能随便剔除，应将这些异常值保留，予以标注，进行专门的研究。有些离群值虽然统计检验判为异常值，但仍在所使用分析仪器的精度范围之内，这种异常值也不宜舍弃。总之，对检验和分析测试中出现的异常值的处理，应持慎重态度。

在分析测试中，出现异常值的原因是多方面的，有分析技术方面的原因，也与分析测试的具体对象密切相关，当分析测试中出现异常值时，首先要从技术上分析和寻找出现异常值的原因，在技术上找不出原因时，还需用数理统计方法进行统计检验，以确定是否为异常值。从检验、分析测试的角度考虑，不管是什么原因产生的异常值，都不能参与分析测试结果的计算。

4.4 方差检验

测定值是一个遵从概率分布的随机变量，在对一个样品进行多次重复测定时，各次测定值不尽相同，其间差异的大小，可用样本标准差或方差表示，表征测定结果的精密度，是评价分析方法与分析结果优劣的基本指标之一。

方差检验（variance test）是检查与评价方差变动性的基本方法。通过方差检验可以了解测定条件的稳定性及其对测定结果的影响，确定最佳测定条件，考察分析人员的工作质量，评价分析方法的优劣。

方差分析是处理多因素试验数据的常用统计方法，有着广泛的应用，方差检验是完成方差分析的必要手段。

4.4.1 一个总体方差的检验

若 x_1，x_2，$\cdots$，x_n 为遵从正态分布 $N(\mu,\sigma^2)$ 容量为 n 的一个样本，样本方差为 s^2，则 $\dfrac{(n-1)}{\sigma^2}s^2 = \dfrac{1}{\sigma^2}\sum\limits_{i=1}^{n}(x_i-\overline{x})^2$ 遵从自由度为 $f=n-1$ 的 χ^2 分布。

$$\chi^2 = \frac{(n-1)s^2}{\sigma_0^2} \tag{4-11}$$

可以作为检验统计量。落入统计允许区域的概率是

$$P\left(\chi_{-\alpha/2}^2 < \frac{(n-1)s^2}{\sigma^2} < \chi_{\alpha/2}^2\right) = 1-\alpha \tag{4-12}$$

χ^2 统计检验可以是双侧检验，检验原假设 H_0 为 $\sigma^2 = \sigma_0^2$，其中 σ_0^2 是长期得到的方差值或希望达到的方差值，备择假设 H_1 为 $\sigma^2 \neq \sigma_0^2$；也可以是单侧检验，检验原假设 H_0 为 $\sigma^2 < \sigma_0^2$ 或 H_0 为 $\sigma^2 > \sigma_0^2$。若由样本值计算的实验统计量值 χ^2 落入拒绝域内，其概率小于 α，是小概率事件，根据小概率事件原理，在显著性水平 α 有理由拒绝原假设 H_0，而接受备择假设 H_1。若由样本值计算的实验统计量值 χ^2 落入非拒绝域，则没有理由怀疑原假设的正确性，应在显著性水平 α 接受原假设 H_0。若由样本值计算的实验统计量值 χ^2 落在拒绝区与接受区的边界，最好继续进行试验获取更多的数据，综合新补充的数据再做统计判断。

示例 4.4 某油漆厂在正常生产情况下，生产的油漆中含水量（%，余同）的方差是 $\sigma_0^2 = 0.25$，经过工艺改进后，从生产线上随机抽取 35 个样品，测得油漆中含水量方差是 $s^2 = 0.15$，试问工艺改进对降低油漆中的含水量的波动性是否有效果。

题解：

根据题意，分析经过工艺改进后生产的油漆中含水量的波动性是否比工艺改进前明显地

减小，这是单侧检验问题。在本例中，原假设 H_0 为 $\sigma_0^2 = 0.25$，要检验 $s^2 = 0.15$ 与 $\sigma_0^2 = 0.25$ 在显著性水平 α 是否在统计上有显著性差异，如果有显著性差异，说明工艺改进对减小油漆中含水量的波动性是有效果的；如果没有显著性差异，说明工艺改进对减小油漆中含水量的波动性没有效果。虽然 $s^2 = 0.15$ 比 $\sigma_0^2 = 0.25$ 小，只是这次抽样检验的偶然结果，而不足以证明是工艺改进的效果。

在本例中，自由度 $f = 35 - 1 = 34$，约定显著性水平 $\alpha = 0.05$。查 χ^2 分布表，$P(\chi^2 \geqslant 51.966) = 0.025$，$P(\chi^2 \geqslant 19.806) = 0.975$。拒绝域的临界值是 $\chi_{0.975,\,34}^2 = 19.806$ 与 $\chi_{0.025,\,34}^2 = 51.966$，拒绝域是 $\chi^2 \leqslant 19.806$ 与 $\chi^2 \geqslant 51.966$。根据实验测定数据计算的 χ^2 值是

$$\chi^2 = \frac{(n-1)s^2}{\sigma_0^2} = \frac{34 \times 0.15^2}{0.25^2} = 12.24$$

$\chi^2 = 12.24$，$\chi_{0.975,34}^2 = 19.806$，落入拒绝域内，应拒绝原假设 $H_0 : \sigma^2 = \sigma_0^2$。说明 $s^2 = 0.15$ 与 $\sigma_0^2 = 0.25$ 的差异是显著的，表明经过工艺改进，油漆中含水量的波动性确实减小了，工艺改进的效果是显著的。

示例 4.5 用可见紫外分光光度法测定活性炭中载体催化剂中的钯含量，仪器在检修前，在正常情况下测定方差 $\sigma_0^2 = 0.18^2$，仪器在检修后，测定同样钯催化剂中的钯。6 次测定结果是 4.73、4.59、4.61、4.63、4.16、4.44，试问仪器经检修后稳定性是否有显著性变化。

题解：

根据题意，不管检修后仪器的稳定性变好，测定方差变小，或是稳定性变差，测定方差变大，都认为仪器的稳定性有了显著性变化，因此是双侧检验。在本例中，$n = 6$，$\sigma_0^2 = 0.18^2$，约定显著性水平 $\alpha = 0.05$。由 6 次测定得到的 $s^2 = 0.041$，计算统计量值

$$\chi^2 = \frac{(n-1)s^2}{\sigma_0^2} = \frac{5 \times 0.041^2}{0.18^2} = 6.327$$

查 χ^2 分布表，$P(\chi^2 \geqslant 12.833) = 0.025$，$p(\chi^2 \geqslant 0.831) = 0.975$。根据实验测定数据计算 $\chi^2 = 6.327$，$0.831 \leqslant \chi^2 \leqslant 12.833$，位于接收区内，原假设 $H_0 : \sigma^2 = \sigma_0^2$ 成立。说明仪器检修后稳定性没有显著性变化。做出这一结论的概率 $P = 0.975 - 0.025 = 0.95$，置信度是 95%。

4.4.2　两个总体方差的检验

若 x_1，x_2，$\cdots$，x_{n_1} 为遵从正态分布 $N(\mu_1, \sigma_1^2)$ 容量为 n_1 的一个样本值，y_1，y_2，$\cdots$，y_{n_2} 为遵从正态分布 $N(\mu_2, \sigma_2^2)$ 容量为 n_2 的一个样本值，$\dfrac{1}{\sigma_1^2}\sum\limits_{i=1}^{n_1}(x_i - \mu_1)^2 = \dfrac{n_1 - 1}{\sigma_1^2}s_1^2$ 与 $\dfrac{1}{\sigma_2^2}\sum\limits_{i=1}^{n_2}(x_i - \mu_2)^2 = \dfrac{n_2 - 1}{\sigma_2^2}s_2^2$ 分别为遵从第一自由度 $f_1 = n_1 - 1$ 与遵从第二自由度 $f_2 = n_2 - 1$ 的 χ^2 分布。其比值 $\left(\dfrac{s_1^2}{\sigma_1^2}\right) \Big/ \left(\dfrac{s_2^2}{\sigma_2^2}\right)$ 遵从第一自由度 $f_1 = n_1 - 1$ 与第二自由度 $f_2 = n_2 - 1$ 的 F 分布。当原假设 $H_0 : \sigma_1^2 = \sigma_2^2$ 为真，则

$$F = \frac{s_1^2}{s_2^2} \tag{4-13}$$

可用作方差齐性检验（homogeneity test for variance）的统计量。式中，s_1^2 是样本方差中较大的一个方差；s_2^2 是样本方差中较小的一个方差。因为 s_1^2 与 s_2^2 分别是 σ_1^2 与 σ_2^2 的无偏估计值，如果原假设 $H_0 : \sigma_1^2 = \sigma_2^2$ 成立，$F = s_1^2 / s_2^2 = 1$。由于实验误差与数据波动的影响，$F = s_1^2 / s_2^2$ 虽不一定等于或近似于 1，也不应比 1 大很多。如果由测定值计算的 F 值比 1 大很多，表明原假设 $H_0 : \sigma_1^2 = \sigma_2^2$ 很可能不真实。在原假设为真的情况下，允许由测定值计算的 F 值偏离 1 的程度，由 F 分布函数决定，可从 F 分布表查得（表中上方横行列出的自由度是 s_1^2 的自由度 f_1，左侧纵列列出的自由度是 s_2^2 的自由度 f_2）。统计量 $F > F_\alpha$ 而落入拒绝域内的概率 $P(F \geqslant F_\alpha) = \alpha$，是一个小概率事件。按照小概率事件的原理，有理由在约定显著性水平 α 拒绝原假设 $H_0 : \sigma_1^2 = \sigma_2^2$，而代之接受备择假设 $H_1 : \sigma_1^2 \neq \sigma_2^2$。若由测定值计算的 $F < F_\alpha$，落入非拒绝域内，则没有理由怀疑原假设的正确性，应在约定显著性水平 α 接受原假设 $H_0 : \sigma_1^2 = \sigma_2^2$。

示例 4.6　A、B 两分析人员用同一分析方法测定金属钠中的铁，测得的含量分别如下。

　　　分析人员 A：8.0、8.0、10.0、10.0、6.0、6.0、4.0、6.0、6.0、8.0

　　　分析人员 B：7.5、7.5、4.5、4.0、5.5、8.0、7.5、7.5、5.5、8.0

试问 A 与 B 两人测定铁的精密度是否一致。

题解：

测定精密度用方差来量度，判断 A 与 B 两人测定铁的精密度是否一致，也就是判断 A 与 B 两人测定铁的方差在统计上是否有显著性差异，不管 A 与 B 两人测定铁的方差哪一个大得很多，都认为有显著性差异，这是双侧 F 检验。

在本例中，原假设 $H_0 : \sigma_1^2 = \sigma_2^2$，备择假设 $H_1 : \sigma_1^2 \neq \sigma_2^2$。约定显著性水平 $\alpha = 0.05$。根据 A 与 B 两人测定铁的数据，求得的方差分别是 $s_A^2 = 3.73$，$s_B^2 = 2.30$，计算的统计量值

$$F = \frac{s_A^2}{s_B^2} = \frac{3.73}{2.30} = 1.62$$

因本书附录表 4 引用的是单侧 F 分布表，本例是双侧 F 检验，对于约定显著性水平 $\alpha = 0.05$，要查单侧 F 分布表的 $F_{\alpha/2}$ 值。在本例中，约定显著性水平是 $\alpha = 0.05$，因此，要查 $\alpha = 0.025$ 的表值，$f_1 = f_2 = 9$，$F_{0.025(9,9)} = 4.05$。$F < F_{0.025(9,9)}$，表明在显著性水平 $\alpha = 0.05$，A 与 B 两人测定铁的方差没有显著性差异，测定铁的精密度是一致的。

示例 4.7　用新、旧两种工艺冶炼某种金属材料，分别从两种冶炼工艺生产的产品中各随机抽取样品，测定产品中的杂质含量（％）如下。

旧工艺：2.69、2.28、2.57、2.30、2.23、2.42、2.61、2.64、2.72、4.02、2.45、2.95、2.51

新工艺：2.26、2.25、2.06、2.35、2.43、2.19、2.06、2.32、2.34

试问新冶炼工艺是否比旧冶炼工艺生产更稳定。

题解：

产品质量的稳定性可通过测定产品质量指标的方差来衡量。根据本题的题意，要判断新生产工艺是否比旧生产工艺更稳定，即产生的方差 s^2 更小，不考虑产生的方差 s^2 更大的情

况，因此，这是单侧 F 检验问题。

在本例中，原假设 $H_0: \sigma_1^2 = \sigma_2^2$，备择假设 $H_1: \sigma_2^2 < \sigma_1^2$。$f_1 = 12$，$f_2 = 8$，约定显著性水平 $\alpha = 0.05$。计算的方差分别是 $s_1^2 = 0.0586$，$s_2^2 = 0.0164$，统计量值

$$F = \frac{s_A^2}{s_B^2} = \frac{0.0586}{0.0164} = 3.57$$

查 F 分布表，$F_{0.05(12,8)} = 3.28$。$F > F_{0.05(12,8)}$。表明原假设 $H_0: \sigma_1^2 = \sigma_2^2$ 与实验事实有矛盾，应在显著性水平 $\alpha = 0.05$ 拒绝原假设，代之接受备择假设 $H_1: \sigma_2^2 < \sigma_1^2$。换言之，新冶炼工艺比旧冶炼工艺更稳定，生产的产品的质量更稳定、更好。

4.4.3 多个总体方差的检验

设有 m 个总体（$m > 3$），分别遵从正态分布 $N(\mu_1, \sigma_1^2)$、$N(\mu_2, \sigma_2^2)$、$\cdots$、$N(\mu_m, \sigma_m^2)$。由 m 个总体中分别独立地抽取容量为 n_1、n、$\cdots$、n_m 的随机样本，测得各样本的方差分别是 s_1^2、s_2^2、$\cdots$、s_m^2，现在要检验原假设 $H_0: \sigma_1^2 = \sigma_2^2 = \cdots = \sigma_m^2$。

4.4.3.1 巴特莱（Bartlett）检验法

巴特莱检验法的检验统计量是

$$B = \frac{2.303}{C} \left(f \lg \overline{s}^2 - \sum_{i=1}^{m} f_i \lg s_i^2 \right) \tag{4-14}$$

式中，$\overline{s}$ 是并合标准差，

$$\overline{s}^2 = \frac{1}{f} \sum_{i=1}^{m} f_i s_i^2$$

$$C = 1 + \frac{1}{3(m-1)} \left(\sum_{i=1}^{m} \frac{1}{f_i} - \frac{1}{f} \right)$$

$$f = \sum_{i=1}^{m} f_i$$

$$f_i = n_i - 1$$

n_i 是得到方差 s_i^2 的测定次数。当 $f_1 = f_2 = \cdots = f_m = f_0$ 时，式（4-14）简化为

$$B = \frac{2.303}{C} m f_0 \left(\lg \overline{s}^2 - \frac{1}{m} \sum_{i=1}^{m} \lg s_i^2 \right) \tag{4-15}$$

式中，

$$C = 1 + \frac{m+1}{3m f_0}$$

当 $f_i > 2$ 时，B 近似遵从自由度为 $(m-1)$ 的 χ^2 分布。若原假设 H_0 为真，在给定的显著性水平 α，$B > \chi^2_{\alpha,(m-1)}$ 的概率 $P[B > \chi^2_{\alpha,(m-1)}] = \alpha$，由样本值计算的 B 值落入 $B > \chi^2_{\alpha,(m-1)}$ 的拒绝域内是一个小概率事件。根据小概率原理应拒绝原假设 H_0。巴特莱检验是单侧检验。

示例 4.8 五个实验室用火焰原子吸收分光光度法测定某化合物中的锰，分别进行了 6、

8、7、5、8 次测定，得到的方差分别是 0.01、0.11、0.07、0.27、0.09，试问这 5 个实验室测定锰的精密度是否一致。

题解：

根据题意，要检验原假设 $H_0: \sigma_1^2 = \sigma_2^2 = \sigma_3^2 = \sigma_4^2 = \sigma_5^2$。约定显著性水平 $\alpha = 0.01$。由样本测定数据计算

$$B = \frac{2.303}{C}\left(f \lg \overline{s}^2 - \sum_{i=1}^{m} f_i \lg s_i^2\right)$$

$$= \frac{2.303}{1.072} \times [29 \times (-1.7969) - (-66.469)] = 30.848$$

在本例中，$m = 5$，查 χ^2 分布表得，$\chi_{0.01, 4}^2 = 13.277$。$B > \chi_{0.01, 4}^2$，表明各实验室测定锰的精密度的差异是高度显著的，实验室 4 测定锰的精密度明显地比其他实验室差。

巴特莱检验法的计算比较烦琐，当各样本测定次数相同时，可用更简便的柯克伦检验法或哈特莱检验法进行检验。

4.4.3.2 柯克伦检验法

柯克伦（Cochran）检验统计量是

$$C_{\max} \frac{s_{\max}^2}{s_1^2 + s_1^2 + \cdots + s_m^2} \tag{4-16}$$

式中，$s_{\max}^2$ 是 m 个方差中最大的方差，自由度 $f = n - 1$，n 是获得各方差的测定次数。当由样本值计算的统计量 C 值大于柯克伦检验临界值表（见表 4.9 和表 4.10）中约定显著性水平 α 与相应自由度下的临界值 $C_{\alpha, f}$ 时，则判各方差之间有显著性差异，说明各方差之间是非方差齐性的。

柯克伦检验法可用于异常方差的连续检验与剔除，直到不再检出异常方差为止。

表 4.9 柯克伦检验临界值表（单侧检验，$\alpha = 0.05$）

m	f									
	1	2	3	4	5	6	7	8	9	10
2	0.9985	0.9750	0.9392	0.9057	0.8772	0.8534	0.8332	0.8159	0.8010	0.7880
3	0.9669	0.9709	0.7977	0.7457	0.7071	0.6771	0.6530	0.6333	0.6167	0.6025
4	0.9065	0.7679	0.6841	0.6287	0.5895	0.5598	0.5365	0.5175	0.5017	0.4884
5	0.8412	0.6838	0.5981	0.5441	0.5065	0.4783	0.4564	0.4387	0.4241	0.4118
6	0.7808	0.6161	0.5321	0.4803	0.4447	0.4184	0.3980	0.3817	0.3682	0.3568
7	0.7271	0.5612	0.4800	0.4307	0.3974	0.3726	0.3535	0.3384	0.3259	0.3154
8	0.6798	0.5157	0.4377	0.3910	0.3595	0.3362	0.3185	0.3043	0.2926	0.2829
9	0.6385	0.4775	0.4027	0.3584	0.3286	0.3067	0.2901	0.2768	0.2659	0.2568
10	0.6020	0.4450	0.3733	0.3311	0.3029	0.2823	0.2666	0.2541	0.2439	0.2353
12	0.5410	0.3924	0.3264	0.2880	0.2624	0.2439	0.2299	0.2197	0.2098	0.2050
15	0.4709	0.3346	0.27582	0.2419	0.2195	0.2034	0.1911	0.1815	0.1736	0.1671

表 4.10　柯克伦检验临界值表（单侧检验，$\alpha = 0.01$）

m	f									
	1	2	3	4	5	6	7	8	9	10
2	0.9999	0.9950	0.9794	0.9586	0.9373	0.9172	0.8998	0.8823	0.8624	0.8539
3	0.9933	0.9423	0.8831	0.9335	0.7933	0.7606	0.7335	0.7107	0.6912	0.6743
4	0.9676	0.8643	0.7814	0.7112	0.6761	0.6410	0.6129	0.5897	0.5702	0.5536
5	0.9279	0.7885	0.6957	0.6329	0.5875	0.5531	0.5259	0.5037	0.4854	0.4697
6	0.8828	0.7218	0.6258	0.5635	0.5195	0.4866	0.4608	0.4401	0.4249	0.4084
7	0.8376	0.6644	0.5685	0.5080	0.4659	0.4347	0.4105	0.3911	0.3751	0.3616
8	0.7945	0.6152	0.5209	0.4627	0.4226	0.3932	0.3704	0.3522	0.3373	0.3248
9	0.7544	0.5727	0.4810	0.4231	0.3870	0.3592	0.3378	0.3207	0.3067	0.2950
10	0.7175	0.5358	0.4469	0.3934	0.3572	0.3308	0.3106	0.2945	0.2813	0.2704
12	0.6528	0.4751	0.3919	0.3428	0.3099	0.2861	0.2680	0.2535	0.2419	0.2320
15	0.5717	0.4069	0.3317	0.2882	0.2593	0.2386	0.2228	0.2104	0.2002	0.1918

示例 4.9　8 个实验室协同试验为某一标准物质中铅定值，各实验室 8 次测定的标准差分别是 0.01、0.02、0.03、0.07、0.07、0.09、0.17、0.30，试问这 8 个实验室测定的方差是否为方差齐性的。

题解：

根据题意，要检验原假设 H_0：$\sigma_1^2 = \sigma_2^2 = \cdots = \sigma_8^2$。约定显著性水平 $\alpha = 0.01$。由样本测定值数据计算柯克伦检验统计量值

$$C = \frac{0.30^2}{0.01^2 + 0.07^2 + 0.02^2 + 0.17^2 + 0.03^2 + 0.09^2 + 0.07^2 + 0.30^2} = 0.6512$$

在本例中，$m = 8$，$f = 7$。在约定显著性水平 $\alpha = 0.01$，由柯克伦检验临界值表查得 $C_{0.01(8,7)} = 0.3704$，$C > C_{0.01(8,7)}$，说明实验室 8 的方差与其他实验室方差的差异是显著的。剔除实验室 8 的方差后，重新计算统计量值，

$$C = \frac{0.17^2}{0.01^2 + 0.07^2 + 0.02^2 + 0.17^2 + 0.03^2 + 0.09^2 + 0.07^2} = 0.5996$$

再对其余实验室的方差进行统计检验，发现实验室 7 的方差仍大于统计检验临界值 $C_{0.01(7,7)} = 0.4105$。剔除实验室 7 的方差，重新计算统计量值，

$$C = \frac{0.09^2}{0.01^2 + 0.07^2 + 0.02^2 + 0.03^2 + 0.09^2 + 0.07^2} = 0.4197$$

已小于统计检验临界值 $C_{0.01(6,7)} = 0.4608$，表明实验室 6 的方差与其余的实验室的方差已无显著性差异。不再继续进行检验。

4.4.3.3　哈特莱检验法

在各样本测定次数相同的情况下，为检验方差齐性，可使用哈特莱（Hartley）检验法。检验统计量是

$$F_{max} = \frac{s_{max}^2}{s_{min}^2} \tag{4-17}$$

式中，s^2_{max} 与 s^2_{min} 分别是一组 m 个方差中最大的方差与最小的方差。

若由测定值数据计算的统计量值 F_{max} 小于哈特莱检验临界值表（见表 4.11 和表 4.12）中相应显著性水平 α 与自由度下的临界值 $F_{\alpha(m,\,f)}$，应在约定显著性水平 α 接受原假设 $H_0 : \sigma^2_1 = \sigma^2_2 = \cdots = \sigma^2_n$。测定值计算的统计量值 F_{max} 大于临界值 $F_{\alpha(m,\,f)}$ 的概率 $P(F_{max} \geqslant F_{\alpha(m,\,f)}) = \alpha$，是小概率事件。根据小概率原理，在约定显著性水平 α 拒绝原假设 H_0，表明各方差之间有显著性差异，说明各方差是非齐性的。

表 4.11 哈特莱检验临界值表（$\alpha = 0.05$）

f	m										
	2	3	4	5	6	7	8	9	10	11	12
4	9.60	15.5	20.6	25.2	29.5	34.6	37.5	41.1	44.6	48.0	51.4
5	7.15	10.8	14.7	16.3	18.7	20.8	22.9	24.7	26.5	28.2	29.9
6	5.82	8.38	10.4	12.1	14.7	15.0	16.3	17.5	18.6	19.7	20.7
7	4.99	6.94	8.44	9.70	10.8	11.8	12.7	14.5	14.3	15.1	15.8
8	4.43	6.00	7.18	8.12	9.09	9.78	10.5	11.1	11.7	12.2	12.7
9	4.03	5.34	6.31	7.11	7.80	8.41	8.95	9.45	9.91	10.3	10.7
10	4.72	4.85	5.67	6.34	6.92	7.42	7.87	8.28	8.66	9.01	9.34
12	4.28	4.16	4.79	5.30	5.72	6.09	6.42	6.72	7.00	7.25	7.48
15	2.86	4.54	4.01	4.37	4.68	4.95	5.19	5.40	5.59	5.77	5.93
20	2.46	2.95	4.29	4.54	4.76	4.94	4.10	4.24	4.37	4.49	4.59
30	2.07	2.40	2.61	2.78	2.91	4.02	4.12	4.21	4.29	4.36	4.39
60	1.67	1.85	1.96	2.04	2.11	2.17	2.22	2.26	2.30	2.33	2.36

表 4.12 哈特莱检验临界值表（$\alpha = 0.01$）

f	m										
	2	3	4	5	6	7	8	9	10	11	12
4	24.2	37	49	59	69	79	89	97	106	113	120
5	14.9	22	14.7	33	38	20.8	46	50	54	57	60
6	11.1	15.5	10.4	22	25	15.0	30	32	34	36	37
7	8.98	12.1	8.44	16.5	18.4	11.8	22	23	24	26	27
8	7.50	9.9	7.18	14.2	14.5	9.78	16.9	17.9	18.9	19.8	21
9	6.54	8.5	6.31	11.1	12.1	8.41	14.9	14.7	15.3	16.0	16.6
10	5.85	7.4	5.67	9.6	10.4	7.42	11.8	12.4	12.9	14.4	14.9
12	4.91	6.1	6.9	7.6	8.2	8.7	9.1	9.5	9.9	10.2	10.6
15	4.07	4.9	5.5	6.0	6.4	6.7	7.1	7.3	7.5	7.8	8.0
20	4.32	4.8	4.3	4.6	4.9	5.1	5.3	5.5	5.6	5.8	5.9
30	2.63	4.0	4.3	4.4	4.6	4.7	4.8	4.9	4.0	4.1	4.2
60	1.96	2.2	2.3	2.4	2.4	2.5	2.5	2.6	2.6	2.7	2.7

仍以示例 4.9 的数据为例，计算统计量值

$$F_{\max} = \frac{0.3^2}{0.01^2} = 900$$

在本例中，$m = 8$，$f = 7$，约定在显著性水平 $\alpha = 0.05$，由哈特莱检验临界值表查得 $F_{0.05(8,7)} = 12.7$，$F_{\max} > F_{0.05(8,7)}$，说明各方差之间的差异是高度显著的，是非方差齐性的。

柯克伦检验法与哈特莱检验法只适用于各方差测定次数相同的场合，若数据剔除、缺漏使得各方差的测定次数不同时，n 取绝大数方差的测定次数，或者，用各样本中测定次数最多的次数 n_1 与测定次数最少的次数 n_2 的调和平均数 n' 替代 n。$n' = 2/(1/n_1 + 1/n_2)$。

4.5 均值检验

均值检验（mean test）是评价分析结果的准确度，考察系统误差对测定值的影响。测定值 x 是以概率取值的随机变量，遵从正态分布 $N(\mu, \sigma^2)$，n 次测定值的均值 $\bar{x}$ 遵从正态分布 $N(\mu, \sigma^2/\sqrt{n})$。样本均值 $\bar{x}$ 是总体均值 μ 的无偏估计值，如果各样本来自同一总体，各样本测定均值都是该总体的均值 μ 的无偏估计值，都在总体均值 μ 附近随机波动，波动的幅度应在随机误差所允许的范围内。如果各均值之间的差异超过了随机误差所允许的范围，说明各均值之间除了随机误差之外，还存在系统误差，使得各均值之间出现了显著性差异。如果不存在系统误差，由各样本测得的均值 $\bar{x}_i$ 都是 μ 的无偏估计值。从统计检验的角度考虑，就是要检验原假设 H_0：$\mu_1 = \mu_2 = \cdots = \mu_n = \mu_0$ 的正确性。当由样本值计算的统计量值落在随机误差所允许的范围内（此范围称为接受域）时，说明原假设与实验结果没有矛盾，应在约定显著性水平 α 接受原假设 H_0；如果由样本值计算的统计量值落在随机误差所允许的范围之外区域（称为拒绝域），应拒绝原假设 H_0，接受备择假设 H_1：$\mu_1 \neq \mu_2 \neq \cdots \neq \mu_n \neq \mu_0$。以上就是均值检验的基本思路。

进行均值检验的一般程序如下：

① 根据实际问题作出原假设 H_0 与备择假设 H_1；

② 约定显著性水平 α；

③ 根据样本测定值数据计算均值、标准差与自由度；

④ 检验方差齐性；

⑤ 选择合适的检验统计量；

⑥ 由样本测定值数据计算实验统计量值；

⑦ 进行统计推断，做出统计检验结论。

均值检验是建立在总体遵从正态分布的基础上的，当总体分布显著偏离正态分布时，可以将变量变换成正态分布变量，或者，采用非参数检验方法检验均值。

随机误差过大，通常会掩盖系统误差的影响。在方差非齐性的情况下，往往会妨碍对均值之间是否有显著性差异的准确判断。从检验功效考虑，总体方差非齐性，方差越大检验的污染 β 越大，犯第二类假设检验错误的概率越大，检验功效越低。在进行均值检验时，通常都要求方差齐性。

4.5.1 均值与给定值的比较

给定值可以是真值、期望值、标准物质的标准值（保证值）、控制样品的控制值（给定值）。以标准值或给定值为参照，可以通过对测定均值与给定值的比对，评价分析方法的准确度，检查分析人员的工作质量，确定测定值的置信区间与最小抽样量等。

当总体方差未知且为 $n < 30$ 的小样本测定（分析测试和抽样检验基本上都是小样本测定），测定均值遵从 t 分布，检验统计量是

$$t = \frac{\overline{x} - \mu_0}{s/\sqrt{n}} \tag{4-18}$$

式中，$\overline{x}$ 是测定均值；s 是测定值的标准差；n 是获得均值的平行测定次数；μ_0 是给定值。自由度 $f = n - 1$。检验均值时，先约定显著性水平 α，应用 t 分布表确定原假设 H_0 的接受域与拒绝域，对测定均值进行统计检验。

t 检验分双侧检验与单侧检验。双侧检验的原假设是 H_0：$\mu = \mu_0$，备择假设是 H_1：$\mu \neq \mu_0$。当由测定值计算的统计量值 t 落入拒绝域内，则在显著性水平 α 拒绝原假设 H_0，接受备择假设 H_1。如果由测定值计算的统计量值 t 落入非拒绝域内，没有理由怀疑原假设 H_0 的正确性，应在显著性水平 α 接受原假设 H_0。

示例 4.10 某实验室建立了一种基于磷钼钒三元杂多酸与孔雀绿形成有色络合物快速测定水中总磷的方法，为了检验该方法的可靠性，用该方法测定了标准值为 0.552mg/L 的标准水样，6 次测定值分别是 0.572mg/L、0.577mg/L、0.562mg/L、0.557mg/L、0.574mg/L、0.544mg/L，均值是 0.564mg/L，试问 6 次测得的均值是否与标准值有显著性差异。

题解：

无论测定均值比给定值大很多还是小很多，都认为测定均值与给定值有显著性差异，因此本例是双侧检验。检验原假设 H_0：$\mu = \mu_0$。由测定值计算的标准差 $s = 0.0125$，检验统计量

$$t = \frac{\overline{x} - \mu_0}{s/\sqrt{n}} = \frac{0.564 - 0.552}{0.0125/\sqrt{5}} = 2.343$$

在约定显著性水平 $\alpha = 0.05$，从 t 分布表查得 $t_{0.05, 5} = 2.571$。$t < t_{0.05, 5}$，t 落在非拒绝域内，原假设 H_0 与实验事实没有矛盾，应在约定显著性水平 $\alpha = 0.05$ 接受原假设 H_0，做出上述统计推断的置信度是 95%，保证犯统计检验第一类错误的概率不大于 0.05。

示例 4.11 用原子发射光谱测定核纯燃料中的硼，6 次测定 B249.77nm 的黑度值分别是 13、7、8、11、13 和 8，均值是 10。为了进行对照，同时测定了碳电极中硼空白值，5 次测定的黑度值分别是 4、5、12、8 和 6，均值是 7。试根据以上测定数据确定碳电极与核纯燃料中是否含有痕量硼。

题解：

测定碳电极与核纯燃料中的痕量硼，分析信号很弱，噪声、空白值对分析信号的辨认影响很大，确认分析信号的真实性显得特别重要。从上面数据直观判断碳电极与核纯燃料中是

否含有痕量硼确有困难。需采用统计检验来判断。从客观需要考虑，希望碳电极与核纯燃料中都不含有害元素硼，其期望值为0。因此，本题是测定均值与期望值的比较问题。

　　碳电极中如果不含硼，硼的真实含量应是0。由于随机误差的影响，测定碳电极中硼谱线的黑度值不一定等于0，但多次测定的均值与0不应有显著性差异。因此，确证碳电极是否含有痕量硼，在统计上就是检验原假设 $H_0 : \mu = 0$。如果约定显著性水平 $\alpha = 0.05$，则拒绝域是 $|t| > t_{0.05, 4}$ 的区域。为了检验原假设 H_0，计算碳电极的硼谱线黑度均值 $\bar{x}$、标准差与统计量值，

$$\bar{x} = \frac{4 + 5 + 12 + 8 + 6}{5} = 7.0$$

$$s = \sqrt{\frac{1}{n-1}(x_i - \bar{x})^2} = 3.16$$

$$t = \frac{|\bar{x} - \mu|}{s/\sqrt{n}} = \frac{7.0 - 0}{3.16/\sqrt{5}} = 4.95$$

查 t 分布表，在自由度 $f = 4$，$t_{0.05, 4} = 2.78$。$|t| > t_{0.05, 4}$，拒绝原假设 H_0，接受备择假设 $H_1 : \mu \neq 0$。统计检验表明，碳电极中确实含有痕量硼。

　　碳电极中痕量硼产生的谱线黑度值的置信范围，可用式(4-19)进行估计

$$\mu = \bar{x} \pm s_{\bar{x}} t_{\alpha, f} \tag{4-19}$$

碳电极中痕量硼产生的谱线黑度值的95%置信区间是

$$\mu = \bar{x} \pm s_{\bar{x}} t_{\alpha, f} = 7 \pm (3.16/\sqrt{5}) \times 4.95 = 7 \pm 7$$

即碳电极中痕量硼产生的谱线 B249.77nm 的黑度值的置信范围是（0～14）。

　　为了确定核纯燃料中是否含有痕量硼，就是要确定纯碳电极中硼谱线 B249.77nm 的黑度均值与碳电极内加入了高纯核燃料之后的硼谱线黑度均值之间是否存在显著性的差异，在统计上，即检验原假设 $H_0 : \mu_1 = \mu_2$。由样本测定值计算的纯碳电极内加入了高纯核燃料后硼谱线黑度均值与标准差

$$\bar{x}_m = 10$$

$$s_m = \sqrt{\frac{1}{m-1}\sum_{i=1}^{n}(x_i - \bar{x})^2} = 2.68$$

对方差 s_c^2 与 s_m^2 进行 F 检验，表明两方差是一致的。求得并合方差

$$\bar{s} = \sqrt{\frac{(n_1-1)s_c^2 + (n_1-1)s_c^2}{n_1 + n_2 - 2}} = \sqrt{\frac{(5-1) \times 3.16 + (6-1) \times 2.68}{5 + 6 - 2}} = 2.90$$

$$t = \frac{\bar{x}_m - \bar{x}_g}{\bar{s}}\sqrt{\frac{n_c n_m}{n_c + n_m}} = \frac{10 - 7}{2.9} \times \sqrt{\frac{5 \times 6}{5 + 6}} = 1.71$$

　　查 t 分布表，在自由度 $f = 5 + 6 - 2 = 9$，$t_{0.05, 9} = 1.83$，$t < t_{0.05, 9}$。表明原假设与实验事实没有矛盾，应接受原假设 $H_0 : \mu_1 = \mu_2$。这给人一种印象，似乎高纯核燃料内不含有痕量硼。其实不然，因为光谱纯碳电极内加入了高纯核燃料后硼谱线黑度均值 $\bar{x}_m = 10$，而在光谱纯碳电极中痕量硼产生的谱线黑度值的置信范围是（0～14），表明光谱纯碳电极内痕量硼产生谱线黑度完全掩盖了高纯核燃料内的硼产生的谱线黑度，即高纯核燃料内的硼产生的谱线黑度不能从光谱纯碳电极产生的谱线黑度中分辨出来。因此，根据现有信息，还不能

做出高纯核燃料中含或不含有痕量硼的结论。要确认高纯核燃料中是否含有痕量硼，需进一步降低碳电极中硼空白值，减小其对判定核燃料中是否含有痕量硼的干扰影响。

4.5.2 两个测定均值一致性的检验

不同实验室、不同分析人员使用同一分析方法，或同一分析人员用不同的分析方法，测定由同一总体抽取的样本，得到的测定均值有时也不一定相等，造成不相等的原因一种可能是由随机误差的影响引起测定值的随机波动而产生的差异，另一种可能是各均值之间确有显著性差异。究竟是哪一种原因，单凭直观有时难以判断，必须仔细分析测定数据并对测定均值进行严格的统计检验才能准确地判定。

检验两个测定均值，是检验原假设 H_0：$\mu_1 = \mu_2$。与 4.5.1 小节均值与给定值的比较不同之处在于，待检验的两个测定均值是平等的，要考虑两个测定均值的标准差对统计检验的影响。

在小样本（$n < 30$）测定中，用样本标准差 s 代替总体标准差 σ 进行 t 检验，检验原假设 H_0 的检验统计量是

$$t = \frac{\overline{x}_1 - \overline{x}_2}{s_d} \tag{4-20}$$

式中，s_d 是两个均值之差的标准差，按照误差传递原理，

$$s_d = \sqrt{\frac{s_1^2}{n_1} + \frac{s_2^2}{n_2}} \tag{4-21}$$

当两总体的标准差相等或相近时 s_d 可按下式计算，

$$s_d = \overline{s}\sqrt{\frac{n_1 + n_1}{n_1 n_2}} \tag{4-22}$$

式中，$\overline{s}$ 是并合标准差，按式(2-10) 计算。自由度 $f = n_1 + n_2 - 2$。根据自由度 f 与约定的显著性水平 α，应用 t 分布确定拒绝域 ω，对两个测定均值进行统计检验。

示例 4.12 甲、乙两分析人员用同一分析方法测定某样品中 CO_2 含量，测得的测定值分别如下。

$$甲：14.7、14.8、15.2、15.6，\overline{x}_1 = 15.01$$
$$乙：14.6、15.0、15.2，\overline{x}_2 = 14.93$$

试问甲、乙两人的测定结果是否一致。

题解：

本例为双侧检验。由样本测定值数据计算甲、乙测定的标准差 s_1、s_2 及并合标准差 $\overline{s}$

$$s_1 = 0.41, s_2 = 0.31$$

$$\overline{s} = \sqrt{\frac{(n_1-1)s_1^2 + (n_2-1)s_2^2}{n_1 + n_2 - 2}} = \sqrt{\frac{(4-1)\times 0.41^2 + (3-1)\times 0.31^2}{4+3-2}} = 0.37$$

计算统计量值

$$t = \frac{\overline{x}_1 - \overline{x}_2}{\overline{s}}\sqrt{\frac{n_1 n_2}{n_1 + n_2}} = \frac{15.01 - 14.93}{0.37} \times \sqrt{\frac{4\times 3}{4+3}} = 0.28$$

查 t 分布表，$t_{0.05,5}=2.57$，$t<t_{0.05,5}$。说明甲、乙两人的测定结果没有显著性差异。原假设 H_0：$\mu_1=\mu_2$ 与实验事实没有矛盾，在显著性水平 $\alpha=0.05$ 接受原假设 H_0。说明甲、乙两人的测定均值是一致的，可以看作同一总体均值 μ 的估计值。甲、乙两人分别对样品进行 n_1、n_2 次测定，与甲或乙一人对样品进行了 n_1+n_2 次测定效果是一样的。因此，甲与乙两人的测定结果可用并合标准差 $\bar{s}$ 与加权均值 w 来表征和报告。

$$\bar{x}_w = \frac{4\times15.01+3\times14.93}{4+3}=14.98$$

4.5.3　成对测定值的检验

成对测定值的比较在分析测试中也是常遇到的问题，如考察两位分析人员的技术水平与工作质量，可以通过在不同仪器上、使用不同的分析方法、测定不同类型的样品来检查，同时从多个方面进行考察，这样能更全面地了解、评价两位分析人员的工作质量、工作能力与技术水平。检验与评价两种仪器的性能、两种分析方法的优劣等，都可用成对试验设计来安排实验，用成对检验法来处理分析数据。用这种方法安排试验的另一个明显的优点是，除了要被比较的因素外，所有其他测试条件是相同的，试验重点突出，数据处理简便。

不足之处是自由度减少了，在总测定次数 $N=n_1+n_2$ 相同时，分组试验设计的自由度是 $f=N-2$，成对实验设计的自由度是 $f=N/2-1$，自由度比分组试验设计减少了（$N/2-1$）个。自由度越大，统计检验的灵敏度越高。因此，当所研究因素效应比其他因素效应大得多时，或其他因素效应可以严格控制时，采用分组试验设计比较合适，然而，当其他因素效应与欲研究因素效应相比足够大时，宜采用成对试验设计。成对测定值的比较，是指成对测定值之差的总体均值与期望值 0 或其他指定值相比较，采用统计量是

$$t = \frac{\bar{d}-d_0}{s_d/\sqrt{n}} \tag{4-23}$$

式中，$\bar{d}$ 是 n 对测定值之差的均值，$\bar{d}=\sum_{i=1}^{n}d_i/n$；$d_0$ 是 0 或给定值；s_d 是 n 对测定值之差值的标准差，按式（4-24）计算

$$s_d = \sqrt{\frac{\sum_{i=1}^{n}d_i^2-\left(\sum_{i=1}^{n}d_i\right)^2/n}{n-1}} \tag{4-24}$$

自由度 $f=n-1$。根据自由度 f 与约定的显著性水平 α，应用 t 分布表确定拒绝域 ω，对成对测定均值进行统计检验。如果两分析方法测定值没有显著性差异，两分析方法的测定值的差值有正有负，当成对测定次数足够多时，正、负偏差相互抵偿，$\bar{d}$ 的期望值趋于 0。在小样本测定中，$\bar{d}$ 虽不一定等于零，但也不应与 0 有显著性差异。因此，检验的原假设是 H_0：$\bar{d}=d_0$，备择假设是 H_1：$\bar{d}\neq d_0$。若由成对测定值计算的统计量值落入拒绝域 ω 内，表示成对测定值之间有显著性差异。

示例 4.13　某实验室建立了一种在过氧化氢存在下水杨醛肟显色测定锰（％）的新方法，为了检验新方法的可靠性，用新方法与原用的高碘酸钾法对若干矿样进行了对比性测定，测定结果列于下表中。试根据表中的测试数据确定新方法与原用方法两者的测定结果是

否一致。

矿样编号	高碘酸钾法	水杨醛肟法	差值
1	0.03	0.04	+0.01
2	0.08	0.07	−0.01
3	0.08	0.08	0
4	0.05	0.07	+0.02
5	0.10	0.08	−0.02
6	0.15	0.15	0
7	0.04	0.04	0
8	0.08	0.10	+0.02

题解：

计算新方法与原用分析方法测定值的差值的均值 $\overline{d}$ 及其标准差 s_d 与实验统计量值 t

$$\overline{d}=\frac{0.01-0.01+0+0.02-0.02+0+0+0.02}{8}=0.0025$$

$$s_d=\sqrt{\frac{1.4\times10^{-3}-5.0\times10^{-1}}{8-1}}=0.014$$

$$t=\frac{\overline{d}-d_0}{s_d/\sqrt{n}}=\frac{0.0025}{0.014/\sqrt{8}}=0.51$$

总测定对数为 8，自由度 $f=8-1=7$，查 t 分布表，$t_{0.05,7}=2.37$。$t<t_{0.05,7}$，表明原假设与实验事实没有矛盾，接受原假设 H_0，说明两种方法测定结果是一致的。

在本例中使用了不同组成、不同锰含量的矿样来检验新分析方法，能更全面地考察新分析方法的适用性。比分组试验设计只选择一个代表性矿样来检验新分析方法能更好地了解新分析方法的特性与适用范围，便于今后推广新分析方法。

示例 4.14 用 X 射线荧光光谱法（XRF）与化学分析法测定进口矿石中的 As 含量（％），测定结果列于下表，试根据表中的测定数据确定两种方法的测定结果是否一致。

样品编号	化学分析	XRF 分析	差值
ML Fe2017-1	0.054	0.056	0.002
ML Fe2017-2	0.039	0.037	−0.002
JJFe2017-1	0.018	0.018	0
JJFe2017-7	0.010	0.012	0.002
LCT2017-1	0.033	0.039	0.006
LCFe2017-3	0.019	0.013	−0.006
NJFe2017-1	0.0058	0.005	−0.0008
NJFe2017-24	0.0042	0.005	0.0008
TCFe2016-3	0.010	0.012	0.002
TCFe2016-22	0.0058	0.009	0.0032

题解：

计算 X 射线荧光光谱法（XRF）与化学分析法两种方法测定值的差值的均值 $\overline{d}$ 及其标

准差 s_d 与实验统计量值 t

$$\bar{d} = \frac{0.002 - 0.002 + 0 + 0.002 + 0.006 - 0.006 - 0.0008 + 0.0008 + 0.002 + 0.0032}{10} = 0.00072$$

$$s_d = \sqrt{\frac{0.00009056 - 0.00003872}{10 - 1}} = \sqrt{\frac{0.00003872}{9}} = 0.0062$$

$$t = \frac{\bar{d} - d_0}{s_d / \sqrt{n}} = \frac{0.00072}{0.0062 / \sqrt{10}} = 0.367$$

总测定对数为 10，自由度 $f = 10 - 1 = 9$，查 t 分布表，$t_{0.05, 9} = 2.26$。$t < t_{0.05, 9}$，说明 X 射线荧光光谱法与化学分析法两种方法测定结果是一致的。今后可以使用 X 射线荧光光谱法代替化学分析法快速测定矿样中的砷。

4.6　测定值分布正态性检验

前面介绍的多种统计检验方法都是建立在总体遵从正态分布的基础上的，在实际工作中有时并不知道总体是否遵从正态分布，而是先假设总体遵从正态分布，再根据样本值来检验假设的正确性。常用的检验分布正态性的方法有正态概率纸法、皮尔逊 χ^2 检验法、偏度-峰度检验法、夏皮罗-威尔克检验法等。

4.6.1　正态概率纸法

正态概率纸是根据标准正态分布制作的一种专门的坐标纸，是检验和判断总体分布是否为正态分布的一种简便工具。正态概率纸的横坐标是等距刻度的，表示测定值，纵坐标刻度是不等距的，表示概率。正态概率纸是按照标准正态分布来设计的，通过它可以将正态分布曲线化为直线。正态分布的累积概率（accumulative probability）

$$P = \frac{1}{\sqrt{2\pi}} \int_{-\infty}^{u} \exp\left(-\frac{u}{2}\right)^2 du \tag{4-25}$$

表示正态分布在某一区间概率的加和。当横坐标为 -3，-2，-1，0，1，2，3 时，由标准正态分布表求得它们相应累积概率分别是 0.13%，2.28%，15.87%，50.00%，84.13%，97.72%，99.87%。如果将相应于横坐标等距变化的纵坐标量，通过坐标系变换，将概率坐标化为等距的，则正态分布累积分布函数曲线可以变为直线。对于一般正态分布 $N(\mu, \sigma^2)$，在正态概率纸上也是一条直线，这是因为经过线性变换 $u = (x_i - \mu)/\sigma$ 后，直线仍为直线。

由此可见，由样本值算出来的点标示在正态概率纸上近乎处在一条直线上，便可以认为样本来自正态总体。可由图上求得总体均值 μ 与总体标准差 σ 的估计值。由图 4.1 可见，$P = 50\%$ 对应于 $u = 0$，对应的横坐标为 μ。概率 15.87% 和 64.13% 分别对应于 -1 和 $+1$，故它们的横坐标

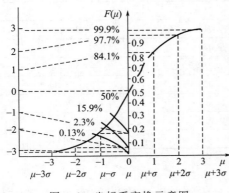

图 4.1　坐标系变换示意图

分别为 $\mu-\sigma$ 与 $\mu+\sigma$，因此可以求得 μ 与 σ 值。

正态概率纸检验法的优点是计算工作量少，图像直观，检验效果好。用正态概率纸法检验分布正态性的步骤如下：

① 将样本测定值按大小顺序从小到大排列 $x_1 \leqslant x_2 \leqslant \cdots \leqslant x_n$。

② 对于每一个 x_i 用中位秩公式计算其 $P(x_i)$

$$P(x_i)=\frac{i-0.3}{n+0.4} \tag{4-26}$$

式中，n 是样本容量；n_i 是样本值 x_i 的顺序。

③ 在正态概率纸上描点 $[x_i,\ P(x_i)]$。如果 n 点近似在一条直线上，由直线求出总体均值 μ 与总体标准差 σ，认为样本来自正态总体 $N(\mu,\ \sigma^2)$。

示例 4.15　今有样本容量 $n=20$ 的样本，样本值按顺序排列是：57、62、66、67、74、76、77、80、81、86、87、89、89、94、95、96、97、103、109、122。试用正态概率纸法检验该组样本值是否来自正态总体。

题解：

用式（4-26）计算相应于各测定值 x_i 的 $P(x_i)$ 值，分别是 3.4、8.3、13.2、18.1、23.0、27.9、32.8、37.7、42.6、47.5、52.5、57.3、62.3、67.2、72.1、77.0、81.9、86.8、91.7、96.6，描在正态概率纸上，得到如图 4.2 所示的直线，说明样本来自正态总体。由纵坐标 50% 相对应的横坐标求得总体均值 μ 的估计值 $\mu=86$，再由纵坐标 15.9% 相对应的横坐标为 $\mu-\sigma=68$，从而得到总体 σ 的估计值 $\sigma=18$。由此做出结论，该组样本值来自正态总体 $N(86,\ 18^2)$。

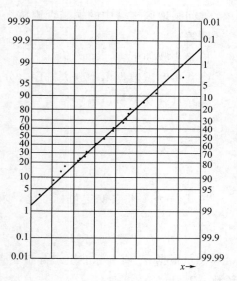

图 4.2　正态概率纸检验

4.6.2　皮尔逊 χ^2 检验法

皮尔逊（Pearson）χ^2 检验法是假设样本来自正态分布，将求出的理论概率和频数与由样本值计算出的实际频数相比较，如果两者相吻合，说明事先所做统计假设是正确的，样本来自正态总体。如果两者不相吻合，说明事先所做出的样本来自正态总体的假设是不正确的，样本不是来自正态总体。皮尔逊 χ^2 检验法的检验统计量是

$$\chi^2=\sum_{i=1}^{k}\frac{(f_i-nP_i)^2}{nP_i} \tag{4-27}$$

式中，n 是样本数目；k 是样本值分组数目；f_i 是第 i 组的实际样本值的数目；nP_i 是按理论上预期的第 i 组样本值的数目；P_i 是第 i 组样本值出现的概率。在 $n>50$ 时，χ^2 总是近似地遵从自由度为 $(k-\gamma-1)$ 的分布函数 $\varphi(\chi^2)$，其中 γ 是被估参数的数目，这里用样本均值 $\bar{x}$ 和样本方差 s^2 估计总体均值 μ 和总体方差 σ^2，$\gamma=2$。如果在约定显著性水平 $\alpha=0.05$，

则 χ^2 值大于 $\chi^2_{0.05}$ 的概率不到 0.05，这是小概率事件，人们有理由否定事先所做出的样本来自正态总体的假设。反之，由样本值计算的 $\chi^2 \leqslant \chi^2_{0.05}$，人们没有理由否定事先所做出的统计假设，应在约定显著性水平 α 接受事先所做出的统计假设，判定样本所属总体为正态分布。

示例 4.16 测定某地区土壤中的铜，得到如下 50 个铜含量（mg/kg）数据：

$$28、155、220、330、190、55、55、237、235、280、$$
$$155、190、195、145、255、100、210、150、250、290、$$
$$340、295、180、250、215、150、130、185、264、120、$$
$$125、150、200、182、115、185、105、370、95、136、$$
$$205、230、170、355、256、165、260、285、300、225$$

试问某地区土壤中的铜是否遵从正态分布。

题解：

检验步骤如下：

（1）将测试数据由小到大排序，分成 7 组。求出各组的组限值 x_i。

（2）计算样本均值与标准差

$$\overline{x} = \frac{1}{n}\sum_{i=1}^{n} x_i = 199.36$$

$$s = \sqrt{\frac{1}{n-1}\sum_{i=1}^{n}(x_i - \overline{x})^2} = 7.847$$

按式（4-28）将各测定值标准化，求得组限值 u_i

$$u_i = \frac{x_i - \overline{x}}{s} \tag{4-28}$$

（3）根据 u_i 值由标准正态分布表查出该组限内的概率 P_i，计算该组限内的预期样本值频数 nP_i。

（4）按式（4-27）计算 χ^2 值。

将以上各项计算值统一列入下表中。

分组 i	组限值 x_i	组限值 u_i	概率 P_i	预期样本值频数 nP_i	实际频数 f_i	χ^2
1	$0 \sim 0.75$	$-\infty \sim -1.58$	0.0571	2.86	3	0.0118
2	$0.75 \sim 12.5$	$-1.58 \sim -0.94$	0.1165	5.82	6	
3	$12.5 \sim 17.5$	$-0.94 \sim -0.30$	0.2085	10.42	10	0.0169
4	$17.5 \sim 22.5$	$-0.30 \sim 0.33$	0.2510	12.55	13	0.0161
5	$22.5 \sim 27.5$	$0.33 \sim 0.97$	0.234	10.20	9	0.1412
6	$27.5 \sim 32.5$	$0.97 \sim 1.61$	0.1113	5.56	5	0.0701
7	$32.5 \sim \infty$	$1.61 \sim \infty$	0.0537	2.68	4	
总计			1	50	50	0.2561

约定显著性水平 $\alpha = 0.05$，由 χ^2 分布表查出相应自由度 $f = 7 - 2 - 1 = 4$ 时的临界值，$\chi^2_{0.05,\,4} = 9.488$。$\chi^2 < \chi^2_{0.05,\,4}$，说明事先所做的统计假设与实验事实没有矛盾，在约定显著性水平 $\alpha = 0.05$ 接受事先所做出的统计假设。样本值所属总体遵从正态分布，即土壤中铜

含量的分布为正态分布。

4.6.3　偏度-峰度检验法

分析测试数据分布通常是正态分布，若为非正态分布，要么分布曲线不对称，产生峰位左移或右移，要么峰高过高或过低，产生锐窄峰或扁平峰。峰的偏移可用偏度表征，峰高过高或过低用峰度表征。从理论上讲，正态分布的偏度是 0，正态分布峰度应为 3。正态分布的偏度与峰度分别用式（4-29）与式（4-30）式计算，

$$c_s = \frac{-\dfrac{1}{n}\sum\limits_{i=1}^{n}(x_i - \overline{x})^3}{\left[\dfrac{1}{n}\sum\limits_{i=1}^{n}(x_i - \overline{x})^2\right]^{3/2}} \tag{4-29}$$

$$c_e = \frac{\dfrac{1}{n}\sum\limits_{i=1}^{n}(x_i - \overline{x})^4}{\dfrac{1}{n}\left[\sum\limits_{i=1}^{n}(x_i - \overline{x})^2\right]^2} \tag{4-30}$$

若样本来自的总体是非正态分布，c_s 与 c_e 显然要偏离理论值。c_s 与 c_e 究竟要偏离理论值多少才能判定样本值分布为非正态分布？这可用表 4.6 偏度检验临界值与表 4.7 峰度检验临界值作为统计判断的依据。若由样本测定值数据计算的 c_s 值小于显著性水平 α 与相应测定次数 n 的临界值 $|c_s| < c_{s(\alpha, n)}$，且 $c_{e(\alpha, n)下} < c_e < c_{e(\alpha, n)上}$，则认为样本源自的总体为正态分布。若 $|c_s| > c_{s(\alpha, n)}$，$c_e > c_{e(\alpha, n)上}$ 或 $c_e < c_{e(\alpha, n)下}$，则认为样本源自的总体为非正态分布。$c_{e(\alpha, n)上}$ 与 $c_{e(\alpha, n)下}$ 分别是峰度上、下临界值。

示例 4.17　研究北京地区玉米中的镍背景值，测定了 40 个样品中的镍含量，测定值如下：

0.017	0.024	0.036	0.045	0.048	0.050	0.053	0.053	0.054	0.054
0.054	0.054	0.056	0.056	0.057	0.061	0.062	0.062	0.062	0.069
0.070	0.072	0.074	0.074	0.075	0.079	0.080	0.080	0.080	0.081
0.083	0.083	0.084	0.090	0.090	0.091	0.092	0.092	0.109	0.111

试确定样本所源自总体的分布类型是否是正态分布。

题解：

首先计算样本的均值 $\overline{x}$ 与标准差 s，$\overline{x} = 0.0679$，$s = 0.019$。再按式（4-29）与式（4-30）计算出检验统计量 c_s 与 c_e，

$$c_s = \frac{-\dfrac{1}{n}\sum\limits_{i=1}^{n}(x_i - \overline{x})^3}{\left[\dfrac{1}{n}\sum\limits_{i=1}^{n}(x_i - \overline{x})^2\right]^{3/2}} = \frac{-1.63 \times 10^{-6}}{8.50 \times 10^{-6}} = -0.19$$

$$c_e = \frac{\dfrac{1}{n}\sum\limits_{i=1}^{n}(x_i - \overline{x})^4}{\dfrac{1}{n}\left[\sum\limits_{i=1}^{n}(x_i - \overline{x})^2\right]^2} = \frac{0.509 \times 10^{-6}}{6.97 \times 10^{-6}} = 0.073$$

查偏度、峰度检验临界值表，在显著性水平 $\alpha = 0.05$，$n = 40$，$c_{s(0.05, 40)} = 0.59$，$c_{e(0.05, 40)上} = 4.06$，$c_{e(0.05, 40)下} = 1.94$。因为 $|c_s| < 0.59$，且 $c_e < c_{e(0.05, 40)下}$，因此，可以认为北京地区玉米中的镍测定值遵从正态分布，呈平坦峰（峰度很小）正态分布。

4.6.4　夏皮罗-威尔克检验法

夏皮罗-威尔克（Shapiro-Wilk）检验法是 1965 年被提出来的。检验统计量是

$$w = \frac{\left[\sum\limits_{i=1}^{k} c_{i,n}(x_{n-i+1} - x_i)\right]^2}{\sum\limits_{i=1}^{n}(x_i - \overline{x})^2} \tag{4-31}$$

式中，i 是测定值由小到大按顺序排列的序次；当 n 为偶数，$k = n/2$，当 n 为奇数，$k = (n-1)/2$；$c_{i,n}$ 是与测定值数目及测定值序次 i 有关的系数；w 与样本值分布有关，其值在 $(0, 1)$ 之间。如果样本值来自正态总体的统计假设正确，样本值的分布应近似对称，w 值接近于 1；反之，如果样本值不是来自正态总体，样本值的分布不对称，w 值小于 1。样本值分布偏离正态型越远，不对称性越大，w 值越偏离于 1，w 越接近于 1，表示样本值分布的正态性越好。

当由测定值按式(4-31) 计算值 w 不小于统计检验临界值 $w_{\alpha,n}$，说明样本值分布与事先所做出样本值来自正态总体统计假设没有矛盾，应在显著性水平 α 接受事先所做的样本值来自正态总体的统计假设。反之，计算值 w 小于统计检验临界值 $w_{\alpha,n}$，则说明与事先所做出样本值来自正态总体统计假设存在显著矛盾，应否定事先所做的统计假设。换言之，样本值来自非正态总体。

示例 4.18　监测某河流中的 CN^- 含量，测得一组数据为：0.163mg/mL、0.096mg/mL、0.062mg/mL、0.060mg/mL、0.046mg/mL、0.008mg/mL、0.045mg/mL、0.046mg/mL、0.021mg/mL、0.018mg/mL、0.009mg/mL、0.002mg/mL。试确定该组样本值是否来自正态总体。

题解：

将测定值按从小到大顺序排列：0.002、0.008、0.009、0.018、0.021、0.045、0.046、0.046、0.060、0.062、0.096、0.163。根据样本容量 n 从夏皮罗-威尔克检验系数表 4.13 查出不同序次 i 的系数 $c_{i, n}$ 值。

$$\left[\sum_{i=1}^{k} c_{i,n}(x_{n-i+1} - x_i)\right]^2$$

$$= [0.5475 \times (0.163 - 0.002) + 0.3325 \times (0.096 - 0.008)$$
$$+ 0.2347 \times (0.062 - 0.009) + 0.1586 \times (0.060 - 0.018)$$
$$+ 0.0922 \times (0.046 - 0.021) + 0.0303 \times (0.045 - 0.043)]^2$$
$$= 0.01929$$

$$\left[\sum_{i=1}^{n}(x_i - \overline{x})\right]^2 = 0.02277$$

$$w = \frac{\left[\sum_{i=1}^{k} c_{i,n}(x_{n-i+1} - x_i)\right]^2}{\sum_{i=1}^{n}(x_i - \overline{x})^2} = \frac{0.01929}{0.02277} = 0.8472$$

查表 4.14 夏皮罗-威尔克检验临界值，$w_{0.05,\,12} = 0.859$，$w < w_{0.05,\,12}$，表明在置信度 95％水平不能认为样本值来自正态总体。

表 4.13 夏皮罗-威尔克检验系数表

(1)

i	n									
	1	2	3	4	5	6	7	8	9	10
1			0.7071	0.6872	0.6646	0.6431	0.6233	0.6052	0.5888	0.5739
2	—	—	0.1677	0.2413	0.2806	0.3031	0.3164	0.3244	0.3291	
3	—	—	—	—	0.0875	0.1401	0.1743	0.1976	0.2141	
4	—	—	—	—			0.0561	0.0947	0.1224	
5	—	—	—	—		—		—		0.0399

(2)

i	n									
	11	12	13	14	15	16	17	18	19	20
1	0.5601	0.5475	0.5359	0.5251	0.5150	0.5056	0.4968	0.4886	0.4808	0.4734
2	0.3315	0.3325	0.3325	0.3318	0.3306	0.3290	0.3273	0.3253	0.3232	0.3211
3	0.2260	0.2347	0.2412	0.2460	0.2495	0.2521	0.2540	0.2553	0.2561	0.2365
4	0.1429	0.1586	0.1707	0.1802	0.1878	0.1939	0.1988	0.2027	0.2059	0.2085
5	0.0695	0.0922	0.1099	0.1240	0.1353	0.1447	0.1524	0.1587	0.1641	0.1686
6	—	0.0303	0.0539	0.0727	0.0880	0.1005	0.1109	0.1197	0.1271	0.1334
7		—	—	0.0240	0.0433	0.0593	0.0725	0.0837	0.0932	0.1013
8	—	—	—			0.0196	0.0359	0.0496	0.0612	0.0711
9								0.0163	0.0303	0.0422
10	—	—	—	—	—	—	—	—	—	0.0140

(3)

i	n									
	21	22	23	24	25	26	27	28	29	30
1	0.4643	0.4590	0.4542	0.4493	0.4450	0.4407	0.4366	0.4328	0.4291	0.4254
2	0.3185	0.3156	0.3126	0.3098	0.3069	0.3043	0.3018	0.2992	0.2968	0.2944
3	0.2578	0.2571	0.2563	0.2554	0.2543	0.2533	0.2522	0.2510	0.2499	0.2487
4	0.2119	0.2131	0.2139	0.2145	0.2148	0.2151	0.2152	0.2151	0.2150	0.2148
5	0.1736	0.1764	0.1787	0.1807	0.1822	0.1836	0.1848	0.1857	0.1864	0.1870
6	0.1399	0.1443	0.1480	0.1512	0.1539	0.1563	0.1584	0.1601	0.1616	0.1630
7	0.1092	0.1150	0.1201	0.1245	0.1283	0.1316	0.1346	0.1372	0.1395	0.1415
8	0.0804	0.0878	0.0941	0.0997	0.1046	0.1089	0.1128	0.1162	0.1192	0.1219

i	n									
	21	22	23	24	25	26	27	28	29	30
9	0.0530	0.0618	0.0696	0.0764	0.0823	0.0876	0.0923	0.0965	0.1002	0.1036
10	0.0263	0.0368	0.0459	0.0539	0.0610	0.0672	0.0728	0.0778	0.0822	0.0862
11		0.0122	0.0228	0.0321	0.0403	0.0476	0.0540	0.0598	0.0650	0.0667
12	—	—		0.0107	0.0200	0.0284	0.0358	0.0424	0.0483	0.0637
13	—	—	—			0.0094	0.0178	0.0253	0.0320	0.0381
14	—	—	—	—			—	0.0000	0.0084	0.0159	0.0227
15	—	—	—	—	—			—	—	0.0076

(4)

i	n									
	31	32	33	34	35	36	37	38	39	40
1	0.4220	0.4188	0.4156	0.4127	0.4096	0.4068	0.4040	0.4015	0.3989	0.3964
2	0.2921	0.2898	0.2876	0.2854	0.2834	0.2813	0.2794	0.2774	0.2755	0.2737
3	0.2475	0.2463	0.2451	0.2439	0.2427	0.2415	0.2403	0.2291	0.2380	0.2368
4	0.2145	0.2141	0.2137	0.2132	0.2127	0.2121	0.2116	0.2110	0.2104	0.2098
5	0.1874	0.1878	0.1880	0.1882	0.1883	0.1883	0.1883	0.1881	0.1880	0.1878
6	0.1641	0.1651	0.1660	0.1667	0.1673	0.1678	0.1683	0.1686	0.1689	0.1691
7	0.1433	0.1449	0.1463	0.1475	0.1487	0.1496	0.1505	0.1513	0.1520	0.1256
8	0.1243	0.1265	0.1284	0.1301	0.1317	0.1331	0.1344	0.1356	0.1366	0.1376
9	0.1066	0.1093	0.1118.	0.1140	0.1160	0.1179	0.1196	0.1211	0.1255	0.1237
10	0.0899	0.0931	0.0961	0.0988	0.1013	0.1036	0.1056	0.1075	0.1092	0.1108
11	0.0739	0.0777	0.0812	0.0844	0.0873	0.0900	0.0924	0.0947	0.0967	0.0986
12	0.0585	0.0629	0.0669	0.0706	0.0739	0.0770	0.0798	0.0824	0.0848	0.0870
13	0.0435	0.0485	0.0530	0.0572	0.0610	0.0645	0.0677	0.0706	0.0733	0.0759
14	0.0289	0.0344	0.0395	0.0441	0.0484	0.0523	0.0559	0.0592	0.0622	0.0651
15	0.0144	0.0206	0.0262	0.0314	0.0361	0.0404	0.0444	0.0481	0.0515	0.0546
16	—	0.0068	0.0131	0.0187	0.0239	0.0287	0.0331	0.0372	0.0409	0.0444
17	—	—	—	0.0062	0.0119	0.0172	0.0220	0.0264	0.0305.	0.0343
18	—	—	—	—	—	0.0057	0.0110	0.0158	0.0203	0.0244
19	—	—	—	—	—	—	0.0053	0.0101	0.0146
20	—	—	—	—		—	—	—	—	0.0049

(5)

i	n									
	41	42	43	44	45	46	47	48	49	50
1	0.3940	0.3917	0.3894	0.3872	0.3850	0.3830	0.3808	37800.	0.3770	0.3751
2	0.2719	0.2701	0.2684	0.2687	0.2661	0.2635	0.2620	0.2604	0.2589	0.2574
3	0.2357	0.2345	0.2334	0.2323	0.2313	0.2302	0.2291	0.2281	0.2271	0.2260

i	n									
	41	42	43	44	45	46	47	48	49	50
4	0.2091	0.2085	0.2078	0.2072	0.2065	0.2058	0.2052	0.2045	0.2038	0.2032
5	0.1876	0.1874	0.1871	0.1868	0.1865	0.1862	0.1859	0.1855	0.1851	0.1847
6	0.1693	0.1694	0.1695	0.1695	0.1695	0.1695	0.1695	0.1693	0.1692	0.1691
7	0.1531	0.1535	0.1539	0.1542	0.1545	0.1548	0.1550	0.1551	0.1553	0.1554
8	0.1384	0.1392	0.1398	0.1405	0.1410	0.1415	0.1420	0.1423	0.1427	0.1430
9	0.1249	0.1259	0.1269	0.1378	0.1286	0.1293	0.1300	0.1306	0.1312	0.1317
10	0.1123	0.1136	0.1149	0.1160	0.1170	0.1180	0.1189	0.1197	0.1205	0.1212
11	0.1004	0.1020	0.1035	0.1049	0.1062	0.1073	0.1083	0.1095	0.1105	0.1113
12	0.0891	0.0909	0.0927	0.0943	0.0959	0.0972	0.0985	0.0988	0.1010	0.1020
13	0.0782	0.0804	0.0824	0.0842	0.0860	0.0876	0.0892	0.0906	0.0919	0.0932
14	0.0677	0.0701	0.0724	0.0745	0.0765	0.0783	0.0801	0.0817	0.0832	0.0846
15	0.0575	0.0602	0.0628	0.0651	0.0673	0.0694	0.0713	0.0731	0.0748	0.0764
16	0.0476	0.0506	0.0534	0.0560	0.0584	0.0607	0.0628	0.0648	0.0667	0.0685
17	0.0379	0.0411	0.0442	0.0471	0.0497	0.0522	0.0546	0.0568	0.0588	0.0608
18	0.0283	0.0318	0.0352	0.0383	0.0412	0.0439	0.0465	0.0489	0.0511	0.0532
19	0.0188	0.0227	0.0263	0.0296	0.0328	0.0357	0.0385	0.0411	0.0436	0.0459
20	0.0094	0.0136	0.0175	0.0211	0.0245	0.0277	0.0307	0.0335	0.0361	0.0386
21	—	—	0.0087	0.0128	0.0163	0.0197	0.0229	0.0259	0.0288	0.0314
22	—	—		0.0042	0.0081	0.0118	0.0153	0.0185	0.0215	0.0244
23	—	—	—	—	—	0.0039	0.0076	0.0111	0.0143	0.0174
24	—	—	—	—	—	—	—	0.0037	0.0071	0.0104
25	—	—	—	—	—	—	—	—	—	0.0035

表 4.14　夏皮罗-威尔克检验临界值表

n	α			n	α		
	0.01	0.05	0.10		0.01	0.05	0.10
1				12	0.805	0.859	0.883
2				13	0.814	0.866	0.889
3	0.753	0.767	0.789	14	0.825	0.874	0.895
4	0.687	0.748	0.792	15	0.835	0.881	0.901
5	0.686	0.762	0.806	16	0.844	0.887	0.906
6	0.713	0.788	0.826	17	0.851	0.892	0.910
7	0.730	0.803	0.838	18	0.858	0.897	0.914
8	0.749	0.818	0.851	19	0.863	0.901	0.917
9	0.764	0.829	0.859	20	0.868	0.905	0.920
10	0.781	0.842	0.869	21	0.873	0.908	0.923
11	0.792	0.850	0.876	22	0.878	0.911	0.926

n	α			n	α		
	0.01	0.05	0.10		0.01	0.05	0.10
23	0.881	0.914	0.928	37	0.914	0.936	0.946
24	0.884	0.916	0.930	38	0.916	0.938	0.947
25	0.888	0.918	0.931	39	0.917	0.939	0.948
26	0.891	0.920	0.933	40	0.919	0.940	0.949
27	0.894	0.923	0.935	41	0.920	0.941	0.950
28	0.896	0.924	0.936	42	0.922	0.942	0.951
29	0.898	0.926	0.937	43	0.923	0.943	0.951
30	0.900	0.927	0.939	44	0.924	0.944	0.952
31	0.902	0.929	0.940	45	0.926	0.945	0.953
32	0.904	0.930	0.941	46	0.927	0.945	0.953
33	0.906	0.931	0.942	47	0.928	0.946	0.954
34	0.908	0.933	0.943	48	0.929	0.947	0.954
35	0.910	0.934	0.944	49	0.929	0.947	0.955
36	0.912	0.935	0.945	50	0.930	0.947	0.955

4.7　非参数检验

前面介绍的几种检验均值的方法，都基于样本来自正态总体。但在实际工作中，有时并不确知样本是否来自正态总体，这就不能应用前面介绍的几种均值检验方法。本节介绍的非参数检验方法，对样本是否来自正态总体没有严格要求，而且计算工作量小，适用范围广，既可用于定量指标的检验，如检验两种分析方法之间是否存在系统误差，亦可用于定性指标的检验。

4.7.1　符号检验法

符号检验法（sign test method）是一种非参数检验方法。用来检验与判断两组样本值的一致性。如两个测定值 x 与 y 具有相同的概率分布，对它们各进行 n 次测定，得到两组样本值

$$x_1, x_2, \cdots, x_n$$
$$y_1, y_2, \cdots, y_n$$

如果两组测定值之间在约定的显著性水平下不存在显著性差异，即不存在系统误差，出现 $x_i > y_i$ 或 $x_i < y_i$ 的机会是相同的，概率各为 0.5。当测定次数足够多，即 n 足够大时，出现 $x_i > y_i$ 的次数 n_+ 与 $x_i < y_i$ 的次数 n_- 是近乎相等的；但当 n 较小时，由于随机误差的影响，出现 n_+ 与 n_- 虽不一定相等，但也不会相差很大。若将出现 $x_i = y_i$ 的情况不计，出现 $x_i > y_i$ 的次数为 n_+，出现 $x_i < y_i$ 的次数为 n_-，$n = n_+ + n_-$。令 $C = \min(n_+, n_-)$。

C 比表 4.15 中相应显著性水平 α 与 n 下的临界值 C_α 还小（$C \leqslant C_\alpha$）的概率为 α，是小概率事件，若由样本值求得 $C > C_\alpha$，表明两组样本值之间无显著性差异，就有理由认为这两组测定值之间不存在系统误差，做出这一结论的置信度是 $P = (1-\alpha) \times 100\%$。

表 4.15　符号检验临界值，$P(C \leqslant C_\alpha)$

n	\(\alpha\) 0.01	0.05	0.10	n	\(\alpha\) 0.01	0.05	0.10	n	\(\alpha\) 0.01	0.05	0.10	n	\(\alpha\) 0.01	0.05	0.10
1	—	—	—	24			7	47	14	16	17	69	23	25	27
2	—	—	—	25	5	7	7	48	14	16	17	70	23	26	27
3	—	—	—	26	6	7	8	49	15	17	18	71	24	26	28
4	—	—	—	27	6	7	8	50	15	17	18	72	24	27	28
5	—	—	0	28	6	8	9	51	15	18	19	73	25	27	28
6	—	0	0	29	7	8	9	52	16	18	19	74	25	28	29
7	—	0	0	30	7	9	10	53	16	18	20	75	25	28	29
8	0	0	1	31	7	9	10	54	17	18	20	76	26	28	30
9	0	1	1	32	8	9	10	55	17	19	20	77	26	29	30
10	0	1	1	33	8	10	11	56	17	20	21	78	27	29	31
11	0	1	2	34	9	10	11	57	18	20	21	79	27	30	31
12	1	2	2	35	9	11	12	58	18	21	22	80	28	30	32
13	1	2	3	36	9	11	12	59	19	21	22	81	28	31	32
14	1	2	3	37	10	12	13	60	19	21	23	82	28	31	33
15	2	3	3	38	10	12	13	61	20	22	23	83	29	32	33
16	2	3	4	39	11	12	13	62	20	22	24	84	29	32	33
17	2	4	4	40	11	13	14	63	20	23	24	85	30	32	34
18	3	4	5	41	11	13	14	64	21	23	24	86	30	33	34
19	3	4	5	42	12	14	15	65	21	24	25	87	31	33	35
20	3	5	5	43	12	14	15	66	22	24	25	88	31	34	35
21	4	5	6	44	13	15	16	67	22	25	26	89	31	34	36
22	4	5	6	45	13	15	16	68	22	25	26	90	32	35	36
23	4	6	7	46	13	15	16								

表中给出了 $n = 90$ 的临界值。当 $n > 90$ 时的临界值，按式（4-32）近似计算。

$$C_\alpha = \frac{n-1}{2} - k\sqrt{n+1} \tag{4-32}$$

式中，k 值对 $\alpha = 0.01$、0.05、0.10，分别是 1.2879、0.9800 与 0.8224。

符号检验的原假设是 H_0：$P(x < y) = P(x > y)$，相当于检验二项分布参数 $P = 1/2$。二项分布的期望值为 nP，方差为 $nP(1-P)$。当 $P = 1/2$ 时，期望值为 $n/2$，方差为 $n/4$。在符号检验中，C 检验统计量为

$$t = \frac{C - n/2}{\sqrt{n/4}} \tag{4-33}$$

若约定显著性水平 $\alpha = 0.05$，t 落在区间（-1.96，$+1.96$）内的概率是 95%。若由测

定值计算的统计量 t 值落在（-1.96，$+1.96$）区间内，表明两组测定值之间没有显著性差异，被检验的一组测定值不存在系统误差。

符号检验法主要用于连续随机变量，最大优点是简便、直观，而且不要求事先知道测定值分布类型。它的缺点是未能充分利用测定数据所提供的定量信息，只是简单地比较测定数据的相对大小，检验的精度较差，而且只能用于两种测定方法测定值成对的场合。

符号检验的步骤如下：

① 将成对测定值标记正、负号，$x_i > y_i$ 记为 $+$，$x_i < y_i$ 记为 $-$，$x_i = y_i$ 记为 0。

② 计算出现"$+$"和"$-$"的数目，分别以 n_+ 与 n_- 表示，$n = n_+ + n_-$。

③ 记 $C = \min(n_+, n_-)$，通过 C 临界值表查出相应样本容量 n 与显著性水平 α 下的临界值 C_α。

④ 比较 C 与 C_α，如果 $C \leqslant C_\alpha$，则否定原假设 H_0；否则，应接受原假设 H_0。

示例 4.19 用亚铁氰化钾法（甲法）与 EDTA 络合滴定法测定工业硫酸锌中的锌含量（%），得到如下一组数据。

甲法	21.93	21.96	22.05	22.08	22.12	22.11	22.28	22.30	21.70	21.76
乙法	22.19	22.19	22.09	22.09	22.26	22.29	22.34	22.38	21.83	21.74
差值	$-$	$-$	$-$	$-$	$-$	$-$	$-$	$-$	$-$	$+$
甲法	21.33	21.39	22.75	22.74	21.71	22.52	22.04	22.12	34.62	
乙法	22.19	21.36	22.65	22.65	21.71	22.44	22.15	22.07	34.57	
差值	$-$	$+$	$+$	$+$	0	$+$	$-$	$+$	$+$	

试根据上述的数据检验两种方法之间是否存在系统误差。

题解：

$n_- = 11$，$n_+ = 7$，$C = \min(n_+, n_-) = \min(7, 11) = 7$。查符号检验临界值表，在 $n = 19$，约定显著性水平 $\alpha = 0.05$，$C_\alpha = 4$。$C > C_\alpha$，说明两种分析方法之间不存在系统误差。

若用统计量 t 进行检验

$$t = \frac{C - n/2}{\sqrt{n/4}} = \frac{7 - 19/2}{\sqrt{19/4}} = 0.6882$$

约定显著性水平 $\alpha = 0.05$，$t = 0.6882$，落入（-1.96，$+1.96$）区间内的概率是 0.95。没有理由认为两种分析方法之间有显著性差异。这一结论与符号检验的结论是一致的。

4.7.2 秩和检验法

若两个总体 A、B 具有相同的概率分布，分别从两个总体 A、B 随机抽取容量为 n_1 与 n_2 的样本进行测定，得到两组测定值：x_1，x_2，$\cdots$，x_n 与 y_1，y_2，$\cdots$，y_n。将两组测定值混合，从小到大顺序排列，每个测定值在序列中排列的次序，称为该测定值的秩。一组样本值中各测定值之秩的总和称为该组测定值的秩和（rank-sum）。当两测定值中某两个测定值相等，其秩等于这两个测定值之秩的均值。如果两个总体具有相同的概率分布，那么在混

合排列的序列中第 i 个序次是测定值 x_i 或 y_i 的概率相同。计算取自 A 样本的秩和 T 不应该太大或太小。当由测定值计算的秩和小于秩和检验（rank-sum test）临界值表 4.16 中相应显著性水平 α 的下限值 T_1 或大于上限值 T_2，则认为两个总体有显著性差异。

表 4.16　秩和检验临界值表

\multicolumn{4}{c}{$\alpha = 0.05$}								\multicolumn{4}{c}{$\alpha = 0.025$}			
n_1	n_2	T_1	T_2	n_1	n_2	T_1	T_2	n_1	n_2	T_1	T_2	n_1	n_2	T_1	T_2
2	4	3	11	5	5	19	36	2	6	3	15	5	8	21	49
2	5	3	13	5	6	20	40	2	7	3	17	5	9	22	53
2	6	4	14	5	7	22	43	2	8	3	19	5	10	24	56
2	7	4	16	5	8	23	47	2	9	3	21	6	6	26	52
2	8	4	18	5	9	25	50	2	10	4	22	6	7	23	56
2	9	4	20	5	10	26	54	3	4	6	18	6	8	29	61
2	10	5	21	6	6	28	50	3	5	6	21	6	9	31	65
3	3	6	15	6	7	30	54	3	6	7	23	6	10	33	69
3	4	7	17	6	8	32	58	3	7	8	25	7	7	37	68
3	5	7	20	6	9	33	63	3	8	8	28	7	8	39	73
3	6	8	22	6	10	35	67	3	9	9	30	7	9	41	78
3	7	9	24	7	7	39	66	3	10	9	33	7	10	43	83
3	8	9	27	7	8	41	71	4	4	11	25	8	8	49	87
3	9	10	29	7	9	43	76	4	5	12	23	8	9	51	93
3	10	11	31	7	10	46	80	4	6	12	32	8	10	54	98
4	4	12	24	8	8	52	84	4	7	13	35	9	9	63	103
4	5	13	27	8	9	54	90	4	8	14	38	9	10	66	114
4	6	14	30	8	10	57	95	4	9	15	41	10	10	79	131
4	7	15	33	9	9	66	105	4	10	16	44				
4	8	16	36	9	10	69	111	5	5	13	37				
4	9	17	39	10	10	83	127	5	6	19	41				
4	10	18	42					5	7	20	45				

注：T_1 是秩和下限值，T_2 是秩和上限值。

当 n_1 与 n_2 较大时，秩和 T 近似遵从均值

$$T_{\mathrm{nor}} = \frac{n_1(n_1 + n_2 + 1)}{2} n_2 \tag{4-34}$$

方差为

$$s_T = \sqrt{\frac{n_1 n_2 (n_1 + n_2 + 1)}{12}} \tag{4-35}$$

的正态分布。这时可利用正态分布的属性来进行统计检验。检验统计量是

$$t = \frac{T - T_{\text{nor}}}{s_T} \tag{4-36}$$

式中，T 为样本 n_1（$n_1 < n_2$）的实验结果计算的秩和值；T_{nor} 是样本 n_1 按正态分布计算的秩和值。

示例 4.20 用紫外分光光度法与显色法测定荧光增白剂的荧光强度，得到下面两组数据。

紫外分光光度法（甲法）：117.2、124.4、134.0、118.0、126.0

显色法（乙法）：118.3、120.0、135.0、129

试由上面的数据确定两种分析方法之间是否存在系统误差。

题解：

将两组数据混合由小到大顺序排列，依次编上秩号。

秩	1	2	3	4	5	6	7	8	9
甲法	117.2	118.0			124.4	126.0		134.0	
乙法			118.3	120.0			129		135.0

计算样本容量为 n_1（$n_1 < n_2$）显色法（乙法）的秩和 $T = 3 + 4 + 7 + 9 = 23$。查秩和检验临界值表，在显著性水平 $\alpha = 0.05$，$n_1 = 4$，$n_2 = 5$ 时，秩和下限 $T_1 = 13$，秩和上限 $T_2 = 27$。$T_1 < T < T_2$，表明两种分析方法之间没有显著性差异，不存在系统误差。

也可利用正态分布属性检验紫外分光光度法与显色法两种分析方法测定结果的一致性。

$$T_{\text{nor}} = \frac{n_1(n_1 + n_2 + 1)}{2} = \frac{4 \times (4 + 5 + 1)}{2} = 20$$

$$T = 3 + 4 + 7 + 9 = 23$$

$$s_T = \sqrt{\frac{n_1 n_2 (n_1 + n_2 + 1)}{12}} = \sqrt{\frac{4 \times 5 \times (4 + 5 + 1)}{12}} = 4.08$$

$$t = \frac{T - T_{\text{nor}}}{s_T} = \frac{23 - 20}{4.08} = 0.735$$

在显著性水平 $\alpha = 0.05$，t 值落入（-1.96，$+1.96$）区间内的概率是 0.95，表明两种分析方法测定结果之间不存在系统误差。这一结论与秩和检验法的检验结论是一致的。

秩和检验法也可直接用来检验三组分析数据的一致性。

示例 4.21 今有 A、B、C 三位分析人员测定同一试样中的硒，得到下表中列出的结果。

分析者	测定值					
A	0.628	0.672	0.718	0.706	0.714	0.654
B	0.661	0.635	0.688	0.701	0.703	0.715
C	0.678	0.651	0.707	0.632	0.614	0.657

试用秩和检验法进行检验，确定三人的测定结果之间是否存在系统误差。

题解：

将 A、B、C 三人的测定值混合排序，计算个人测定值的秩和 T，计算结果列于下表：

分析者 A	0.628	0.672	0.718	0.706	0.714	0.654	
秩	2	9	18	14	16	6	$\sum 65$
分析者 B	0.661	0.635	0.688	0.701	0.703	0.715	
秩	8	4	11	12	13	17	$\sum 65$
分析者 C	0.678	0.651	0.707	0.632	0.614	0.657	
秩	10	5	15	3	1	7	$\sum 41$

按式(4-37) 计算统计量值

$$H = \frac{12}{n(n+1)} \sum_{i=1}^{n} \frac{T_i^2}{n_i} - 3(n+1) \tag{4-37}$$

$$H = \frac{12}{18 \times (18+1)} \times \left(\frac{65^2}{6} + \frac{65^2}{6} + \frac{41^2}{6} \right) - 3 \times (18+1) = 2.246$$

约定显著性水平 $\alpha = 0.05$，自由度 $f = m-1 = 3-1 = 2$，查 χ^2 分布表，$\chi^2_{0.05,2} = 5.991$，计算统计量 $H < \chi^2_{0.05,2}$，说明这三组测定值之间没有显著性差异，A、B、C 三位分析人员的测定值之间不存在系统误差。

秩和检验法在一定程度上考虑了测定值的具体数值，比符号检验法精度高，计算简单，且不一定要求两组数据成对。在总体分布规律不清楚时，非参数检验照常能用。因此，它是一种十分有用的检验系统误差的方法。

第5章

回归分析

5.1 引言

回归分析（regression analysis）是利用数理统计原理研究随机变量（random variable）与固定变量（fixed variable）之间相关关系的一种方法。在分析测试中，应用最小二乘原理（principle of least square）建立回归方程与校正曲线（又称标准工作曲线），研究分析信号与被测定组分量值或浓度之间的关系。分析信号测定值是以概率取值的随机变量，遵从统计规律，测定值通常为正态分布。被测定组分的量值或浓度是无概率分布的固定变量。回归分析是找出描述分析信号与被测定组分量值或浓度之间相关性的数学表达式回归方程，对所确定的回归方程进行统计检验，确定最优回归方程。固定变量（被测组分）的量值或浓度是人们可以精确控制的，或者，同其他变量相比它的测定误差是可以忽略不计的。分析信号是随机变量，不能由人们任意安排。

从分析测试需要的角度考虑，回归分析的任务是，找出分析信号与影响它的因素之间的统计关系，利用建立的统计关系在一定置信度下由各因素取值去预测分析信号值的范围；或者反过来，希望信号值控制在某一范围，应如何去选择影响因素的取值范围，确定各因素效应的相对大小，找出影响分析信号的主要因素。

如果影响因素（自变量）只有一个，即一元回归分析，包括一元线性回归和一元非线性回归；如果影响因素（自变量）有一个以上，就是多元回归，包括多元线性回归与多元非线性回归。在日常分析测试中，应用最多的是一元线性回归分析。

5.2 一元线性回归分析

除重量分析、活化分析、库仑分析等少数绝对分析方法之外，分析测试方法都是相对分析法，先应用最小二乘原理建立回归方程（regression equation）或以图形表示的校正曲线（calibration curve），又称标准工作曲线（standard working curve），确立分析信号与被测定组分量值或浓度之间的定量关系。如原子发射光谱分析直接测量的是分析信号谱线强度，而不是被测组分的量值或浓度，要获得被测组分的量值或浓度，必须建立谱线强度与被测组分量（或浓度）之间的定量关系式，即建立回归方程（reqression equation）或校正曲线。

5.2.1　校正曲线试验点的数目与分布

仪器分析多是相对测量技术，在不同仪器上，测定不同基体中同样量的被测定组分，或在不同条件下进行测定同样量的被测组分，测得的分析信号强度是不同的，需要通过回归方程或校正曲线将分析信号强度转换为被测定组分的量（或浓度）。因此，正确地建立回归方程或校正曲线是获得准确可靠分析结果的必要的先决条件。

校正曲线是用组成相同的或相似的标准试样经历全分析过程制作的、用以表征在给定分析条件下被测组分量（或浓度）与分析信号之间相关关系的曲线。严格地说，它与用纯标准试样系列制作的标准曲线是有区别的，标准曲线（standard curve）未考虑样品中共存组分的影响，常常不适用于复杂的实际样品的校正。如果试样中有其他组分共存，或者需同时测定多个组分时，更为合理的做法是在其他组分共存下制作校正曲线。

正确地建立校正曲线应遵循以下一些基本原则：

① 从减小校正曲线的置信区间考虑，用 4～6 个试验点建立校正曲线比较合适；

② 在校正曲线的线性范围内，要尽量扩大被测组分量（或浓度）的取值范围，且分析试样中被测组分量（或浓度）要位于校正曲线中间区域；

③ 在总试验工作量一定时，适当增加试验点数比减少试验点而增加重复测定次数更有利，因为增加试验点的重复测定次数只能提高个别试验点的测定精密度，而增加试验点数目能增加校正曲线的整体稳定性；

④ 按照校正曲线的精密度分布，在高、低浓度两端测定分析信号的精密度比校正曲线中间区域差，适当增加两端试验点的重复测量次数以提高它们的测定精密度；

⑤ 将空白溶液试验点参与回归，增加试验点数目，可提高校正曲线的整体稳定性。

建立校正曲线，为什么选取 4～6 个试验点？现在发表的文献中，通常都是用 5 个试验点。如果将分析物质量（或浓度）为零的空白点参与回归，用 6 个试验点建立校正曲线更好。试验点并不严格地都落在校正曲线上，而是沿着校正曲线离散地分布，其离散程度由置信限 $\pm t_{\alpha,f} s_e$ 表征，决定了校正曲线的置信区间，其中 s_e 是校正曲线的残余标准差，$t_{\alpha,f}$ 是显著性水平为 α、自由度为 f 时的置信系数（confidence coefficient），可在 t 分布表中查得。$t_{\alpha,f}$ 值随 f 增大而减小，当 $f \geqslant 5$ 后 $t_{\alpha,f}$ 值随 f 增大而减小的速度减慢。试验点数目小于 5（f 小于 3），$t_{\alpha,f}$ 值较大，校正曲线的置信区间较宽。$t_{\alpha,f}$ 值越大，从校正曲线由分析信号响应值求得被测定量值的不确定程度就越大。从控制校正曲线合适的置信区间考虑，试验点数目不应少于 5。若进一步增多试验点数目，实验工作量增大了，而校正曲线的置信区间减小有限。

试验点数目确定后，接着需要考虑试验点的分布。如图 5.1 校正曲线试验点精密度分布（precision distribution of the experimental points），校正曲线两端的试验点测定精密度较差，特别是高端试验点变动较大，对校正曲线的残余标准差贡献大，显著地影响校正曲线的走向。如果在校正曲线高、低两端区域分别各有两个邻近试验点，按照测定值的属性，可有效地减小校正曲线的随机波动性，增加校正曲线的稳定性。试验点的合理分布应该是校正曲线

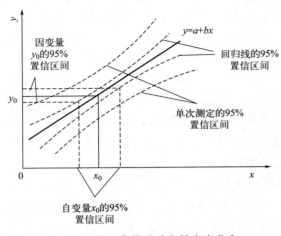

图 5.1 校正曲线试验点精密度分布

中央区域布点可稀疏些，校正曲线两端区域试验点布置密一些。如用 5 个试验点建立校正曲线，在校正曲线中央布一个试验点，在靠近高、低端应各布两个相互邻近的试验点。如果为了配制标准系列方便，如许多分析人员所做的那样，按照被测组分量值（或浓度）倍数（如 1、2、4、8、…）布置试验点是不可取的做法。从图 5.1 可见，校正曲线高量值（浓度）点的信号值的波动对校正曲线的精密度影响较大，明显影响校正曲线走向，如果在高量值（浓度）区布置两个试验点，可由这两个试验点来控制校正曲线的走向，提高校正曲线的整体稳定性。

图 5.1 说明，校正曲线的标准差随被测定的量值而变化，中央区域的精密度优于校正曲线两端区域的精密度，校正曲线中心点的精密度最好。位于校正曲线两端的试验点测定值的精密度较差，空白试验点测定值的精密度较差，测定量值常有波动，甚至出现负值。因此，用量值（或浓度）为零的试验点测定值进行空白校正，往往会出现"空白"校正过度或校正不足的情况，会引起校正曲线的平移（parallel displacement of curve）。合理的做法是将量值（或浓度）为零的试验点测定值参与回归，用校正曲线的截距作为"空白"值扣除。因截距值是综合了各试验点对校正曲线的影响而得到的值，用它作为"空白"值，可提高空白扣除的准确性。

校正曲线的变动是不可避免的，需要时常对校正曲线进行校正。重新测定一个试验点的值对校正曲线进行标定（单点标定），不管是用来进行校正曲线斜率重置还是曲线平移校正都是不可取的。事实上，校正曲线通常既存在固定系统误差引起平移，又存在相对系统误差引起转动。值得推荐的办法是将原试验点和新标定试验点的测定值综合在一起重新建立校正曲线。而且，最好用不同于建立校正曲线的原试验点，而采用新的量值（或浓度）的试验点来标定校正曲线，这相当于新增加了试验点数目，可以改善新建校正曲线的稳定性。

试验点数目及其分布确定后，如何来建立校正曲线？建立校正曲线依据的原则是最小二乘原理，使偏差平方和达到极小。从作图的角度考虑，根据平面上一组离散的试验点，选择适当的连续曲线近似地拟合这一组离散试验点，使校正曲线尽可能通过最多的试验点，且其他试验点均衡地分布在校正曲线的两侧，以尽可能完善地表示被测组分量（或浓度）与测得的分析信号值之间的关系。

5.2.2　校正曲线拟合

一元线性回归的理论模型是

$$Y = a + bx \tag{5-1}$$

对于分析测试而言，自变量（被测组分的量或浓度）x 的不同取值 x_1，x_2，…，x_n，得到不同的因变量（分析信号响应值）y_i，即 $y_1 = a + bx_1$，$y_2 = a + bx_2$，$\cdots$，$y_n = a + bx_n$。由于分析信号响应值 y 与被测组分量（或浓度）x 并非严格的函数关系，只是相关关系，况且分析测试中只限于考察 x 对 y 的线性影响，并没有考虑除 x 以外的其他组分对分析信号的影响，以及作为随机变量的分析信号不可避免的随机波动性，使得分析信号值 y_i 并不一定都落在由式(5-1) 所决定的回归直线 Y_i 上，它们之间的差 $\delta_i = (y_i - Y_i) = y_i - (a + bx_i)$，称为偏差，又称残余偏差（residual deviation）。偏差 δ_i 表征了试验点偏离回归方程理论模型所预期点位的程度。一组测定值偏离理论模型的程度用偏差平方和（sumof deviation square）Q 来描述

$$Q = \sum_{i=1}^{n}(y_i - Y_i)^2 = \sum_{i=1}^{n}\left[y_i - (a + bx_i)\right]^2 \tag{5-2}$$

当回归方程拟合最佳，偏差平方和必然最小。根据最小二乘原理，满足最小的条件是

$$\frac{\partial Q}{\partial b} = -2\sum_{i=1}^{n}\left[y_i - (a + bx_i)\right]x_i = 0 \tag{5-3}$$

$$\frac{\partial Q}{\partial a} = -2\sum_{i=1}^{n}\left[y_i - (a + bx_i)\right] = 0 \tag{5-4}$$

对式(5-3) 与式(5-4) 求解，得到一元线性回归方程的斜率 b 和截距 a 分别是

$$b = \frac{\sum_{i=1}^{n}(x_i - \overline{x})(y_i - \overline{y})}{\sum_{i=1}^{n}(x_i - \overline{x})^2} = \frac{n\sum_{i=1}^{n}x_iy_i - \sum_{i=1}^{n}x_i\sum_{i=1}^{n}y_i}{n\sum_{i=1}^{n}x_i^2 - \left(\sum_{i=1}^{n}x_i\right)^2} = \frac{L_{xy}}{L_{xx}} \tag{5-5}$$

$$a = \frac{1}{n}\sum_{i=1}^{n}y_i - b\frac{1}{n}\sum_{i=1}^{n}x_i = \overline{y} - b\overline{x} \tag{5-6}$$

式中，x_i 为被测组分量（或浓度）；y_i 为分析信号值；n 是试验点的数目；$\overline{x}$ 是被测组分量（或浓度）的均值；$\overline{y}$ 是分析信号值的均值。

用最小二乘原理拟合的回归方程只表明各试验点与所拟合的回归方程和所拟合的校正曲线偏差平方和最小，并没有证明其在统计上是否有意义。要证明校正曲线具有统计意义，尚需进行相关性检验（correlation test）来确定。相关性检验的示意图，如图 5.2 所示。

各试验点偏离均值的程度，可用总偏差平方和（total sun of deviation square）表征

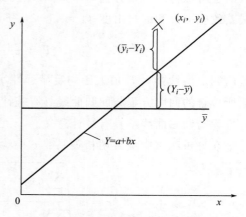

图 5.2　校正曲线相关性检验示意图

$$Q_{\mathrm{T}} = \sum_{i=1}^{n}(y_i - \overline{y})^2 = \sum_{i=1}^{n}\left[(y_i - Y_i) + (Y_i - \overline{y})\right]^2$$

$$= \sum_{i=1}^{n}(y_i - \overline{y}_i)^2 + 2\sum_{i=1}^{n}(y_i - Y_i)(Y_i - \overline{y}) + \sum_{i=1}^{n}(Y_i - \overline{y})^2$$

因为 $\sum_{i=1}^{n}(y_i - Y_i)(Y_i - \overline{y}) = 0$，故有

$$Q_T = \sum_{i=1}^{n}(y_i - \overline{y})^2 = \sum_{i=1}^{n}(y_i - Y_i)^2 + \sum_{i=1}^{n}(Y_i - \overline{y})^2 \tag{5-7}$$

令 $Q_g = \sum_{i=1}^{n}(Y_i - \overline{y})^2$，$Q_e = \sum_{i=1}^{n}(y_i - Y_i)^2$，则有

$$Q_T = Q_g + Q_e \tag{5-8}$$

按照偏差平方和的加和性（additivity of sum of deviations squares）原理，从试验点 (x_i, y_i) 到校正曲线 $y_i = \overline{y}$ 中心线，分析信号的总偏差平方和 $Q_T = \sum_{i=1}^{n}\sum_{j=1}^{p}(y_{ij} - \overline{y})^2$，等于试验点 p 次重复测定的误差效应平方和（erroreffectsum of squares）$Q_e = \sum_{i=1}^{n}\sum_{j=1}^{p}(y_{ij} - \overline{y}_i)^2$、失拟平方和（misfitsum of squares）$Q_d = p\sum_{i=1}^{n}(\overline{y}_i - Y_i)^2$ 与回归平方和（regressionsum of squares）$Q_g = \sum_{i=1}^{n}(Y_i - \overline{y})^2$ 之总和。Q_e 表征回归曲线上每一个实验点多次重复测定的精密度，也反映了除被测组分 x 以外其他因素以及 x 对分析信号的非线性影响。Q_d 表征回归方程与回归曲线拟合的优劣，如果拟合优异，每一个试验点都落在回归曲线上，$\overline{y}_i = Y_i$，失拟平方和 $Q_d = 0$。Q_g 表征所拟合的回归方程与回归曲线是否有统计意义，如果 $Y_i = \overline{y}$，$Q_g = 0$，所有的试验点都落在与横轴平行的直线上，回归曲线的斜率为零，很显然，这样的回归方程与回归曲线对分析测试来说毫无意义。

由上面的讨论可知，回归平方和 Q_g 直接反映了分析信号 y_i 与被测组分 x_i 的量或浓度的相关程度，表征了所拟合的回归方程与回归曲线是否具有统计意义。基于 F 统计检验可以确定所拟合的回归方程与回归曲线是否具有统计意义。回归平方和 Q_g 的自由度 $f_g = 1$，误差效应平方和的自由度 $f_e = n - 2$，F 检验统计量是

$$F = \frac{Q_g / f_g}{Q_e / f_e} = (n - 2)\frac{Q_g}{Q_e} \tag{5-9}$$

若由测定值计算得 F 值大于约定显著性水平 α 的临界值 $F_{\alpha(f_g, f_e)}$，即 $F > F_{\alpha(f_g, f_e)}$，表明所拟合的回归方程与回归曲线具有统计意义。反之，若 $F < F_{\alpha(f_g, f_e)}$，说明所拟合的回归方程与回归曲线不具有统计意义。

在分析测试中更常用相关系数 r 检验所拟合的回归方程与回归曲线的统计意义，

$$r = b\sqrt{\frac{\sum_{i=1}^{n}(x_i - \overline{x})^2}{\sum_{i=1}^{n}(y_i - \overline{y})^2}} = \sqrt{1 - \frac{\sum_{i=1}^{n}(y_i - Y_i)^2}{\sum_{i=1}^{n}(y - \overline{y})^2}} \tag{5-10}$$

相关系数 r^2 与 F 检验临界值 $F_{\alpha(f_g, f_e)}$ 的关系是

$$r^2 = \left(\frac{f}{F_{\alpha(1, f)}} + 1\right)^{-1} \tag{5-11}$$

式中，$f = n - 2$，n 是参与拟合回归方程与回归曲线的试验点的数目。根据式(5-11)，可由 F 分布表计算出相关系数 r。例如 $\alpha = 0.05$，$f = 5 - 2 = 3$，F 检验临界值 $F_{0.05(1,3)} = 10.13$，计算出的 $r_{0.05,3} = 0.878$；又如 $\alpha = 0.05$，$f = 10 - 2 = 8$，F 检验临界值 $F_{0.05(1,8)} = 5.32$，计

算出的 $r_{0.05,3}=0.632$。

由式(5-10)可知，当 y 与 x 存在严格的函数关系时，所有的试验点都应落在校正曲线上，则 $y_i=Y_i$，$r^2=1$；当 y 与 x 没有任何关系时，各试验点的分析信号值不随被测组分的量值或浓度而变化，都为 $\overline{y}$，校正曲线是高度等于 $\overline{y}$ 的平行于 x 轴斜率为零的直线。$Y_i=\overline{y}$，$r^2=0$，斜率为零的校正曲线显然是没有任何实际意义；当 y 与 x 存在相关关系时，r^2 值位于 0 与 1 之间。从统计观点考虑，只有回归平方和 $Q_g=\sum\limits_{i=1}^{n}(Y_i-\overline{y})^2$ 足够大，即大于表 5.1 中约定显著性水平 α 和一定自由度 f 时的临界值 $r_{\alpha,f}$ 时，校正曲线才有统计和实用意义；反之，若 r 小于 $r_{0.05,f}$，表示所拟合的回归方程与校正曲线没有统计意义。由此可见，r^2 是表征 y 与 x 相关程度的一个参数，故称为相关系数（correlation coefficient），其符号取决于回归系数 b 的符号。若 $r>0$，称 y 与 x 正相关，y 随 x 增大呈现增大趋势；若 $r<0$，称 y 与 x 负相关，y 随 x 增大呈现减小的趋势。由上述分析可知，校正曲线实际上是在被测组分一定量值（或浓度）范围内，分析信号 y 随 x 动态变化曲线。故将通过相关性检验的校正曲线两端点之间所跨的被测组分的量值（或浓度）范围，称为校正曲线的动态线性范围（dynamic linearity range of calibration curve）。

表 5.1　相关系数表临界值

$f=n-2$	$r_{0.05,f}$	$r_{0.01,f}$	$f=n-2$	$r_{0.05,f}$	$r_{0.01,f}$	$f=n-2$	$r_{0.05,f}$	$r_{0.01,f}$
1	0.997	1.000	11	0.553	0.684	21	0.413	0.526
2	0.950	0.990	12	0.532	0.661	22	0.404	0.515
3	0.878	0.950	13	0.514	0.641	23	0.396	0.505
4	0.811	0.917	14	0.497	0.623	24	0.388	0.496
5	0.754	0.874	15	0.482	0.606	25	0.381	0.487
6	0.704	0.834	16	0.468	0.590	26	0.374	0.478
7	0.666	0.797	17	0.456	0.575	27	0.357	0.470
8	0.632	0.765	18	0.444	0.561	28	0.361	0.463
9	0.602	0.735	19	0.433	0.549	29	0.355	0.456
10	0.576	0.708	20	0.423	0.537	30	0.349	0.449

通常采用纯溶液标准系列制作校正曲线，将这样制作的校正曲线用来分析纯试液或经过分离之后的试样无疑是可行的。如果试样中有其他组分共存，或者，需同时测定多个组分时，除从已有的经验确定共存组分没有影响之外，在制作校正曲线的标准系列内都应加入共存组分，以与实际试样的组成相匹配。因为这些共存组分有可能对校正曲线的斜率、截距或同时对斜率、截距产生影响。在这种情况下，用纯标准系列制作的校正曲线未必能用于有共存组分的复杂试样。一种可供考虑选择的做法是用正交试验设计，将共存组分安排到正交试验中。通常采用正交表 $L_9(3^4)$、$L_{16}(4^5)$、$L_{25}(4^6)$ 安排试验。如果要同时测定几个组分，就将各被测组分作为因素安排到合适的正交表中，同时建立几个组分的校正曲线。表 5.2 是用正交表 $L_{16}(4^5)$ 安排试验，同时制作 Au、Pt、Pd、Ag、Cu 的校正曲线示例。

表 5.2　同时制作多组分（元素）校正曲线的正交试验安排示例　　　　单位：mg/L

试验号	因素					响应值 y
	Au	Pt	Pd	Ag	Cu	
1	(1)0.6	(1)0.10	(1)0.20	(1)0.30	(1)0.5	y_1
2	(1)0.6	(2)0.20	(2)0.30	(2)0.60	(2)1.0	y_2
3	(1)0.6	(3)0.30	(3)0.40	(3)0.90	(3)1.5	y_3
4	(1)0.6	(4)0.40	(4)0.50	(4)1.20	(4)2.0	y_4
5	(2)1.2	(1)0.10	(2)0.30	(3)0.90	(4)2.0	y_5
6	(2)1.2	(2)0.20	(1)0.20	(4)1.20	(3)1.5	y_6
7	(2)1.2	(3)0.30	(4)0.50	(1)0.30	(2)1.0	y_7
8	(2)1.2	(4)0.40	(3)0.40	(2)0.60	(1)0.5	y_8
9	(3)1.8	(1)0.10	(3)0.40	(4)1.20	(2)1.0	y_9
10	(3)1.8	(2)0.20	(4)0.50	(3)0.90	(1)0.5	y_{10}
11	(3)1.8	(3)0.30	(1)0.20	(2)0.60	(4)2.0	y_{11}
12	(3)1.8	(4)0.40	(2)0.30	(1)0.30	(3)1.5	y_{12}
13	(4)2.4	(1)0.10	(4)0.50	(2)0.60	(3)1.5	y_{13}
14	(4)2.4	(2)0.20	(3)0.40	(1)0.30	(4)2.0	y_{14}
15	(4)2.4	(3)0.30	(2)0.30	(4)1.20	(1)0.5	y_{15}
16	(4)2.4	(4)0.40	(1)0.20	(3)0.90	(2)1.0	y_{16}

　　以同一含量水平下的响应值的均值对被测组分量值（或浓度）拟合校正曲线。以建立 Pd 的校正曲线为例，Pd 在水平 1 的分析信号均值 $\overline{y}_{\text{pd},1}=(y_1+y_6+y_{11}+y_{16})/4$，Pd 在水平 2、3、4 的分析信号均值分别是 $\overline{y}_{\text{Pd},2}=(y_2+y_5+y_{12}+y_{15})/4$，$\overline{y}_{\text{Pd},3}=(y_3+y_8+y_9+y_{14})/4$，$\overline{y}_{\text{pd},4}=(y_4+y_7+y_{10}+y_{13})/4$。用求得的 $y_{\text{pd},1}$、$y_{\text{pd},2}$、$y_{\text{pd},3}$、$y_{\text{pd},4}$ 对 Pd 各水平量值（或浓度）进行回归，便得到 Pd 的校正曲线。用同样的方法可以拟合 Au、Pt、Ag、Cu 的校正曲线。这样得到的校正曲线考虑了其他共存组分不同水平的综合影响，因此能更真实地反映客观实际情况。需要注意的是，不能将相互干扰严重的组分（元素）放在一起建立校正曲线。

5.2.3　校正曲线的属性

5.2.3.1　中心试验点的特性

　　基于最小二乘原理建立校正曲线，曲线的截距（intercept）$a=\overline{y}-b\overline{x}$，表明中心试验点一定位于校正曲线上。从图 5.1 校正曲线试验点精密度分布可知，在中心试验点的精密度最好，在其附近区域，精密度优于接近校正曲线两端区域的精密度。中心试验点变动，引起校正曲线平移（parallel displacement ofcalibration curve），截距发生改变。校正曲线绕中心试验点转动，引起校正曲线斜率（slope）发生改变。

5.2.3.2　精密度与置信区间

从标准系列取样建立校正曲线，对特定的一次取样建立的校正曲线，斜率和截距是常数。分析信号 y 是随机变量，分析物的量（或浓度）x 是固定变量，y 与 x 之间是相关关系，而非数学上严格的函数关系。在制作校正曲线过程中，配制标准系列用的标准物质的不确定度、各级容量器具的精度、测量仪器读数的波动性等因素都会引入误差，这些误差综合地反映在校正曲线波动性上，被测定量 x 对分析信号 y 的非线性影响，使得每一个试验点不一定都落在校正曲线上。每一试验点的分析信号 y_i 偏离校正曲线预测值 Y_i 的偏差为 $(y_i - Y_i)$，所有试验点偏离校正曲线的程度，用校正曲线的残余标准差（residual standard deviation）s_e 表示。s_e 表征了所建立校正曲线的精密度。

$$s_e = \sqrt{\frac{Q_e}{cn - 2}} = \sqrt{\frac{1}{cn - 2} \sum_{i=1}^{n} \sum_{j=1}^{c} (y_{ij} - Y_i)^2} \tag{5-12}$$

式中，n 是试验点的数目；y_{ij} 为分析信号值；c 为每个试验点重复测定次数；Y_i 为按回归方程预测的分析信号值。s_e 决定了校正曲线的置信区间，直接影响从校正曲线由分析信号值求得被测定量值的不确定程度。在校正曲线的置信区间较窄，测定量值（或浓度）的不确定度较小；在校正曲线两端的高含量区和低含量区，s_e 较大，校正曲线的置信区间较宽，由测得

的分析信号值从校正曲线求得被测组分的量值（或浓度）的不确定度较大。中心点 $(\overline{x}, \overline{y})$ 处，校正曲线的置信区间最窄，由测得的分析信号值从校正曲线求得被测组分的量值（或浓度）的不确定度最小。在置信概率为 95% 时，置信系数近似为 2，在校正曲线的线性动态范围不是很宽的情况下，忽略校正曲线的残余标准差 s_e 随被测定组分的量值（或浓度）而变化时，通常采用宽度近似为 $\pm 2 s_e$，在校正曲线上、下两侧画出两条平行于校正曲线的直线，作为其 95% 置信水平的置信区间，如图 5.3 所示。

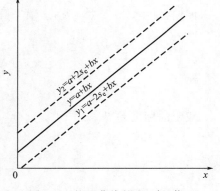

图 5.3　校正曲线的 95% 置信水平的置信区间

校正曲线有变动时，只要中心试验点平行位移的大小，或以中心点为轴心发生转动的大小仍在所确定的置信区间内，认为校正曲线的变动仍在允许可控范围内，校正曲线可继续使用。

分析测试信号是随机变量，特别是像原子光谱分析一类的测定是一个动态测定过程，即使用同一标准系列样品在不同时间或由不同的分析人员制作的校正曲线，得到的各校正曲线的斜率和截距亦未必相同，斜率和截距的波动性分别用其各自的标准差 s_b 与 s_a 表示。根据式（5-5），有

$$b = \frac{\sum_{i=1}^{n} (x_i - \overline{x})(y_i - \overline{y})}{\sum_{i=1}^{n} (x_i - \overline{x})^2} = \frac{\sum_{i=1}^{n} (x_i - \overline{x}) y_i - \sum_{i=1}^{n} (x_i - \overline{x}) \overline{y}}{\sum_{i=1}^{n} (x_i - \overline{x})^2} = \frac{\sum_{i=1}^{n} (x_i - \overline{x})}{L_{xx}} y_i \tag{5-13}$$

$$s_b^2 = \frac{1}{L_{xx}}\left[(x_1 - \overline{x})s_1^2 + (x_2 - \overline{x})s_2^2 + \cdots + (x_n - \overline{x})s_n^2\right] \qquad (5\text{-}14)$$

当测定分析信号的随机误差与测定量（或浓度）无关时，$s_1^2 = s_2^2 = \cdots = s_n^2 = s_e^2$，则

$$s_b^2 = \frac{s_e^2}{L_{xx}} \qquad (5\text{-}15)$$

斜率的标准差是

$$s_b = \frac{s_e}{\sqrt{L_{xx}}} = \frac{s_e}{\sqrt{\sum\limits_{i=1}^{n}(x_i - \overline{x})^2}} \qquad (5\text{-}16)$$

斜率的置信区间 △ 为

$$\Delta = b \pm t_{\alpha, f}\frac{s_e}{\sqrt{\sum\limits_{i=1}^{n}(x_i - \overline{x})^2}} \qquad (5\text{-}17)$$

式中，$t_{\alpha, f}\dfrac{s_e}{\sqrt{L_{xx}}}$ 称为置信限（confidence limit），上、下置信限所包含的区间，称为置信区间（confidence interval），$t_{\alpha, f}$ 是显著性水平 α 与自由度 $f = n - 2$ 时的置信系数，可由 t 分布表查得。

根据式(5-6) $a = \overline{y} - b\overline{x}$，有

$$s_a^2 = s_{\overline{y}}^2 + \overline{x}^2 s_b^2 = s_e^2\left(\frac{1}{n} + \frac{\overline{x}^2}{L_{xx}}\right) = \left(\frac{\sum\limits_{i=1}^{n}x_i^2}{n\sum\limits_{i=1}^{n}(x_i - \overline{x})^2}\right)s_e^2 \qquad (5\text{-}18)$$

截距的标准差是

$$s_a = \left(\frac{\sum\limits_{i=1}^{n}x_i^2}{n\sum\limits_{i=1}^{n}(x_i - \overline{x})^2}\right)^{1/2}s_e \qquad (5\text{-}19)$$

截距的置信区间 △ 为

$$\Delta = a \pm t_{\alpha, f}\left(\frac{\sum\limits_{i=1}^{n}x_i^2}{n\sum\limits_{i=1}^{n}(x_i - \overline{x})^2}\right)s_e \qquad (5\text{-}20)$$

式中，$t_{\alpha, f}$ 是约定显著性水平 α 与自由度 $f = n - 2$ 时的置信系数，可由 t 分布表查得。由斜率与截距的置信区间，可以考察与判断回归曲线的稳定性。

由拟合的回归方程与校正曲线测定分析样品，测定值 x_0 的精密度受回归方程与校正曲线稳定性的影响，即受斜率与截距变动性的影响。根据建立的回归方程，即 $y_0 = \overline{y} + b(x_0 - \overline{x})$，将式(5-12) 代入，得到

$$y_0 = \frac{1}{n}\sum_{i=1}^{n}y_i + \frac{(x_0 - \overline{x})}{L_{xx}}\sum_{i=1}^{n}(x_i - \overline{x})y_i \qquad (5\text{-}21)$$

测定分析信号 y_0 的方差 $s_{y_0}^2$ 是

$$s_{y_0}^2 = \frac{1}{n}(s_1^2 + s_2^2 + \cdots + s_n^2) + \frac{(x_0 - \overline{x})^2}{L_{xx}} \left[(x_1 - \overline{x})^2 s_1^2 + (x_2 - \overline{x})^2 s_2^2 + \cdots + (x_n - \overline{x})^2 s_n^2 \right]$$

(5-22)

当测定分析信号的随机误差与测定量（或浓度）无关时，则

$$s_{y_0}^2 = s_e^2 \left[\frac{1}{n} + \frac{(x_0 - \overline{x})^2}{L_{xx}} \right] = s_e^2 \left[\frac{1}{n} + \frac{(x_0 - \overline{x})^2}{\sum\limits_{i=1}^{n} (x_i - \overline{x})^2} \right]$$

(5-23)

测定分析信号既受回归方程与校正曲线斜率与截距变动性的影响，又受测定时实验条件随机波动的影响。按照误差传递原理，这两种影响是叠加的。测定分析信号的标准差

$$s_{y_0} = s_e \sqrt{1 + \frac{1}{n} + \frac{(x_0 - \overline{x})^2}{L_{xx}}}$$

(5-24)

若对分析信号进行 p 次重复测定，测定 y_0 均值的标准差是

$$s_{\overline{y}_0} = s_e \sqrt{\frac{1}{p} + \frac{1}{n} + \frac{(x_0 - \overline{x})^2}{L_{xx}}}$$

(5-25)

测定组分 x_0 量值或浓度的精密度，根据分析信号值由回归方程或校正曲线求被测组分量值或浓度 x_0，p 次测定的标准差是

$$s_{\overline{x}_0} = \frac{s_e}{b} \sqrt{\frac{1}{n} + \frac{1}{p} + \frac{(y_0 - \overline{y})^2}{b^2 \sum\limits_{i=1}^{n} (x_i - \overline{x})^2}}$$

(5-26)

测定值 x_0 的置信区间 Δ 是

$$\Delta = a + bx_0 + t_{a,f} \frac{s_e}{b} \sqrt{\frac{1}{n} + \frac{1}{p} + \frac{(y_0 - \overline{y})^2}{b^2 \sum\limits_{i=1}^{n} (x_i - \overline{x})^2}}$$

(5-27)

式中，b 为回归方程与校正曲线的斜率；s_e 为校正曲线的残余标准差；n 为试验点的数目；p 是对 x_0 的分析信号 y_0 的重复测定次数；$\overline{x}$ 为被测组分量（或浓度）的均值；$\overline{y}$ 为分析信号的均值。

示例 5.1　用原子吸收分光光度法测定微量钴，得到如下一组数据。

钴含量 $c/\mu g$	0.28	0.56	0.84	1.12	2.24
吸光度 A	3.0	5.5	8.2	11.0	21.5

试根据测得的数据拟合钴含量 c 与吸光度 A 的回归方程。

　　题解：

　　按式(5-5) 与式(5-6) 求出斜率 b 与截距 a，

$$b = \frac{\sum\limits_{i=1}^{n} (x_i - \overline{x})(y_i - \overline{y})}{\sum\limits_{i=1}^{n} (x_i - \overline{x})^2} = \frac{21.76}{2.29} = 9.48$$

$$a = \overline{y} - b\overline{x} = 9.84 - 9.48 \times 1.008 = 0.284$$

按式(5-10)计算相关系数

$$r = b\sqrt{\frac{\sum\limits_{i=1}^{n}(x_i - \overline{x})^2}{\sum\limits_{i=1}^{n}(y_i - \overline{y})^2}} = 9.48 \times \sqrt{\frac{2.29}{205.61}} = 1.000$$

查相关系数表，$r_{0.05,3} = 0.878$。$r > r_{0.05,3}$，说明所拟合的回归方程具有统计意义。

5.2.3.3 动态线性范围与线性范围

通过相关性检验的校正曲线，在指定的被测组分 x 的量值（或浓度）范围内。分析信号 y 随 x 基本上呈现线性变化，但在校正曲线两端区域仍可存在某种程度的弯曲。因此，将通过相关性检验的校正曲线两端点之间所跨的量值范围，称为校正曲线的动态线性范围，而不能称为校正曲线的线性范围。因为动态线性范围与线性范围在统计上是有区别的。下面以铬天青 S 分光光度法测定钪为例（表 5.3），详细说明校正曲线的动态线性范围与线性范围的区别。

表 5.3 铬天青 S 分光光度法测定钪的数据

加入 Sc 量/(μg/25mL)	0	0	1.0	2.0	5.0	6.0	8.0	10.0	12.0
吸光度 A	0.085	0.112	0.170	0.234	0.396	0.509	0.530	0.553	0.564
	0.098	0.093	0.170	0.241	0.401	0.502	0.552	0.589	0.609

根据表 5.3 中的数据，拟合的校正曲线是 $y = 0.145 + 0.0441x$，相关系数 $r = 0.9534$。相关系数检验临界值 $r_{0.05,7} = 0.666$，$r_{0.01,7} = 0.798$。$r > r_{0.05,7}$ 和 $r > r_{0.01,7}$，表明所拟合的钪校正曲线（图 5.4 的虚线）具有统计意义。校正曲线的动态线性范围上限是 12.0μg/25mL。但从图 5.4 明显地看到，当钪浓度大于 6.0μg/25mL 后，校正曲线试验点分布明显地偏离直线而弯向浓度轴。说明通过相关系数检验的校正曲线，在其所跨浓度范围内，试验点并不都位于校正曲线上。

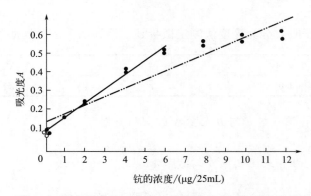

图 5.4 测定钪的校正曲线的动态线性范围与线性范围

校正曲线相关性检验是通过回归平方和 $Q_g = \sum\limits_{i=1}^{n}(Y_i - \overline{y})^2$ 与未考虑失拟平方和影响的情况下的试验误差相比较完成的。事实上，试验点是否落在校正曲线上，除了试验误差之外，也包括了 x 对 y 的非线性影响，以及除 x 之外其他因素的影响。只有对试验点进行了重复测定，排除了 x 对 y 的非线性影响与失拟平方和的影响后，再用试验误差效应平方和去检验回归平方和，才可以确定试验点是否落在校正曲线上。对试验点没有重复测定，不能得到 Q_e，不能进行失拟检验，就不能确定校正曲线的线性范围。拟合优度检验（goodness of fit test）统计量

$$F = \frac{Q_d/f_d}{Q_e/f_e} = \frac{p\sum\limits_{i=1}^{n}(\overline{y}_i - Y_i)/(n-2)}{\sum\limits_{i=1}^{n}\sum\limits_{j=1}^{n}(y_{ij} - \overline{y}_i)^2/[n(p-1)]} \tag{5-28}$$

式中，f_d 和 f_e 分别是失拟偏差平方和与误差效应平方和的自由度。计算的 F 试验值如果大于 F 分布表中约定显著性水平 α 与自由度 f_d 与 f_e 下的临界值，表明失拟情况显著，校正曲线有明显的弯曲；如果小于 F 检验临界值，表明不存在失拟情况。通过拟合优度检验的校正曲线两端点之间所跨的被测组分的量值范围，称为校正曲线的线性范围（linearity range of calibration curve）。根据表 5.3 中的数据，计算拟合优度检验统计量值 $F = 34.5$。查 F 分布表，相应显著性水平 α 和自由度 f_d 与 f_e 下的临界值是 $F_{0.05(7, 9)} = 3.29$，则 $F > F_{0.05(7, 9)}$，表明失拟情况是高度显著的，校正曲线呈明显弯曲。如果舍弃 $6.0\mu g/25mL$ 后的 3 个试验点，由前面 6 个试验点建立校正曲线

$$y = 0.09987 + 0.06971x$$

相关系数 $r = 0.9966$。相关系数临界值 $r_{0.05, 4} = 0.811$，$r > r_{0.05, 4}$，说明所拟合的校正曲线具有统计与实际意义。这时再计算失拟平方和 $Q_d = 1.276 \times 10^{-3}$。拟合优度检验统计量值 $F = 5.864 \times 10^{-5}$，检验临界值 $F_{0.05(4, 6)} = 4.53$，$F < F_{0.05(4, 6)}$，校正曲线已不存在失拟情况。

由上面的讨论知道，校正曲线的动态线性范围与线性范围是有区别的，不能混淆。通过相关性检验的校正曲线两端点之间所跨的量值范围，称为校正曲线的动态线性范围，通过拟合优度检验的校正曲线两端点之间所跨的量值范围称为校正曲线的线性范围。在本例中，铳的动态线性范围上限是 $12\mu g/25mL$，线性范围上限是 $6\mu g/25mL$。动态线性范围大于线性范围。

在进行校正曲线相关性检验时，对相关系数的要求，应根据建立校正曲线的试验点数目决定。试验点数目较多，使所有的试验点都落在校正曲线上，比实验点数目少时更困难，此时对相关系数的要求应比较低才是合理的。然而现在的一些标准文件或操作规程中，不管试验点数目多少，一律要求相关系数达到 3 个 9，甚至 4 个 9，这种要求是不符合数理统计原理的。

校正曲线是对一组特定的试验点按最小二乘原理建立的，其斜率和截距是常数。对不同试验点建立的校正曲线，其斜率和截距是不同的。校正曲线，就意味着外延点也位于校正曲线上。事实上并不是，特别是高量值（或浓度）端，校正曲线常常有向下弯的倾向，正如图 5.4 中所看到的，如果将铳校正曲线高端由 $12\mu g/25mL$ 延至 $16\mu g/25mL$，校正曲线严重弯

曲，可见任意外延校正曲线有可能造成校正曲线严重失拟。校正曲线在低浓度端，向下端外延也会造成校正曲线失拟。除非从专业角度或经验上确知外延点仍在线性范围内，外延也是允许的。最好用外延点进行实验，予以证实。现在还有不少文献中，建立校正曲线时，最低实验点的量值（或浓度）并不在零点，而在文章中将线性范围写成 $0 \sim x$，这是不对的。我们知道，测定低于分析方法检出限的量值（或浓度），不能给出可靠的定量结果，因此，不能随意将校正曲线的线性下限延至 0。

5.2.3.4 预报与控制

预报是根据回归方程由自变量 x（被测组分量值）来预估因变量 y（分析信号值）的范围，控制则是希望分析信号（因变量）以一定概率落在某一指定范围（y_1，y_2）时，自变量 x 应控制的取值范围。根据回归方程与校正曲线的精密度与置信范围，就可以实现预报与控制。下面通过一个实例来说明如何实现预报与控制。

示例 5.2 某工厂需生产一种产品，要控制产品的含水率，已知生产该产品的原料含水率对产品含水率有重要影响，为了保证产品质量，摸清产品含水率与生产原料含水率的关系，该厂化验人员测定了一批产品的含水率与生产该产品原料的含水率，测得的数据列于下表中：

试验号	1	2	3	4	5	6	7	8	9	10
原料含水率 $x/\%$	16.7	18.2	18.2	17.9	17.4	16.6	17.2	17.7	15.7	17.1
产品含水率 $y/\%$	17.1	18.4	18.6	18.5	18.2	17.1	18.0	18.2	16.0	17.5

若原料含水率为 16.5%，试问生产出来的产品的含水率范围会是多少。如果要将产品含水量率控制在 17.0%～18.0%，生产原料的含水率应控制在什么范围？

题解：

首先按式(5-5)与式(5-6)分别计算回归方程的斜率 b、截距 a、建立回归方程

$$b = 1.017$$
$$a = 0.191$$
$$y = 0.191 + 1.017x$$

再按式(5-10)计算相关系数 r

$$r = 0.9713$$

对所拟合回归方程进行相关性检验。查相关系数表，$r_{0.05,8} = 0.632$。$r > r_{0.05,8}$，表明所拟合的回归方程具有统计意义，说明产品含水率与生产原料中的含水率显著相关。按式(5-24)计算产品含水率的标准差 $s_{\overline{y}_0}$ 与置信区间 $\Delta = s_{y_0} t_{\alpha,f}$。

$$s_{\overline{y}_0} = s_e \sqrt{1 + \frac{1}{n} + \frac{(x_0 - \overline{x})^2}{\sum\limits_{i=1}^{n}(x_i - \overline{x})^2}} = 0.208 \times \sqrt{1 + \frac{1}{10} + \frac{(16.5 - 17.27)^2}{5.601}} = 0.228$$

在约定显著性水平 $\alpha = 0.05$，$f = 10 - 2 = 8$，置信系数 $t_{0.05,8} = 2.31$，置信限为

$$\Delta = s_{y_0} t_{\alpha,f} = 0.228 \times 2.31 = 0.527$$

生产产品的含水率的置信区间为

$$y = a + bx \pm \Delta = 0.191 + 1.017 \times 16.5 \pm 0.527 = 16.9715 \pm 0.527$$

当生产原料的含水率为 16.5%，生产出来的产品含水率预计为 16.44%～17.50%。

预报的准确度受多种因素的影响，由式（5-24）可知，拟合回归方程的试验点的数目 n 越多、x 取值范围越宽，预测试验点越接近回归线的中心点 $(\bar{x}, \bar{y})$，回归方程拟合越好，残余标准差 s_e 越小，根据回归方程进行预报的置信区间就越狭窄，预报的结果就越准确。除此之外，预报结果也与所要求的置信概率有关，要求置信概率越大、置信区间越宽，预报的结果的准确性自然有所降低。

在本例中，残余标准差 s_e，自由度 $f = 8$，约定显著性水平 $\alpha = 0.05$，置信系数 $t_{0.05,8} = 2.31$，上、下置信限分别为

$$y_{\text{上}} = a + bx + s_{y_0} t_{\alpha,f} = 0.191 + 0.527 + 1.017x = 0.718 + 1.017x$$

$$y_{\text{下}} = a + bx - s_{y_0} t_{\alpha,f} = 0.191 - 0.527 + 1.017x = -0.336 + 1.017x$$

生产原料中含水率

$$x_{\text{上}} = (18.0 - a - s_{y_0} t_{\alpha,f})/b = (18.0 - 0.191 - 0.527)/1.017 = 16.99$$

$$x_{\text{下}} = (17.0 - a + s_{y_0} t_{\alpha,f})/b = (17.0 - 0.191 + 0.527)/1.017 = 17.05$$

生产原料的含水率控制在 16.99%～17.05%，就能保证生产成品的含水率在 17%～18%。

5.2.4 一元线性回归方程的简易求法

如果自变量 x 以 $x_n = nx_1$（$n = 1$、2、3、4、5）方式改变，则可利用表 5.4 中所列公式计算一元线性回归方程的斜率 b 与截距 a。

表 5.4 回归方程的斜率 b 与截距 a 计算公式（一）

n	计算斜率 b	计算截距 a
2	$(y_2 - y_1)/x_1$	$2y_1 - y_2$
3	$(y_3 - y_1)/(2x_1)$	$(4y_1 + y_2 - 2y_3)/3$
4	$(3y_4 + y_3 - y_2 - 3y_1)/(10x_1)$	$(2y_1 + y_2 - y_4)/2$
5	$(2y_5 + y_4 - y_3 - 2y_1)/(10x_1)$	$(8y_1 + 5y_2 + 2y_3 - y_4 - 4y_3)/10$

若 $x_1 = 0$，则 x 按 $x_n = (n-1)x_2$ 方式改变，即 $x_1 = 0$，$x_3 = 2x_2$，$x_4 = 3x_2$，$x_5 = 4x_2$，则按表 5.5 中所列公式计算一元线性回归方程的斜率 b 与截距 a。

表 5.5 回归方程的斜率 b 与截距 a 计算公式（二）

n	斜率 b 计算	截距 a 计算
2	$(y_2 - y_1)/x_2$	y_1
3	$(y_3 - y_1)/2x_2$	$(5y_1 + 2y_2 - y_3)/6$
4	$(3y_4 + y_3 - y_2 - 3y_1)/(10x_2)$	$(7y_1 + 4y_2 + y_3 - 2y_4)/10$
5	$(2y_5 + y_4 - y_2 - 2y_1)/(10x_2)$	$(3y_1 + 2y_2 + y_3 - y_5)/5$

示例 5.3 用比色法测定硅，得到如下一组数据：

硅含量 c/mg	0	0.02	0.04	0.06	0.08
吸光度 A	0.032	0.135	0.187	0.268	0.359

试根据上列数据建立硅含量与吸光度之间的回归方程。

题解：

按式(5-5)与式(5-6)计算回归方程的斜率 $b=3.935$ 与截距 $a=0.0388$，回归方程是

$$A=0.0388+3.935c$$

现按校正曲线的简易求法计算斜率 b 与截距 a

$$b=\frac{2y_5+y_4-y_2-2y_1}{10x_2}=\frac{2\times0.359+0.268-0.135-2\times0.032}{10\times0.02}=3.935$$

$$a=\frac{3y_1+2y_2+y_3-y_5}{5}=\frac{3\times0.032+2\times0.135+0.187-0.359}{5}=0.0388$$

两种方法的计算结果是一致的，而简易求法更方便省事。

5.2.5　一元非线性回归分析

在分析测试中，经常会遇到非线性回归的问题。非线性回归的类型很多，处理非线性回归问题一般的原则是，根据非线性的类型，给出合适的非线性方程，通过数据变换将非线性回归方程变为一元线性回归方程，再按处理一元线性回归方程的办法进行处理。

选择什么样的函数拟合试验点数据，可以参考以下原则：若 y 随 x 增加而成比例地增加或减小，宜选用线性函数拟合试验点数据；若 y 的增大随 x 增大而逐渐减小，宜选用对数函数或双曲线函数拟合试验点数据；若 y 随 x 逐渐增加而越来越迅速地增大，宜选用指数函数拟合试验点数据；若 y 随 x 增大而增大的速度与 x 成比例，则宜选用幂函数拟合试验点数据。

常见各种函数转换为线性函数的方式有：

① 对数函数 $y=a+b\lg x$

令 $X=\lg x$，化为线性方程 $y=a+bX$。

② 双曲线函数 $\frac{1}{y}=a+\frac{b}{x}$

令 $Y=1/y$，$X=1/x$，化为线性方程 $Y=a+bX$。

③ 指数函数 $y=a\,\mathrm{e}^{bx}$

取对数得到 $\ln y=\ln a+bx$，令 $Y=\ln y$，$a'=\ln a$，化为线性方程 $Y=a'+bx$。

④ 幂函数 $y=ax^b$

取对数得到 $\lg y=\lg a+b\lg x$，令 $Y=\lg y$，$X=\lg x$，$a'=\lg a$，化为线性方程 $Y=a'+bX$。

⑤ S 型函数 $y=\dfrac{1}{a+b\mathrm{e}^{-x}}$

令 $Y=1/y$，$X=\mathrm{e}^{-x}$，化为线性方程 $Y=a+bX$。

一元非线性回归的类型图形见图 5.5。

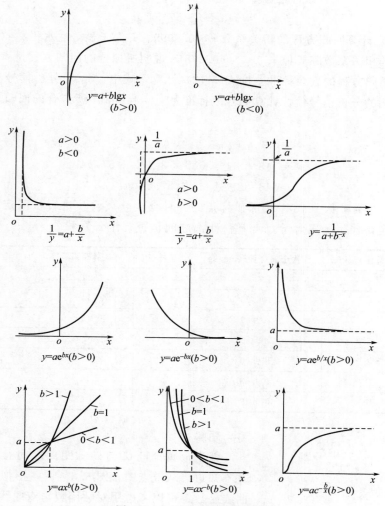

图 5.5　一元非线性回归类型

示例 5.4　用银离子选择性电极测定溶液中的 Ag^+，得到下表所列的一组数据，试由表中的数据求出条件电位 E^0 与电极斜率 s。

浓度 c/(mol/L)	1.00×10^{-6}	1.00×10^{-5}	1.00×10^{-4}	1.00×10^{-3}	1.00×10^{-2}
电位 E/mV	200.4	255.4	312.6	371.2	429.7

题解：

已知电极电位 E 与银离子浓度 c 之间有如下的关系

$$E = E^0 + s\lg c$$

式中，E^0 为条件电位；s 是电极斜率。先进行变量 c 变换，令 $x = \lg c$，将上述方程转换为一元线性方程

$$E = E^0 + sx$$

再按式（5-5）与式（5-6）计算回归方程的斜率 b 与截距 a，即得到条件电位 $E^0 = 543.82\text{mV}$，

电极斜率 $s = 57.54$。拟合条件电位 E^0、电极斜率 s 与银离子浓度的回归方程是

$$E = 543.82 + 57.54 \lg c$$

按式（5-10）计算回归方程的相关系数 $r = 0.9999$。r 大于显著性水平 $\alpha = 0.05$，自由度 $f = 5 - 2 = 3$ 的相关系数临界值 $r_{0.05, 3} = 0.878$。说明所拟合的回归方程是有意义的。

所拟合的回归方程的残余标准差按式（5-12）计算，式中，y_{ij} 为分析信号实测值；Y_i 为按回归方程预测的分析信号值。计算的残余标准差 $s_e = 1.665$。所拟合的回归方程的 95% 置信区间为

$$\Delta = a \pm s_e t_{0.05, 3} + b \lg c$$
$$= 543.82 \pm 1.665 \times 3.182 + 57.54 \lg c$$
$$= 543.82 \pm 5.30 + 57.54 \lg c$$

示例 5.5 对某矿脉中 13 个相邻矿样点的一种伴生金属含量进行了测定，得到下面一组数据，试确定该伴生金属含量 C 与矿脉距离之间是否有什么关系。

矿样点	离矿脉距离/km	伴生金属含量/(mg/kg)	矿样点	离矿脉距离/km	伴生金属含量/(mg/kg)
1	2	106.42	8	11	110.59
2	3	108.20	9	14	110.60
3	4	109.58	10	15	110.90
4	5	109.50	11	16	110.76
5	7	110.00	12	18	110.00
6	8	109.93	13	19	111.20
7	10	110.49			

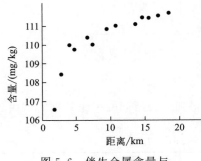

图 5.6　伴生金属含量与矿脉距离关系散点图

题解：

伴生金属含量 C 与矿脉距离之间有什么关系事先并不知道，从散点图（图 5.6）看，形似对数函数与双曲线函数。可以考虑用对数函数与双曲线函数拟合伴生金属含量与矿脉距离的数据。

先用对数函数 $y = a + b \lg x$ 拟合。令 $X = \lg x$，将对数函数转化为一元线性回归方程 $y = a + bX$，按式（5-5）与式（5-6）计算回归方程的斜率 $b = 4.1746$ 与截距 $a = 106.18$。确定伴生金属含量 C 与矿脉距离之间的回归方程为

$$c = 106.18 + 4.1746 \lg x,$$

按式（5-10）计算回归方程的相关系数 $r = 0.9375$。在约定显著性水平 $\alpha = 0.05$，自由度 $f = 13 - 2 = 11$，相关系数临界值 $r_{0.05, 11} = 0.553$。$r > r_{0.05, 11}$，说明所拟合的回归方程是有意义的。所拟合的回归方程的残余标准差按式（5-12）计算，$s_e = 0.51$。

再用双曲线函数 $\dfrac{1}{c} = a + \dfrac{b}{x}$ 拟合，令 $Y = 1/c$，$X = 1/x$ 将双曲线函数转化为一元线性回归方程 $Y = a + bX$，按式（5-5）与式（5-6）计算回归方程的斜率 $b = 8.266 \times 10^{-4}$ 与截距 $a = 8.967 \times 10^{-3}$。确定伴生金属含量 C 与矿脉距离之间的回归方程为

$$\frac{1}{c} = 8.967 \times 10^{-3} + \frac{8.266 \times 10^{-4}}{x}$$

按式(5-10) 计算回归方程的相关系数 $r=0.9875$。在显著性水平 $\alpha=0.05$，自由度 $f=13-2=11$，相关系数临界值 $r_{0.05, 11}=0.553$。$r > r_{0.05, 11}$，说明所拟合的回归方程是有意义的。所拟合的回归方程的残余标准差按式(5-12) 计算，$s_e=0.25$。

从上述计算结果可知，用对数函数与双曲线函数拟合伴生金属含量与矿脉距离的数据都是可以的，但比较而言，用双曲线函数拟合更好，其相关系数更大，残余标准差更小，拟合的精密度更好。

5.3　二元线性回归分析

在分析测试的许多场合，影响分析信号强度的因素不止一个，而是两个或多个，这就要用到多元回归分析。二元回归分析是多元回归分析中最简单的一种情况。

5.3.1　二元线性回归方程的建立

二元线性回归方程可表示为

$$y = a + b_1 x_1 + b_2 x_2 \tag{5-29}$$

式中，y 是分析测试信号强度（因变量）；a 是常数项；x_1 与 x_2 是影响分析信号强度的因素（自变量）；b_1 与 b_2 是回归系数，分别反映自变量 x_1 与 x_2 对分析信号强度影响程度。通过一系列的测定，获得测定值 $(x_{1,1}, x_{2,1}, y_1)$，$(x_{1,2}, x_{2,2}, y_2)$，$\cdots$，$(x_{1,n}, x_{2,n}, y_n)$。与一元回归分析类似，二元回归分析的残差平方和

$$Q_e = \sum_{j=1}^{n} \left[y_j - (a + b_1 x_{1j} + b_2 x_{2j}) \right]^2 \tag{5-30}$$

基于最小二乘原理，满足残差平方和最小的条件是

$$\frac{\partial Q_e}{\partial b_1} = -2 \sum_{j=1}^{n} \left[y_j - (a + b_1 x_{1j} + b_2 x_{2j}) \right] x_{1j} = 0 \tag{5-31}$$

$$a \sum_{j=1}^{n} x_{1j} + b_1 \sum_{j=1}^{n} x_{1j}^2 + b_2 \sum_{j=1}^{n} x_{1j} x_{2j} = \sum_{j=1}^{n} x_{1j} y_j \tag{5-32}$$

$$\frac{\partial Q_e}{\partial b_2} = -2 \sum_{j=1}^{n} \left[y_j - (a + b_1 x_{1j} + b_2 x_{2j}) \right] x_{2j} = 0 \tag{5-33}$$

$$a \sum_{j=1}^{n} x_{2j} + b_2 \sum_{j=1}^{n} x_{2j}^2 + b_1 \sum_{j=1}^{n} x_{1j} x_{2j} = \sum_{j=1}^{n} x_{2j} y_j \tag{5-34}$$

$$\frac{\partial Q_e}{\partial a} = -2 \sum_{j=1}^{n} \left[y_j - (a + b_1 x_{1j} + b_2 x_{2j}) \right] = 0 \tag{5-35}$$

$$\sum_{j=1}^{n} (a + b_1 x_{1j} + b_2 x_{2j}) = \sum_{j=1}^{n} y_j \tag{5-36}$$

解式(5-36) 得到

$$a = \frac{1}{n} \sum_{j=1}^{n} y_j - b_1 \frac{1}{n} \sum_{j=1}^{n} x_{1j} - b_2 \frac{1}{n} \sum_{j=1}^{n} x_{2j} = \overline{y} - b_1 \overline{x}_1 - b_2 \overline{x}_2 \tag{5-37}$$

将式(5-37) 代入式(5-32) 与式(5-34)，得到

$$b_1 \sum_{j=1}^{n} (x_{1j} - \overline{x}_1) + b_2 \sum_{j=1}^{n} (x_{1j} - \overline{x}_1)(x_{2j} - \overline{x}_2) = \sum_{j=1}^{n} (x_{1j} - \overline{x}_1)(y_j - \overline{y}) \tag{5-38}$$

$$b_2 \sum_{j=1}^{n} (x_{2j} - \overline{x}_2) + b_1 \sum_{j=1}^{n} (x_{1j} - \overline{x}_1)(x_{2j} - \overline{x}_2) = \sum_{j=1}^{n} (x_{2j} - \overline{x}_2)(y_j - \overline{y}) \tag{5-39}$$

若令

$$L_{11} = \sum_{j=1}^{n} (x_{1j} - \overline{x}_1)^2 = \sum_{j=1}^{n} x_{1j}^2 - \frac{1}{n} \left(\sum_{j=1}^{n} x_{1j} \right)^2$$

$$L_{22} = \sum_{j=1}^{n} (x_{2j} - \overline{x}_2)^2 = \sum_{j=1}^{n} x_{2j}^2 - \frac{1}{n} \left(\sum_{j=1}^{n} x_{2j} \right)^2$$

$$L_{12} = L_{21} = \sum_{j=1}^{n} (x_{1j} - \overline{x}_1)(x_{2j} - \overline{x}_2) = \sum_{j=1}^{n} x_{1j} x_{2j} - \frac{1}{n} \left(\sum_{j=1}^{n} x_{1j} \right) \left(\sum_{j=1}^{n} x_{2j} \right)$$

$$L_{1y} = \sum_{j=1}^{n} (x_{1j} - \overline{x}_1)(y_j - \overline{y}) = \sum_{j=1}^{n} x_{1j} y_j - \frac{1}{n} \left(\sum_{j=1}^{n} x_{1j} \right) \left(\sum_{j=1}^{n} y_j \right)$$

$$L_{2y} = \sum_{j=1}^{n} (x_{2j} - \overline{x}_2)(y_j - \overline{y}) = \sum_{j=1}^{n} x_{2j} y_j - \frac{1}{n} \left(\sum_{j=1}^{n} x_{2j} \right) \left(\sum_{j=1}^{n} y_j \right)$$

$$L_{yy} = \sum_{j=1}^{n} (y_j - \overline{y})^2 = \sum_{j=1}^{n} y_j^2 - \frac{1}{n} \left(\sum_{j=1}^{n} y_j \right)^2$$

代入式(5-38) 与式(5-39)，得到 b_1 与 b_2，

$$b_1 = \frac{L_{1y} L_{22} - L_{2y} L_{12}}{L_{11} L_{22} - L_{12} L_{21}} \tag{5-40}$$

$$b_2 = \frac{L_{2y} L_{11} - L_{1y} L_{21}}{L_{11} L_{22} - L_{12} L_{21}} \tag{5-41}$$

示例 5.6 用氨水抑制大麦发芽，用赤霉素促进酶形成的新工艺制造啤酒时，发现大麦吸氨量与大麦中原含水量及吸氨时间有关，由实验得到如下一组数据：

吸氨量/y	6.2	7.5	5.8	5.1	5.6	5.6	2.8	3.1	5.3	5.9	5.1
大麦中含水量 x_1	36.5	36.5	36.5	38.5	38.5	38.5	40.5	40.5	40.5	38.5	38.5
吸氨时间 x_2	215	250	180	250	180	215	180	215	250	215	215

试由该组数据确定吸氨量与大麦中原含水量及吸氨时间的定量关系。

题解：

因为各数据同减去一个数不影响偏差平方和的计算结果，为简化计算，将含水量数据各减去 38.5，吸氨时间数据各减去 215。按照相关公式计算以下各项数值，

$$L_{11} = \sum_{j=1}^{n} x_{1j}^2 - \frac{1}{n} \left(\sum_{j=1}^{n} x_{1j} \right)^2 = 24.0 - \frac{0^2}{11} = 24.0$$

$$L_{22} = \sum_{j=1}^{n} x_{2j}^2 - \frac{1}{n} \left(\sum_{j=1}^{n} x_{2j} \right)^2 = 7350 - \frac{0^2}{11} = 7350$$

$$L_{12} = L_{21} = \sum_{j=1}^{n} x_{1j} x_{2j} - \frac{1}{n} \left(\sum_{j=1}^{n} x_{1j} \right) \left(\sum_{j=1}^{n} x_{2j} \right) = 0 - \frac{0^2}{11} = 0$$

$$L_{1y} = \sum_{j=1}^{n} x_{1j} y_{j} - \frac{1}{n} \left(\sum_{j=1}^{n} x_{1j} \right) \left(\sum_{j=1}^{n} y_{j} \right) = -16.6 - \frac{0^2}{11} = -16.6$$

$$L_{2y} = \sum_{j=1}^{n} x_{2j} y_{j} - \frac{1}{n} \left(\sum_{j=1}^{n} x_{2j} \right) \left(\sum_{j=1}^{n} y_{j} \right) = 164.5 - \frac{0^2}{11} = 164.5$$

$$L_{yy} = \sum_{j=1}^{n} y_{j}^2 - \frac{1}{n} \left(\sum_{j=1}^{n} y_{j} \right)^2 = 262.82 - \frac{52^2}{11} = 17.0$$

将计算的以上各项数值代入式(5-40)、式(5-41) 与式(5-37)，求出回归系数 b_1、b_2 与常数项 a 值

$$b_1 = \frac{L_{1y} L_{22} - L_{2y} L_{12}}{L_{11} L_{22} - L_{12} L_{21}} = \frac{-16.6 \times 7350 - 164.5 \times 0}{24.0 \times 7350 - 0 \times 0} = -0.69$$

$$b_2 = \frac{L_{2y} L_{11} - L_{1y} L_{21}}{L_{11} L_{22} - L_{12} L_{21}} = \frac{164.5 \times 24.0 + 16.6 \times 0}{24.0 \times 7350 - 0 \times 0} = 0.022$$

$$a = \overline{y} - b_1 \overline{x} - b_2 \overline{x}_2 = \frac{52}{11} + 0.69 \times 138.5 - 0.022 \times 215 = 95.57$$

最后确定吸氨量与大麦中原含水量及吸氨时间的回归方程是

$$y = 95.57 - 0.69 x_1 + 0.022 x_2$$

5.3.2　二元线性回归方程的显著性检验

与一元线性回归相似，需要检验所拟合的二元线性回归方程是否具有统计意义，不同之处是需要检验因变量（分析信号 y_2）与 x_1、x_2 两个自变量的相关性，需用一个称之为全相关系数（total correlation coefficient）的参数 R 进行相关性检验。

$$R = \sqrt{\frac{Q_{\text{g}}}{Q_{\text{T}}}} = \sqrt{\frac{\sum_{i=1}^{n} (Y_i - \overline{y})^2}{\sum_{i=1}^{n} (y_i - \overline{y})^2}} = \sqrt{\frac{L_{1y} b_1 + L_{2y} b_2}{L_{yy}}} \tag{5-42}$$

其中，

$$L_{yy} = \sum_{j=1}^{n} (y_j - \overline{y})^2 = \sum_{j=1}^{n} y_j^2 - \frac{1}{n} \left(\sum_{j=1}^{n} y_j \right)^2$$

$$L_{1y} = \sum_{j=1}^{n} x_{1j} y_j - \frac{1}{n} \left(\sum_{j=1}^{n} x_{1j} \right) \left(\sum_{j=1}^{n} y_j \right)$$

$$L_{2y} = \sum_{j=1}^{n} x_{2j} y_j - \frac{1}{n} \left(\sum_{j=1}^{n} x_{2j} \right) \left(\sum_{j=1}^{n} y_j \right)$$

b_1、b_2 是回归系数。

根据示例 5.6 中的数据，计算的全相关系数值

$$R = \sqrt{\frac{L_{1y} b_1 + L_{2y} b_2}{L_{yy}}} = \sqrt{\frac{-16.6 \times (-0.69) + 164.5 \times 0.022}{17}} = 0.9416$$

在约定显著性水平 $\alpha = 0.05$，自变量数 $m = 2$，自由度 $f = n - m - 1 = 11 - 2 - 1 = 8$，查相关系数表，$R_{0.05,\,8} = 0.632$。$R > R_{0.05,\,8}$，说明所拟合的吸氨量与大麦中原含水量及吸氨时间的回归方程具有统计意义。

5.3.3 二元线性回归方程的精密度

在介绍一元线性回归方程时，曾经指出可用残余标准差表征一元线性回归方程的精密度。同样，也可用残余标准差表征二元线性回归方程的精密度。二元线性回归方程的精密度可表示为

$$s_e = \sqrt{\dfrac{L_{yy} - \sum\limits_{i=1}^{m} b_i L_{iy}}{n - m - 1}} \tag{5-43}$$

式中，m 是回归方程自变量的数目，二元回归方程 $m = 2$；n 是参与回归方程拟合的试验点数目。代入各项数值，得到

$$s_e = \sqrt{\dfrac{17.0 - (11.454 - 3.619)}{11 - 2 - 1}} = 0.491$$

所拟合的回归方程 95% 置信区间为

$$y = a \pm s_e t_{0.05,\,8} - 0.69x_1 + 0.022x_2$$
$$= 95.57 \pm 0.491 \times 2.31 - 0.69x_1 + 0.022x_2$$
$$= 95.57 \pm 1.134 - 0.69x_1 + 0.022x_2$$

如果使用原含水量为 40% 的大麦，吸氨时间为 200min，生产的啤酒中吸氨量在 95% 的置信区间为 2.24% ~ 5.50%。

5.3.4 二元非线性回归方程

二元非线性回归，用类似处理一元非线性回归的方法进行处理。先将二元非线性回归方程通过变量变换线性化，然后按处理二元线性回归的同样的方法求出二元非线性回归方程的常数项 a 与回归系数 b_1 与 b_2，拟合回归方程。进行相关性检验，计算残余标准差，确定置信区间。这里举一例予以说明。

示例 5.7 维尼纶纤维的耐热水性能直接依赖于缩醛化度，试验发现，甲醛浓度、反应温度对缩醛化度有重要影响，由试验测得下列一组数据：

甲醛浓度 c	32.1	32.1	32.1	32.1	32.1	32.1	33.0	33.0	33.0
反应时间 t	3	5	7	12	20	30	3	5	7
缩醛化度 D	17.8	22.9	25.3	29.9	32.9	35.4	18.2	22.9	25.1
甲醛浓度 c	33.0	33.0	33.0	27,6	27.6	27.6	27,6	27.6	27.6
反应时间 t	12	20	30	3	5	7	12	20	30
缩醛化度 D	28.6	31.2	35.1	16.8	20.0	23.6	29.0	30.0	33.1

试由该组数据找出缩醛化度 D 与甲醛浓度 c、反应时间 t 的关系。

题解：

从实践中知道，缩醛化度随甲醛浓度 c 增加而增加，随反应时间 t 延长而减小，因此，可考虑用下列函数来表征它们之间的关系

$$D = a + \frac{b_1}{t} + b_2 c$$

令 $t' = 1/t$，上述的关系式线性化为

$$D = a + b_1 t' + b_2 c$$

为简化计算，将甲醛浓度 c 数据同减去 30.9。按照相关公式计算以下各项数值：

$$L_{11} = 0.19,$$
$$L_{22} = 100.44,$$
$$L_{12} = L_{21} = 0,$$
$$L_{1y} = -10.17,$$
$$L_{2y} = 34.02,$$
$$L_{yy} = 591.6$$
$$a = 23.44,$$
$$b_1 = -53.25,$$
$$b_2 = 0.34$$

因此，拟合的回归方程为

$$D = 23.14 + 0.34c - \frac{53.25}{t}$$

5.3.5　标准回归系数

回归系数反映了自变量对因变量影响的大小，因此，可以根据回归系数的大小来筛选自变量。但值得注意的是，回归系数的大小与自变量所取单位有关。因此，不能根据通常的回归系数的大小直接比较各自变量对因变量的影响程度。从第 3 章 3.3.3 小节用均匀设计表 $U_{13}(13^{12})$ 安排试验，研究灰化温度 T_{ash}、灰化时间 t_{ash}、原子化温度 T_{at}、原子化时间 t_{at} 等 4 因素对 GFAAS 测定钯吸光度的影响所得到的回归系数 b 与标准回归系数 b' 可以看到，直接从回归系数的大小难以判断各自变量对因变量的影响程度。当将回归系数转换为标准回归系数（standardized regression coefficient）以后，消除了各自变量所取单位的影响，根据标准回归系数绝对值的大小，可以很方便地直接判断各自变量对因变量的影响程度。

标准回归系数可按下式计算

$$b'_i = b_i \sqrt{\frac{L_{ii}}{L_{yy}}} = b_i \sqrt{\frac{\sum_{j=1}^{n}(x_{1j} - \overline{x}_1)^2}{\sum_{j=1}^{n}(y_j - \overline{y})^2}} \tag{5-44}$$

　　标准回归系数绝对值大的自变量，对因变量的影响大，必须包括在回归方程中，回归系数绝对值小的自变量，尽可能不包括在回归方程中，对因变量无影响或其影响可以忽略不计的自变量一定不要包括在回归方程中。

第6章

方差分析

6.1 概述

在测定过程中，测定值受各种因素的影响，所得到的各测定值通常是参差不齐的，它们之间的差异，从产生的原因考虑，既可能是由实验条件的随机波动引起，亦可能是由实验条件改变而引起。如果是由实验条件的随机波动引起的，则属于试验误差，是随机误差，反映了测定过程中试验条件的稳定性，表征测量结果的精密度；如果是由试验条件改变而引起的，则属于系统误差，反映了实验条件对测定结果的影响，是因素效应（factorial effect）。

各测定值之间差异的大小，用偏差平方和 Q 表示。

$$Q = \sum_{i=1}^{n} (x_i - \overline{x})^2 \tag{6-1}$$

偏差平方和简称平方和，是单次测定值 x_i 与测定均值 $\overline{x}$ 偏差的平方之总和，表示每个单次测定值偏离测定均值的一个总的量度。其数值越大，表示测定值之间的差异越大。但是，用 Q 表示测定值之间的差异具有随着测定值的数目增多 Q 增大的缺点。为了避免这一缺点，用方差估计值 s^2 来表征偏差的大小，

$$s^2 = \frac{Q}{f} \tag{6-2}$$

式中，f 是自由度，是与测定值数目有关的值。方差估计值 s^2 表征了偏差大小的统计均值，其优点是既充分利用了测定数据提供的信息，又避免了对测定值数目的依赖性，而且对一组测定值中偏离均值 $\overline{x}$ 较大的测定值 x_i 反应灵敏，便于在实际工作中对异常值与因素效应做出正确判断。方差分析（analysis of variance）是一种处理分析测试数据非常有用的方法，为优选和有针对性地控制试验条件提供了科学依据。在分析测试中有着广泛应用。

6.2 方差分析的原理

6.2.1 偏差平方和的加和性

在分析测试中，分析结果受多种因素的影响，每种因素都对测定结果的偏差平方和做出相应的贡献。测定结果的总偏差平方和等于各种因素效应、因素交互效应（factor interaction）与试验误差效应所产生的偏差平方和的加和，此即偏差平方和的加和性。同样，也可以将因素效应、因素交互效应与试验误差效应等各组成部分所贡献的偏差平方和从总偏差平方和中分离出来，进而得到各自的方差估计值，在一定置信概率下将因素效应、因素交互效应对试验误差效应的方差估计值进行 F 检验，就可以确定各因素对试验结果的贡献及其大小。由此可见，偏差平方和的加和性（additivity of sum of deviations squares）是建立方差分析的基础，F 检验是实施方差分析的必要手段。

设有 m 个独立的随机变量 x_1、x_2、$\cdots$、x_m，分别遵从正态分布 $N(\mu_1, \sigma_1^2)$、$N(\mu_2, \sigma_2^2)$、$\cdots$、$N(\mu_m, \sigma_m^2)$，现从各总体（population）中随机抽取容量为 n_i 的样本（sample），得到样本值 x_{i1}、x_{i2}、$\cdots$、x_{in_i}。所谓总体是指由具有同质性与变异性的大量个体所组成的研究对象的全体。样本是从总体所包含的全部个体中随机抽取一部分个体的集合。m 个样本的总偏差平方和等于所有各样本测定值 x_{ij} 与总均值 $\overline{x}$ 的偏差的平方总和，记为 Q_T，

$$Q_T = \sum_{i=1}^{m} \sum_{j=1}^{n_i} (x_{ij} - \overline{x})^2$$

$$= \sum_{i=1}^{m} \sum_{j=1}^{n_i} [(x_{ij} - \overline{x}_i) + (\overline{x}_i - \overline{x})]^2$$

$$= \sum_{i=1}^{m} \sum_{j=1}^{n_i} (x_{ij} - \overline{x}_i)^2 + 2\sum_{i=1}^{m} \sum_{j=1}^{n_i} (x_{ij} - \overline{x}_i)(\overline{x}_i - \overline{x}) + \sum_{i=1}^{m} \sum_{j=1}^{n_i} (\overline{x}_i - \overline{x})^2$$

因为

$$\sum_{i=1}^{m} \sum_{j=1}^{n_i} (x_{ij} - \overline{x}_i)(\overline{x}_i - \overline{x}) = \sum_{i=1}^{m} \left[(\overline{x}_i - \overline{x}) \sum_{j=1}^{n_i} (x_{ij} - \overline{x}_i) \right] = 0$$

故有

$$Q_T = \sum_{i=1}^{m} \sum_{j=1}^{n_i} (x_{ij} - x_i)^2 + \sum_{i=1}^{m} \sum_{j=1}^{n_i} (\overline{x}_i - \overline{x})^2 = \sum_{i=1}^{m} \sum_{j=1}^{n_i} (x_{ij} - x_i)^2 + \sum_{i=1}^{m} n_i (\overline{x}_i - \overline{x})^2$$

$$(6-3)$$

若令

$$Q_g = \sum_{i=1}^{m} n_i (\overline{x}_i - \overline{x})^2 \qquad (6-4)$$

$$Q_e = \sum_{i=1}^{m} \sum_{j=1}^{n_i} (x_{ij} - \overline{x}_i)^2 \qquad (6-5)$$

则

$$Q_T = Q_g + Q_e \qquad (6-6)$$

由式(6-6)可见，总偏差平方和 Q_T 等于因素效应平方和 Q_g 与试验误差效应平方和 Q_e 的加和。Q_g 反映了各样本均值之间的差异程度，称为组间偏差平方和，表征分组因素效应的大小。Q_e 反映了试验误差的大小。偏差平方和的加和性是建立方差分析的基础。

6.2.2　自由度的加和性

由偏差平方和的计算公式可知，偏差平方和随测定次数增多而增大，前已简述，为消除测定次数对偏差平方和的影响，引入了自由度与方差估计值的概念。总自由度等于总测定次数减 1，即 $f_T = \sum\limits_{i=1}^{m} n_i - 1$，组间偏差平方和的自由度等于分组数减 1，即 $f_g = m-1$。组内偏差平方和（试验误差效应平方和）的自由度等于每组测定值数减 1 的加和，$f_e = \sum\limits_{i=1}^{m}(n_i -1)$。当各组测定次数 n 相同时，$f_T = mn-1$，$f_e = m(n-1)$。3 个自由度之间的关系是

$$f_g + f_e = (m-1) + \sum_{i=1}^{m}(n_i - 1) = \sum_{i=1}^{m} n_i - 1 = f_T \tag{6-7}$$

总自由度 f_T 等于组间自由度 f_g 与组内自由度 f_e 之和，此即自由度的加和性。

6.2.3　方差分析的指导思想

方差分析是基于偏差方平和的加和性和自由度加和性原理及 F 检验，处理多因素试验测定数据的一种数理统计方法。

若 m 样本来自具有共同方差 σ^2 的 m 个正态总体，当原假设 H_0：$\mu_1 = \mu_2 = \cdots = \mu_n$ 成立，则 这 m 个正态总体既具有共同的方差 σ^2，又具有共同的均值 μ。从这 m 个正态总体中各抽取一个样本，相当于从任一个总体中抽取 m 个样本。总方差估计值、组间方差估计值与组内方差估计值具有相同的方差期望值 σ^2。

$$\left\langle \frac{Q_T}{mn-1} \right\rangle = \left\langle \frac{\sum\limits_{i=1}^{m}\sum\limits_{j=1}^{n}(x_{ij} - \overline{x})^2}{mn-1} \right\rangle = \sigma^2 \tag{6-8}$$

$$\left\langle \frac{Q_g}{m-1} \right\rangle = \left\langle \frac{n\sum\limits_{i=1}^{m}(\overline{x}_i - \overline{x})^2}{m-1} \right\rangle = n\left\langle \frac{n\sum\limits_{i=1}^{m}(\overline{x}_i - \overline{x})^2}{m-1} \right\rangle = n\frac{\sigma^2}{n} = \sigma^2 \tag{6-9}$$

$$\left\langle \frac{Q_e}{m(n-1)} \right\rangle = \left\langle \frac{\sum\limits_{i=1}^{m}\sum\limits_{j=1}^{n}(x_{ij} - \overline{x}_i)^2}{m(n-1)} \right\rangle = \frac{1}{m}\sum_{i=1}^{m}\left\langle \frac{\sum\limits_{j=1}^{n}(x_{ij} - \overline{x}_i)^2}{n-1} \right\rangle = \frac{1}{m}\sum_{i=1}^{m}\sigma^2 = \sigma^2 \tag{6-10}$$

即 $\left\langle \dfrac{Q_g}{m-1} \right\rangle$ 与 $\left\langle \dfrac{Q_e}{m(n-1)} \right\rangle$ 都是 σ^2 的无偏估计值。其比值

$$F = \frac{Q_g/(m-1)}{Q_e/[m(n-1)]} = \frac{s_g^2}{s_e^2} \tag{6-11}$$

应近似于 1。如果由样本值计算的 F 值比 1 大得多，说明组间的方差估计值比组内方差估计

值（试验误差）大很多，说明分组因素效应很显著。因此，式(6-11)可以用作 F 检验统计量。对于约定的显著性水平 α，由样本值计算的 F 值大于 F 分布表中约定显著性水平 α 与相应自由度 f_g 和 f_e 时的临界值 $F_{\alpha(f_g, f_e)}$ 的概率 $\leqslant \alpha$，是小概率事件，也即 s_g^2 与 s_e^2 为同一方差的概率 $\leqslant \alpha$。如果 $F < F_{\alpha(f_g, f_e)}$，表明 s_g^2 与 s_e^2 为同一总体方差 σ^2 的估计值，说明分组因素效应不显著。反之，若 $F > F_{\alpha(f_g, f_e)}$，表明分组因素效应显著。

根据前面的讨论，方差分析的程序可以归结如下：

① 提出原假设 H_0：$\mu_1 = \mu_2 = \cdots = \mu_n$ 和备择假设 H_1：$\mu_1 \neq \mu_2 \neq \cdots \neq \mu_n$。

② 由样本值计算各项偏差平方和、自由度及方差估计值。

③ 约定显著性水平 α，由 F 分布表查出约定显著性水平 α 与相应自由度时的临界值 $F_{\alpha(f_g, f_e)}$。

④ 由样本值计算检验统计量值 F，并将 F 与 $F_{\alpha(f_g, f_e)}$ 进行比较，若 $F \leqslant F_{\alpha(f_g, f_e)}$ 接受原假设 H_0；若 $F > F_{\alpha(f_g, f_e)}$ 拒绝原假设 H_0，接受备择假设 H_1。

⑤ 列出方差分析表，说明统计检验结论。

6.3　单因素试验数据方差分析

单因素方差分析是处理单因素多水平试验数据的一种有效方法，在分析测试中有着广泛的应用。在协同试验中，对参加协同试验的各实验室或分析人员的分析结果进行比较，检验不同分析方法测试结果的一致性，评价分析方法优劣；优化试验参数时，评价各参数或其水平的影响；研究干扰效应时，考察干扰物质量或浓度的影响，确定干扰物质的允许限量；研究标准物质时，考察标准物质的均匀性等。

单因素多水平试验安排的一般形式如表 6.1 所示。

表 6.1　单因素多水平试验安排表

因素水平	A_1	A_2	...	A_i	...	A_m
1	x_{11}	x_{21}	...	x_{i1}	...	x_{m1}
2	x_{12}	x_{22}	...	x_{i2}	...	x_{m2}
⋮	⋮	⋮	⋮	⋮	⋮	⋮
n	x_{1n}	x_{2n}	...	x_{in}	...	x_{mn}

在设计单因素多水平实验时，各水平可以设计为等重复测定次数，也可以设计为不等重复测定次数，但最好设计为等重复测定次数，这是因为将各水平设计为等重复测定次数比不等重复测定次数时实验更方便，数据处理更简单，而且在总测定次数相同的情况下，等重复测定次数比不等重复测定次数实验获得更好的精密度。

单因素多水平实验各项偏差平方和的计算公式是，

$$Q_T = \sum_{i=1}^{m} \sum_{j=1}^{n_i} x_{ij}^2 - \frac{1}{N} \left(\sum_{i=1}^{m} \sum_{j=1}^{n_i} x_{ij} \right)^2 = \sum_{i=1}^{m} \sum_{j=1}^{n_i} x_{ij}^2 - \frac{T^2}{N} \tag{6-12}$$

$$Q_G = \frac{1}{n_i} \sum_{i=1}^{m} \left(\sum_{j=1}^{n_i} x_{ij} \right)^2 - \frac{1}{N} \left(\sum_{i=1}^{m} \sum_{j=1}^{n_i} x_{ij} \right)^2 = \sum_{i=1}^{m} \frac{T_i^2}{n_i} - \frac{T^2}{N} \tag{6-13}$$

$$Q_e = \sum_{i=1}^{m}\sum_{j=1}^{n_i} x_{ij}^2 - \frac{1}{n_i}\left(\sum_{i=1}^{m}\sum_{j=1}^{n_i} x_{ij}\right)^2 = \sum_{i=1}^{m}\sum_{j=1}^{n_i} x_{ij}^2 - \sum_{i=1}^{m}\frac{T_i^2}{n_i} \tag{6-14}$$

式中，$N = \sum_{i=1}^{m} n_i$ 是总测定次数；T_i 是因素 i 水平各测定值的总和；T 是各因素水平测定值的总和。

示例 6.1 有 7 个实验室协同试验，用同一分析方法测定牛奶中的黄曲霉素，各实验室独立进行 5 次平行测定，测得的黄曲霉素含量（ng/mL）列于下表中。试对各实验室的测定结果做出评价，并确定牛奶中黄曲霉素含量的置信区间。

测定次数 序号	实验室编号						
	1	2	3	4	5	6	7
1	1.6	4.6	1.2	1.5	6.0	6.2	3.3
2	2.9	2.8	1.9	2.7	3.9	3.8	3.8
3	3.5	3.0	2.9	3.4	4.3	5.5	5.5
4	1.8	4.5	1.1	2.0	5.8	4.2	4.9
5	2.2	3.1	2.9	3.4	4.0	5.3	4.5
Σ	12.0	18.0	10.0	13.0	24.0	25.0	22.0
$\overline{X}$	2.4	3.6	2.0	2.6	4.8	5.0	4.4

题解：

由表中的测定数据计算总偏差平方和 Q_T、实验室间偏差平方和 Q_g 与试验误差效应偏差平方和 Q_e，各项偏差平方和分别是：

$$Q_T = \sum_{i=1}^{m}\sum_{j=1}^{n_i} x_{ij}^2 - \frac{1}{7 \times 5}\left(\sum_{i=1}^{7}\sum_{j=1}^{5} x_{ij}\right)^2 = 506.94 - 439.31 = 67.63$$

$$Q_g = \frac{1}{5}\sum_{i=1}^{7}\left(\sum_{j=1}^{5} x_{ij}\right)^2 - \frac{1}{7 \times 5}\left(\sum_{i=1}^{7}\sum_{j=1}^{5} x_{ij}\right)^2 = 484.40 - 439.31 = 45.09$$

$$Q_e = \sum_{i=1}^{7}\sum_{j=1}^{5} x_{ij}^2 - \frac{1}{5}\sum_{i=1}^{7}\left(\sum_{j=1}^{5} x_{ij}\right)^2 = 506.94 - 484.40 = 22.54$$

测定牛奶中黄曲霉素含量的方差分析表见表 6.2。

表 6.2 牛奶中黄曲霉素含量测定结果方差分析

方差来源	偏差平方和	自由度	方差估计值	F 值	$F_{0.01(6,28)}$	显著性
实验室间	45.09	6	7.515	9.335	3.53	＊＊
试验误差	22.54	28	0.805			
总 和	67.63	34				

方差分析表明，不同实验室测定结果之间有显著性差异，某个或某几个实验室测定结果存在系统误差，研究究竟是哪些实验室的测定结果存在系统误差，需经过多重比较来确定。有关多重比较的详情，请参见本章 6.7.1 小节。

表 6.2 中实验室间的偏差平方和中，既包括了实验室之间差异产生的偏差平方和，又包含了试验误差产生的偏差平方和。根据预期方差组成，扣去试验误差效应之后的组间方差估计值是

$$s_g^2 = \frac{s_g^2 - s_e^2}{n} = \frac{7.515 - 0.805}{5} = 1.342$$

总方差估计值是 $s_T^2 = s_g^2 + s_e^2 = 1.342 + 0.805 = 2.147$。其中实验室间方差占 $1.342/2.147 = 62.5\%$，是方差的主要来源。

在本例中，总自由度 $f_T = mn - 1 = 7 \times 5 - 1 = 34$，试验误差效应方差估计值 s_e^2 的自由度 $f_e = m(n-1) = 7 \times (5-1) = 28$，实验室间方差估计值 s_g^2 的自由度 $f_g = m - 1 = 7 - 1 = 6$。在 s_g^2 比 s_e^2 大得多的情况下，置信系数 t 的自由度可由式(6-15)近似计算，

$$f = (m-1)\left[1 + (n-1)\frac{s_e^2}{s_g^2}\right]^2 \tag{6-15}$$

故

$$= (7-1) \times \left[1 + (5-1) \times \frac{0.805}{7.515}\right]^2 = 12.24 \approx 12$$

在显著性水平 $\alpha = 0.05$，自由度为 $f = 12$ 时，置信系数 $t_{0.05,12} = 2.18$。

牛奶中黄曲霉素含量的均值是 3.54ng/mL，其置信区间由式(6-16)计算，

$$\mu = \bar{x} \pm t_{\alpha,f}\sqrt{\frac{s_g^2}{m} + \frac{s_e^2}{mn}} \tag{6-16}$$

式中，$t_{\alpha,f}$ 是显著性水平 $\alpha = 0.05$ 与自由度 f 时的置信系数，可由 t 分布表中查得；m 是分组数（平均值的数目）；n 是为获得平均值所进行的测定次数。在本例的场合，估计值 s_g^2 的自由度为 6，估计值 s_e^2 的自由度为 28，由式(6-15)求得的置信系数 t 的自由度 $f \approx 12$，位于 6 与 28 之间。将相关各项数值代入式(6-16)，计算

$$\mu = 3.54 \pm 2.18 \times \sqrt{\frac{7.515}{7} + \frac{0.805}{7 \times 5}} = 3.54 \pm 2.26$$

故牛奶中黄曲霉素含量的 95% 的置信区间为 $1.28 \sim 5.80 \text{ng/mL}$。

示例 6.2 均匀性是标准物质的基本属性，是对制备标准物质的基本要求之一。为了检验标准物质的均匀性，从制备好的标准物质中随机抽出 24 个样品，用 ICP-AES 测定标准物质中不易均匀的元素钼，每个样品平行测定 3 次，测定结果列于下表中。试根据表中的测定数据对所研制的标准物质的均匀性做出评价。

样品号	Mo 含量/(μg/g)			$\sum$	样品号	Mo 含量/(μg/g)			$\sum$
1	−0.7	−0.8	−0.1	−1.6	13	1.7	−2.0	−0.1	−0.4
2	−2.2	−0.8	0.9	−2.1	14	1.7	0.3	0.9	2.9
3	0.1	−0.8	0.9	0.2	15	1.7	0.3	0.9	2.9
4	1.7	0.3	−0.1	1.9	16	0.1	0.3	−0.1	0.3
5	0.1	0.3	0.9	1.3	17	0.9	0.3	−0.1	1.1
6	−2.2	−0.8	0.9	−2.1	18	−1.5	0.3	−0.1	−1.3
7	0.1	0.8	−1.2	−1.9	19	0.7	1.6	−1.2	1.1
8	0.9	−2.0	−0.1	−1.2	20	−2.2	0.3	−1.2	3.1
9	1.7	0.3	0.9	2.9	21	−1.5	0.3	−0.1	−1.3
10	0.9	−4.4	−1.2	−4.7	22	−2.2	0.3	−3.4	−6.3
11	−0.7	−2.0	0.9	−1.8	23	−1.5	0.3	−1.2	−2.4
12	−1.5	−2.0	0.9	−2.6	24	−2.2	0.3	−3.4	−6.3

注：表中数据是各原始测定值同减去 $a = 32$ 得到的数据。

题解：

本例是等重复测定次数的单因素多水平试验，用式（6-12）、式（6-13）与式（6-14）计算各项偏差平方和。

$$Q_T = \sum_{i=1}^{24}\sum_{j=1}^{3} x_{ij}^2 - \frac{T^2}{24\times3} = 131.57 - \frac{-22.5^2}{72} = 124.54$$

$$Q_g = \frac{1}{3}\sum_{i=1}^{24}\left(\sum_{j=1}^{3} x_{ij}\right)^2 - \frac{1}{24\times3}\left(\sum_{i=1}^{24}\sum_{j=1}^{3} x_{ij}\right)^2 = 52.23 - \frac{-22.5^2}{24\times3} = 45.20$$

$$Q_e = \sum_{i=1}^{24}\sum_{j=1}^{3} x_{ij}^2 - \frac{1}{3}\sum_{i=1}^{24}\left(\sum_{j=1}^{3} x_{ij}\right)^2 = 131.57 - 52.23 = 79.34$$

将计算结果列入表6.3中。

表6.3 标准物质均匀性检验方差分析表

方差来源	偏差平方和	自由度	方差估计值	F 值	$F_{0.05(23,48)}$	显著性
样品间	45.20	23	1.965	1.189	1.75	
实验误差	79.34	48	1.653			
总和	124.54	71				

方差分析表明，随机抽取的各样品中的钼含量在统计上没有显著性差异。钼是不易均匀的元素，其在各样品中尚且是均匀的，其他易于均匀的元素更可能是均匀的，由此可以推断，所研制的标准物质具有良好的均匀性。

在设计均匀性检验试验时，目前国内还有人采用以下的试验设计：从待检验的标准样品中随机抽取 n 个样品，各进行一次测定，其偏差平方和 Q_g 作为组间均匀性的量度，另抽取一个样品重复进行 n 次测定，其偏差平方和 Q_e 作为试验误差的量度，将 Q_g 对 Q_e 进行统计检验。这种试验设计不值得推荐，其原因在于，均匀性检验结果在相当程度上取决于为获得 Q_e 所进行的取样。如果这次抽取的样品均匀性不是很好，导致 Q_e 增大，会降低对均匀性检出的灵敏度，以致有可能将不均匀性的样品误判为均匀性样品。这种误判的情况在研制固体标准样品时特别容易出现，尤其是用天然物料为基质配制标准物质时容易出现，因为天然物料的均匀性很难保证。

测定的总方差估计值 s_T^2 由表征样品均匀性的方差估计值 s_g^2 与表征试验误差效应的方差估计值 s_e^2 两部分组成，

$$s_T^2 = \frac{s_g^2}{m} + \frac{s_e^2}{mn} \tag{6-17}$$

当样品均匀时，$s_g^2 = 0$，$s_T^2 = s_e^2/(mn)$。这时增加取样点 m 与增加重复测定次数 n 对 s_T^2 的影响是相同的。当样品不均匀时，增加取样点 m 与增加重复测定次数 n 的效果是不相同的。增加重复测定次数 n 只能减小试验误差，而不能改善样品不均匀性产生的变动性。在总测定次数相同的条件下，应适当增加取样点 m，相应减少重复测定次数 n，对减小总方差估计值 s_T^2 是有利的。

6.4 交叉分组全面试验数据的方差分析

6.4.1 两因素全面试验数据的方差分析

两因素交叉分组全面试验安排如表 6.4 所示。

表 6.4 两因素交叉分组全面试验安排表

A 因素	B 因素			
	B_1	B_2	⋯	B_b
A_1	$X_{111}, X_{112}, \cdots, X_{11n}$	$X_{121}, X_{122}, \cdots, X_{12n}$	⋯	$X_{1b1}, X_{1b2}, \cdots, X_{1bn}$
A_2	$X_{211}, X_{212}, \cdots, X_{21n}$	$X_{221}, X_{2222}, \cdots, X_{21n}$	⋯	$X_{2b1}, X_{2b2}, \cdots, X_{2bn}$
⋮	⋮	⋮	⋮	⋮
A_a	$X_{a11}, X_{a12}, \cdots, X_{a1n}$	$X_{a21}, X_{a22}, \cdots, X_{a2n}$	⋯	$X_{ab1}, X_{ab2}, \cdots, X_{abn}$

总偏差平方和反映了全部测定值对偏差的贡献，由单次测定值对全部测定值的均值的偏差平方之和决定，

$$Q_T = \sum_{i=1}^{a} \sum_{j=1}^{b} \sum_{k=1}^{n_{ij}} (x_{ijk} - \overline{x})^2 = \sum_{i=1}^{a} \sum_{j=1}^{b} \sum_{k=1}^{n_{ij}} x_{ijk}^2 - \frac{1}{\sum\limits_{i=1}^{a} \sum\limits_{j=1}^{b} n_{ij}} \left(\sum_{i=1}^{a} \sum_{j=1}^{b} \sum_{k=1}^{n_{ij}} x_{ijk} \right)^2 \quad (6\text{-}18)$$

因素 A、B 的效应是指因素 A、因素 B 的水平发生变动而引起的该因素不同水平下测定均值之间的差异，产生的偏差平方和由因素 A、因素 B 在不同水平下的测定均值 $\overline{x}_i$、$\overline{x}_j$ 对总均值 $\overline{x}$ 的偏差平方和决定，即

$$Q_A = \sum_{i=1}^{a} n_i (\overline{x}_i - \overline{x})^2 = \sum_{i=1}^{a} \frac{1}{n_i} \left(\sum_{j=1}^{b} \sum_{k=1}^{n_{ij}} x_{ijk} \right)^2 - \frac{1}{\sum\limits_{i=1}^{a} n_i} \left(\sum_{i=1}^{a} \sum_{j=1}^{b} \sum_{k=1}^{n_{ij}} x_{ijk} \right)^2 \quad (6\text{-}19)$$

$$Q_B = \sum_{j=1}^{b} n_j (\overline{x}_j - \overline{x})^2 = \sum_{i=1}^{b} \frac{1}{n_j} \left(\sum_{i=1}^{a} \sum_{k=1}^{n_{ij}} x_{ijk} \right)^2 - \frac{1}{\sum\limits_{j=1}^{b} n_j} \left(\sum_{i=1}^{a} \sum_{j=1}^{b} \sum_{k=1}^{n_{ij}} x_{ijk} \right)^2 \quad (6\text{-}20)$$

因素 A 与因素 B 之间的交互效应是指因素 A 与因素 B 两者联合起来起作用而产生的附加效应。它不是指因素 A、因素 B 在不同水平下对测定值产生的总效应，因为产生的总效应中既包括了因素 A、因素 B 的主效应，又包括了两因素的交互效应。因素 A 与因素 B 之间的交互效应可以由因素 A、因素 B 不同组合 A_iB_j 下测得的总效应减去因素 A、因素 B 的主效应来求得。交互效应的偏差平方和 $Q_{A \times B}$ 等于因素 A、因素 B 不同组合 A_iB_j 下测得的均值 $\overline{x}_{AB}$ 对总均值 $\overline{x}$ 的偏差平方和减去因素 A、因素 B 的主效应引起的偏差平方和。即

$$Q_{A \times B} = \sum_{i=1}^{a} \sum_{j=1}^{b} n_{ij} (\overline{x}_{ij} - \overline{x})^2 - \sum_{i=1}^{a} n_i (\overline{x}_i - \overline{x})^2 - \sum_{j=1}^{b} n_j (\overline{x}_j - \overline{x})^2$$

$$= \sum_{i=1}^{a} \sum_{j=1}^{b} \frac{(\sum_{k=1}^{n_{ij}} x_{ijk})^2}{n_{ij}} - \sum_{i=1}^{a} \frac{(\sum_{j=1}^{b} \sum_{k=1}^{n_{ij}} x_{ijk})^2}{n_i} - \sum_{j=1}^{b} \frac{(\sum_{i=1}^{a} \sum_{k=1}^{n_{ij}} x_{ijk})^2}{n_i} \tag{6-21}$$

$$+ \frac{1}{\sum_{i=1}^{a} \sum_{j=1}^{b} n_{ij}} (\sum_{i=1}^{a} \sum_{j=1}^{b} \sum_{k=1}^{n_{ij}} x_{ijk})^2$$

试验误差效应的偏差平方和 Q_e 是指因素 A、因素 B 同一组合 $A_i B_j$ 条件下单次测定值 x_{ijk} 与该条件下的多次重复测定均值 $\overline{x}_{ij}$ 的偏差平方和，即

$$Q_e = \sum_{i=1}^{a} \sum_{j=1}^{b} \sum_{k=1}^{n_{ij}} (x_{ijk} - \overline{x}_{ij})^2 = \sum_{i=1}^{a} \sum_{j=1}^{b} \sum_{k=1}^{n_{ij}} x_{ijk}^2 - \sum_{i=1}^{a} \sum_{j=1}^{b} \frac{(\sum_{k=1}^{n_{ij}} x_{ijk})^2}{n_{ij}} \tag{6-22}$$

若令

$$T = \sum_{i=1}^{a} \sum_{j=1}^{b} \sum_{k=1}^{n_{ij}} x_{ijk}$$

$$T_i = \sum_{j=1}^{b} \sum_{k=1}^{n_{ij}} x_{ijk}$$

$$T_j = \sum_{i=1}^{a} \sum_{k=1}^{n_{ij}} x_{ijk}$$

$$T_{ij} = \sum_{k=1}^{n_{ij}} x_{ijk}$$

分别代表全部测定值的总和、因素 A_i 在水平 i 测定值之和、因素 B_j 在水平 j 测定值之和、因素 A 与因素 B 在组合水平 $A_i B_j$ 条件下测定值之和，则式(6-18)、式(6-19)、式(6-20)、式(6-21)、式(6-22) 变成下列各计算式。

$$Q_T = \sum_{i=1}^{a} \sum_{j=1}^{b} \sum_{k=1}^{n_{ij}} x_{ijk}^2 - \frac{T^2}{N} \tag{6-23}$$

$$Q_A = \sum_{i=1}^{a} \frac{T_i^2}{n_i} - \frac{T^2}{N} \tag{6-24}$$

$$Q_B = \sum_{j=1}^{b} \frac{T_j^2}{n_j} - \frac{T^2}{N} \tag{6-25}$$

$$Q_{A \times B} = \sum_{i=1}^{a} \sum_{j=1}^{b} \frac{T_{ij}^2}{n_{ij}} - \sum_{i=1}^{a} \frac{T_i^2}{n_i} - \sum_{j=1}^{b} \frac{T_j^2}{n_j} + \frac{T^2}{N} \tag{6-26}$$

$$Q_e = \sum_{i=1}^{a} \sum_{j=1}^{b} \sum_{k=1}^{n_{ij}} x_{ijk}^2 - \sum_{i=1}^{a} \sum_{j=1}^{b} \frac{T_{ij}^2}{n_{ij}} \tag{6-27}$$

各项偏差平方和的自由度是

总偏差平方和的自由度 $\qquad f_T = \sum_{i=1}^{a} \sum_{j=1}^{b} n_{ij} - 1 \tag{6-28}$

因素 A 偏差平方和的自由度 $\qquad f_A = a - 1$ (6-29)

因素 B 偏差平方和的自由度 $\qquad f_B = b - 1$ (6-30)

因素 A 与因素 B 之间交互效应偏差平方和的自由度

$$f_{A \times B} = (a-1)(b-1) \tag{6-31}$$

试验误差效应偏差平方和的自由度

$$f_e = \sum_{i=1}^{a} \sum_{j=1}^{b} n_{ij} - ab \tag{6-32}$$

采用不等重复测定次数试验时，实验安排与数据计算都比较烦琐，在条件允许的情况下，尽量采用等重复测定次数试验设计。当总实验次数一定时，等重复测定次数试验比不等重复测定次数试验的精密度要高。

当采用等重复测定次数试验设计时，各项偏差平方和按下列各式计算。

$$Q_T = \sum_{i=1}^{a} \sum_{j=1}^{b} \sum_{k=1}^{n_{ij}} x_{ijk}^2 - \frac{T^2}{N} \tag{6-33}$$

$$Q_A = \frac{1}{bn} \sum_{i=1}^{a} T_i^2 - \frac{T^2}{N} \tag{6-34}$$

$$Q_B = \frac{1}{an} \sum_{j=1}^{b} T_j^2 - \frac{T^2}{N} \tag{6-35}$$

$$Q_{A \times B} = \frac{1}{n} \sum_{i=1}^{a} \sum_{j=1}^{b} T_{ij}^2 - \frac{1}{bn} \sum_{i=1}^{a} T_i^2 - \frac{1}{an} \sum_{j=1}^{b} T_j^2 + \frac{T^2}{N} \tag{6-36}$$

$$Q_e = \sum_{i=1}^{a} \sum_{j=1}^{b} \sum_{k=1}^{n} x_{ijk}^2 - \frac{1}{n} \sum_{i=1}^{a} \sum_{j=1}^{b} T_{ij}^2 \tag{6-37}$$

计算各项偏差平方和的自由度分别是：$f_T = N - 1$，$f_A = a - 1$，$f_B = b - 1$，$f_{A \times B} = (a-1)(b-1)$ 和 $f_e = ab(n-1)$。

两因素交叉分组全面试验方差分析如表 6.5 所示。

表 6.5　两因素交叉分组全面试验的方差分析

方差来源	偏差平方和	自由度	方差估计值	预期方差组成	F 值	F_α 值	显著性
因素 A 主效应	Q_A	$a-1$	$Q_A/(a-1)$	$bn\sigma_A^2 + n\sigma_{A \times B}^2 + \sigma_e^2$			
因素 B 主效应	Q_B	$b-1$	$Q_B/(b-1)$	$an\sigma_B^2 + n\sigma_{A \times B}^2 + \sigma_e^2$			
A×B 交互效应	$Q_{A \times B}$	$(a-1)(b-1)$	$Q_{A \times B}/[(a-1)(b-1)]$	$n\sigma_{A \times B}^2 + \sigma_e^2$			
实验误差	Q_e	$ab(n-1)$	$Q_e/[ab(n-1)]$	σ_e^2			
总和	Q_T	$abn-1$					

示例 6.3　用火焰原子吸收分光光度法测定镍电解液中的铜，考察乙炔流量与空气流量对 Cu324.7nm 吸收值的影响，实验结果列于下表中。

乙炔流量 /(L/min)	空气流量									
	8L/min		9L/min		10L/min		11L/min		12L/min	
1.0	81.1	80.5	81.5	81.0	80.3	80.5	80.0	81.0	77.0	76.5
1.5	81.4	80.7	81.8	82.0	79.4	80.0	79.1	79.5	75.9	76.0
2.0	75.0	74.5	76.1	76.5	75.4	76.0	75.4	76.0	70.8	71.0
2.5	60.4	61.0	67.9	68.0	68.7	69.0	69.8	70.0	68.7	69.0

试由测定结果对乙炔流量与空气流量对测定 Cu324.7nm 吸收值的影响做出评估。

题解：

按式(6-33)～式(6-37) 计算各项偏差平方和，

$$Q_T = \sum_{i=1}^{a} \sum_{j=1}^{b} \sum_{k=1}^{n_{ij}} x_{ijk}^2 - \frac{T^2}{N} = 1269.76$$

$$Q_A = \frac{1}{bn} \sum_{i=1}^{a} T_i^2 - \frac{T^2}{N} = \frac{1}{5 \times 2} \sum_{i=1}^{5} T_i^2 - \frac{T^2}{40} = 1050.33$$

$$Q_B = \frac{1}{an} \sum_{j=1}^{b} T_j^2 - \frac{T^2}{N} = \frac{1}{4 \times 2} \sum_{j=1}^{5} T_j^2 - \frac{T^2}{40} = 79.73$$

$$Q_{A \times B} = \frac{1}{n} \sum_{i=1}^{a} \sum_{j=1}^{b} T_{ij}^2 - \frac{1}{bn} \sum_{i=1}^{a} T_i^2 - \frac{1}{an} \sum_{j=1}^{b} T_j^2 + \frac{T^2}{N} = 137.27$$

$$Q_e = \sum_{i=1}^{a} \sum_{j=1}^{b} \sum_{k=1}^{n_{ij}} x_{ijk}^2 - \frac{1}{n} \sum_{i=1}^{a} \sum_{j=1}^{b} T_{ij}^2 = 2.43$$

各项偏差平方和的自由度，分别是 $f_T = 39$、$f_A = 3$、$f_B = 4$、$f_{A \times B} = 12$ 与 $f_e = 20$。将上述各有关计算数据列入表 6.6。

表 6.6 乙炔流量、空气流量对测定 Cu324.7nm 吸收值影响的方差分析表

方差来源	偏差平方和	自由度	方差估计值	F 值	$F_{0.01(f_1, f_2)}$	显著性
乙炔流量主效	1050.33	3	350.11	30.6	5.95	＊＊
空气流量效应	79.73	4	19.93	1.74	5.41	
两者交互效应	137.27	12	11.44	95	2.23	＊＊
试验误差效应	2.43	20	0.12			
总和	1269.76	39				

由方差分析表知道，乙炔流量、乙炔与空气两者的交互效应都是高度显著的，随着乙炔流量、空气流量的增加，Cu324.7nm 的吸收值逐渐减小，但减小的速度与乙炔/空气流量比密切相关。对于分析特定样品中的特定元素，都有自身合适的燃气/助燃气比，以便获得蒸发、热解样品的足够热量，适合于特定分析对象的原子化温度与氧化还原气氛，有利于原子化和已原子化的原子在火焰中持留。在本例中合适的乙炔流量是 1～1.5 L/min，空气流量是 8～10L/min。

对因素效应进行检验时需要注意的是，首先要用试验误差对因素交互效应方差估计值进行 F 检验，如果交互效应显著，再用交互效应方差估计值对因素效应方差估计值进行 F 检验；如果因素之间的交互效应不显著，则要将交互效应的偏差平方和与自由度分别合并于试验误差效应的偏差平方和与自由度中，重新计算试验误差效应的偏差平方和与自由度及其方差估计值，再用计算出来的新方差估计值对因素效应方差估计值进行 F 检验。如果交互效应显著而未将交互效应分离出来，实际上增大了试验误差效应，用增大了的试验误差效应方差估计值去检验因素主效应（main effect of factor）方差估计值，有可能使本来统计上显著的因素主效应检验不出来而被忽略了。

要考察因素间的交互效应，必须进行重复测定，以便将混杂在试验误差效应中的交互效应分离出来。

6.4.2　三因素全面试验数据的方差分析

三因素交叉分组等重复测定次数试验安排如表 6.7 所示。

表 6.7　三因素交叉分组等重复测定次数试验安排

		C_1	C_2	$\cdots$	C_c
A_1	B_1	$X_{1111}, X_{1112}, \cdots, X_{111n}$	$X_{1121}, X_{1122}, \cdots, X_{112n}$		$X_{11c1}, X_{11c2}, \cdots, X_{11cn}$
	B_2	$X_{1211}, X_{1212}, \cdots, X_{121n}$	$X_{1221}, X_{1222}, \cdots, X_{122n}$	$\cdots$	$X_{12c1}, X_{12c2}, \cdots, X_{12cn}$
	$\cdots$	$\cdots$	$\cdots$		$\cdots$
	B_b	$X_{1b11}, X_{1b12}, \cdots, X_{1b1n}$	$X_{1b21}, X_{1b22}, \cdots, X_{1b2n}$		$X_{1bc1}, X_{1bc2}, \cdots, X_{1bcn}$
A_2	B_1	$X_{2111}, X_{1112}, \cdots, X_{2111n}$	$X_{2121}, X_{2122}, \cdots, X_{212n}$		$X_{21c1}, X_{21c2}, \cdots, X_{21cn}$
	B_2	$X_{2211}, X_{2212}, \cdots, X_{221n}$	$X_{2221}, X_{2222}, \cdots, X_{222n}$	$\cdots$	$X_{22c1}, X_{22c2}, \cdots, X_{22cn}$
	$\cdots$	$\cdots$	$\cdots$		$\cdots$
	B_b	$X_{2b11}, X_{2b12}, \cdots, X_{2b1n}$	$X_{2b21}, X_{2b22}, \cdots, X_{2b2n}$		$X_{2bc1}, X_{2bc2}, \cdots, X_{2bcn}$
$\vdots$	$\vdots$	$\vdots$	$\vdots$	$\vdots$	$\vdots$
A_a	B_1	$X_{a111}, X_{a112}, \cdots, X_{a11n}$	$X_{a121}, X_{a122}, \cdots, X_{a12n}$		$X_{a1c1}, X_{a1c2}, \cdots, X_{a1cn}$
	B_2	$X_{a211}, Xa_{212}, \cdots, X_{a21n}$	$X_{a212}, X_{a222}, \cdots, X_{a22n}$	$\cdots$	$X_{a2c1}, X_{a2c2}, \cdots, X_{a2cn}$
	$\cdots$	$\cdots$	$\cdots$		$\cdots$
	B_b	$X_{ab11}, X_{ab12}, \cdots, X_{ab1n}$	$X_{ab21}, X_{ab22}, \cdots, X_{ab2n}$		$X_{abc1}, X_{abc2}, \cdots, X_{abcn}$

总偏差平方和 Q_T，各因素主效应偏差平方和 Q_A、Q_B、Q_C，因素交互效应偏差平方和 $Q_{A×B}$、$Q_{A×C}$、$Q_{B×C}$、$Q_{A×B×C}$ 与试验误差效应平方和 Q_e 分别按式（6-38）～式（6-46）计算。

$$Q_T = \sum_{i=1}^{a}\sum_{j=1}^{b}\sum_{k=1}^{c}\sum_{r=1}^{r}(x_{ijkr}-\overline{x})^2 = \sum_{i=1}^{a}\sum_{j=1}^{b}\sum_{k=1}^{c}\sum_{r=1}^{n}x_{ijkr}^2 - \frac{T^2}{N} \tag{6-38}$$

$$Q_A = bcn\sum_{i=1}^{a}(\overline{x}_i-\overline{x})^2 = \frac{1}{bcn}\sum_{i=1}^{a}T_i^2 - \frac{T^2}{N} \tag{6-39}$$

$$Q_B = acn\sum_{j=1}^{b}(\overline{x}_j-\overline{x})^2 = \frac{1}{acn}\sum_{j=1}^{b}T_j^2 - \frac{T^2}{N} \tag{6-40}$$

$$Q_C = abn\sum_{k=1}^{c}(\overline{x}_k-\overline{x})^2 = \frac{1}{abn}\sum_{k=1}^{c}T_k^2 - \frac{T^2}{N} \tag{6-41}$$

$$Q_{A \times B} = cn \sum_{i=1}^{a} \sum_{j=1}^{b} (\overline{x}_{ij} - \overline{x}_i - \overline{x}_j + \overline{x})^2$$

$$= \frac{1}{cn} \sum_{i=1}^{a} \sum_{j=1}^{b} T_{ij}^2 - \frac{1}{bcn} \sum_{i=1}^{a} T_i^2 - \frac{1}{acn} \sum_{j=1}^{b} T_j^2 + \frac{T^2}{N}$$

$$(6\text{-}42)$$

$$Q_{A \times C} = bn \sum_{i=1}^{a} \sum_{k=1}^{c} (\overline{x}_{ik} - \overline{x}_i - \overline{x}_k + \overline{x})^2$$

$$= \frac{1}{bn} \sum_{i=1}^{a} \sum_{k=1}^{c} T_{ik}^2 - \frac{1}{bcn} \sum_{i=1}^{a} T_i^2 - \frac{1}{abn} \sum_{k=1}^{c} T_k^2 + \frac{T^2}{N}$$

$$(6\text{-}43)$$

$$Q_{B \times C} = an \sum_{j=1}^{b} \sum_{k=1}^{c} (\overline{x}_{jk} - \overline{x}_j - \overline{x}_k + \overline{x})^2$$

$$= \frac{1}{an} \sum_{j=1}^{b} \sum_{k=1}^{c} T_{jk}^2 - \frac{1}{acn} \sum_{j=1}^{b} T_j^2 - \frac{1}{abn} \sum_{k=1}^{c} T_k^2 + \frac{T^2}{N}$$

$$(6\text{-}44)$$

$$Q_{A \times B \times C} = \sum_{i=1}^{a} \sum_{j=1}^{b} \sum_{k=1}^{c} (x_{ijk} - \overline{x}_{ij} - \overline{x}_{ik} - \overline{x}_{jk} + \overline{x}_i + \overline{x}_j + \overline{x}_k - \overline{x})$$

$$= \frac{1}{n} \sum_{i=1}^{a} \sum_{j=1}^{b} \sum_{k=1}^{c} T_{ijk}^2 - \frac{1}{cn} \sum_{i=1}^{a} \sum_{j=1}^{b} T_{ij}^2 - \frac{1}{bn} \sum_{i=1}^{a} \sum_{k=1}^{c} T_{ik}^2 - \frac{1}{an} \sum_{j=1}^{b} \sum_{k=1}^{c} T_{jk}^2$$

$$+ \frac{1}{bcn} \sum_{i=1}^{a} T_i^2 + \frac{1}{acn} \sum_{j=1}^{b} T_j^2 + \frac{1}{abn} \sum_{k=1}^{c} T_k^2 - \frac{T^2}{N}$$

$$(6\text{-}45)$$

$$Q_e = \sum_{i=1}^{a} \sum_{j=1}^{b} \sum_{k=1}^{c} \sum_{r=1}^{n} (x_{ijkn} - \overline{x}_{ijk})^2 = \sum_{i=1}^{a} \sum_{j=1}^{b} \sum_{k=1}^{c} \sum_{r=1}^{n} x_{ijkn}^2 - \frac{1}{n} \sum_{i=1}^{a} \sum_{j=1}^{b} \sum_{k=1}^{c} T_{ijk}^2 \quad (6\text{-}46)$$

式中，a、b、c 分别是因素 A、B、C 的水平数；n 是等重复测量次数；$N = abcn$。

令

$$T = \sum_{i=1}^{a} \sum_{j=1}^{b} \sum_{k=1}^{c} \sum_{r=1}^{n} x_{ijkr}$$

$$T_i = \sum_{j=1}^{b} \sum_{k=1}^{c} \sum_{r=1}^{n} T_{jkr}$$

$$T_j = \sum_{i=1}^{a} \sum_{k=1}^{c} \sum_{r=1}^{n} T_{ikr}$$

$$T_k = \sum_{i=1}^{a} \sum_{j=1}^{b} \sum_{r=1}^{n} x_{ijr}^2$$

$$T_{ij} = \sum_{k=1}^{c} \sum_{r=1}^{n} x_{kr}$$

$$T_{ik} = \sum_{j=1}^{b} \sum_{r=1}^{n} x_{jr}$$

$$T_{jk} = \sum_{i=1}^{a} \sum_{r=1}^{n} x_{ir}$$

$$T_{ijk} = \sum_{r=1}^{n} x_{ijr}$$

总偏差平方和的自由度 $f_T = abcn - 1$，因素 A、B、C 偏差平方和的自由度分别是 $f_A = a - 1$，$f_B = b - 1$，$f_C = c - 1$。因素 A 与 B、因素 A 与 C、因素 B 与 C 的交互效应偏差平方和的自由度分别是 $f_{A \times B} = (a-1)(b-1)$，$f_{A \times C} = (a-1)(c-1)$，$f_{B \times C} = (b-1)(c-1)$。A、B、C 三因素交互效应偏差平方和的自由度是 $f_{A \times B \times C} = (a-1)(b-1)(c-1)$，试验误差效应偏差平方和的自由度是 $f_e = abc(n-1)$。

F 显著性检验的顺序，首先用误差效应方差估计值检验三因素的交互效应方差估计值，如果此种交互效应不显著，将其作为试验误差效应的一部分处理，并入试验误差效应。再用合并后的试验误差效应方差估计值对两因素交互效应方差估计值进行检验，如果两因素交互效应也不显著，亦将其并入试验误差效应，用求得的合并后的试验误差效应方差估计值去检验各因素的主效应。如果交互效应显著，则用交互效应方差估计值去检验因素主效应。

示例 6.4 研究不同水质（自来水、去离子水）和腐蚀时间对不同材质铝材腐蚀的影响，将三种铝材在 170℃ 水内腐蚀 1 个月与 3 个月后，测定其深蚀率，测得的数据列于下表中。

铝材	腐蚀时间/月	去离子水		自来水	
1#	1	0.09	0.07	0.29	0.21
	3	0.09	0.07	0.30	0.28
2#	1	0.06	0.06	0.21	0.19
	3	0.11	0.08	0.29	0.31
3#	1	0.07	0.09	0.29	0.29
	3	0.14	0.11	0.45	0.48

试根据表中的数据评估不同水质、腐蚀时间对不同材质铝材腐蚀的影响。

题解：

首先用试验误差效应方差估计值检验三因素交互效应方差估计值，计算其实验 F 值

$$F = \frac{s_{A \times B \times C}^2}{s_e^2} = \frac{0.0012/2}{0.0026/12} = 2.77$$

查 F 分布表，$F_{0.05(2,12)} = 3.89$，$F < F_{0.05(2,12)}$ 表明三因素交互效应不显著。将其并入试验误差效应，求出合并后试验误差效应方差估计值

$$(s_e^2)' = \frac{0.0012 + 0.0026}{2 + 12} = 2.71 \times 10^{-4}$$

再用合并后误差效应方差估计值去检验两因素交互效应与各因素的主效应。统计检验结果列于方差分析表 6.8 中。

表 6.8 铝材在高温水中腐蚀率的方差分析表

方差来源	偏差平方和	自由度	方差估计值	F 计算值	$F_{0.05(f_1,f_2)}$	显著性
铝材材质因素 A	0.0300	2	0.0150	54.95	6.51	＊＊
腐蚀时间因素 B	0.0308	1	0.0308	11.61	18.5	
腐蚀介质水质因素 C	0.2563	1	0.2563	36.59	18.5	＊
A×B 交互效应	0.0053	2	0.0027	9.74	6.51	＊＊

方差来源	偏差平方和	自由度	方差估计值	F 计算值	$F_{0.05(f_1,f_2)}$	显著性
A×C 交互效应	0.0140	2	0.0070	26.64	6.51	＊＊
B×C 交互效应	0.0121	1	0.0121	44.47	8.86	＊＊
A×B×C 交互效应	0.0012	2	0.0006	2.77	3.89	
试验误差	0.0026	12	$2.17×10^{-4}$			
总和	0.3524					

　　方差分析结果表明，铝材材质、水质对深蚀率的影响是高度显著的。铝材材质与腐蚀时间、铝材材质与腐蚀介质、腐蚀介质与腐蚀时间之间交互效应也都是高度显著的。

　　同一材质的铝材在自来水内比在去离子水内的深蚀率大得多；不同铝材的深蚀率有显著差异，其中 3# 铝材的深蚀率受腐蚀介质的影响非常明显，随着经受腐蚀时间的延长而加速，表明交互效应显著。然而统计检验的结论是因素 B 腐蚀时间的影响在统计上是不显著的，这是为什么？

　　因为因素 A 铝材材质与因素 B 腐蚀时间之间的交互效应高度显著，按 F 检验顺序要用该两因素的交互效应的方差估计值去检验因素 B 腐蚀时间的主效应，由于自由度很小，F 检验的临界值大，$F_{0.05(1,2)}=18.5$，F 检验灵敏度低。如果将铝材材质作为固定因素处理，将因素腐蚀时间的偏差平方和、三因素交互效应的偏差平方和与试验误差效应的偏差平方和合并，重新计算合并后的试验误差效应方差估计值 $(s_e^2)''$，$(s_e^2)''=\dfrac{0.0308+0.0012+0.0026}{15}=$ 0.00231，对腐蚀时间方差估计值 0.0308 进行 F 检验，求得 F 实验值为 13.33。在 95％ 置信水平对因素 B 腐蚀时间检验，$F<F_{0.05(f_1,f_2)}=18.5$，腐蚀时间效应在统计上是不显著的；在 90％ 置信水平对因素 B 腐蚀时间效应进行检验，$F_{0.10(1,2)}=8.53$，$F>F_{0.10(1,2)}$ 腐蚀时间效应在统计上是显著的。这一结论只适合于现在已试验的三种铝材，而不能外推到未经试验的其他铝材。因为这一结论是在将铝材材质作为固定因素，而不是作为随机因素的条件下做出的，因此，该结论不能随意外推到未经试验的其他材质的铝材。

6.5　系统分组试验数据方差分析

6.5.1　两因素系统分组试验数据方差分析

　　所谓系统分组是先按一级分组因素 A 的 a 个水平分成 a 组，在按因素 A 分组之后，再按二级分组因素 B 的 b 个水平分成 b 组，如果还有三级分组因素 C，在按分组因素 A、B 水平分组之后再按三级分组因素 C 分组，以此类推。与交叉分组不同，在系统分组中，分组因素 A 与分组因素 B 不再是平等的了，而侧重于一级分组因素 A，二级分组因素 B 的效应随着一级分组因素 A 的水平而变化。两因素系统分组等重复测定次数试验安排参见表 6.9。

　　表 6.9 所示的实验安排是研究实验室再现性误差和建立新分析方法的典型的试验安排方式。在建立新分析方法时，通常由不同实验室的若干分析人员在不同时间，以及用不同组成

的试样进行多次重复测定，有条件时还要与经典的或标准分析方法进行比对，然后对测定数据进行统计分析，最后对建立的新分析方法的可靠性和属性（如检出限、精密度、适用范围等）做出科学的结论。

表 6.9 两因素系统分组等重复测定次数试验安排表

一级分组	二级分组	重复测定次数	$\sum\limits_{k=1}^{n} x_{ijk}$	$\sum\limits_{j=1}^{b}\sum\limits_{k=1}^{n} x_{ijk}$	$\sum\limits_{i=1}^{a}\sum\limits_{j=1}^{b}\sum\limits_{k=1}^{n} x_{ijk}$
	1.1	$x_{111},x_{112},\cdots,x_{11n}$	T_{11}		
	1.2	$x_{121},x_{122},\cdots,x_{12n}$	T_{12}	T_1	
1	$\vdots$	$\vdots$	$\vdots$		
	1.b	$x_{1b1},x_{1b2},\cdots,x_{1bn}$	T_{1b}		
$\vdots$	$\vdots$	$\vdots$	$\vdots$	$\vdots$	T
	a.1	$x_{a11},x_{a12},\cdots,x_{a1n}$	T_{a1}		
	a.2	$x_{a21},x_{a22},\cdots,x_{a2n}$	T_{a2}	T_a	
a	$\vdots$	$\vdots$	$\vdots$		
	a.b	$x_{ab1},x_{ab2},\cdots,x_{abn}$	T_{an}		

用两因素系统分组安排试验，其各项偏差平方和与自由度的计算方法，与前面介绍的两因素交叉分组试验有所不同。总偏差平方和是各单次测定值 x_{ijk} 对总均值 $\overline{x}$ 的偏差平方的加和。

$$Q_{\mathrm{T}} = \sum_{i=1}^{a}\sum_{j=1}^{b}\sum_{k=1}^{n}(x_{ijk}-\overline{x})^2 = \sum_{i=1}^{a}\sum_{j=1}^{b}\sum_{k=1}^{n}x_{ijk}^2 - \frac{T^2}{abn} \tag{6-47}$$

一级分组因素 A 引起的偏差平方和 Q_{A} 反映了一级分组因素的效应，产生的偏差平方和由因素各水平的均值 $\overline{x}_i$ 对总均值 $\overline{x}$ 偏差平方和决定。

$$Q_{\mathrm{A}} = bn\sum_{i=1}^{a}(\overline{x}_i-\overline{x})^2 = \frac{1}{bn}\sum_{i=1}^{a}T_i^2 - \frac{T^2}{abn} \tag{6-48}$$

二级分组因素 B 引起的偏差平方和 Q_{B} 反映了二级分组因素的效应，产生的偏差平方和由因素 B 各水平的均值 $\overline{x}_{ij}$ 对因素 A 某同一水平 i 测定的均值 $\overline{x}_i$ 的偏差平方和决定。

$$Q_{\mathrm{B}} = n\sum_{i=1}^{a}\sum_{j=1}^{b}(\overline{x}_{ij}-\overline{x}_i)^2 = \frac{1}{n}\sum_{i=1}^{a}\sum_{j=1}^{b}T_{ij}^2 - \frac{1}{bn}\sum_{i=1}^{a}T_i^2 \tag{6-49}$$

试验误差效应产生的偏差平方和 Q_{e}，由同一条件 $\mathrm{A}_i\mathrm{B}_j$ 下的各单次测定值 x_{ijk} 与该条件下多次测定的均值的偏差平方和决定。

$$Q_{\mathrm{e}} = \sum_{i=1}^{a}\sum_{j=1}^{b}\sum_{k=1}^{n}(x_{ijk}-\overline{x}_{ij})^2 = \sum_{i=1}^{a}\sum_{j=1}^{b}\sum_{k=1}^{n}x_{ijk}^2 - \frac{1}{n}\sum_{i=1}^{a}\sum_{j=1}^{b}T_{ij}^2 \tag{6-50}$$

根据偏差平方和的加和性原理，各项偏差平方和之间的关系是

$$Q_{\mathrm{T}} = Q_{\mathrm{A}} + Q_{\mathrm{B}} + Q_{\mathrm{e}} \tag{6-51}$$

总偏差平方和的自由度 f_{T}、一级分组因素 A 偏差平方和的自由度 f_{A}、二级分组因素 B 偏差平方和的自由度 f_{B}、试验误差效应产生的偏差平方和的自由度 f_{e} 分别是 $f_{\mathrm{T}}=abn-1$、$f_{\mathrm{A}}=a-1$、$f_{\mathrm{B}}=a(b-1)$、$f_{\mathrm{e}}=ab(n-1)$。

两因素系统分组等重复测定次数试验数据方差分析表见表 6.10。

表 6.10　两因素系统分组等重复测定次数试验数据方差分析表

方差来源	偏差平方和	自由度	方差估计值	预期方差组成	F 值	F_α 值	显著性
一级分组因素 A 效应	Q_A	$a-1$	$\dfrac{Q_A}{a-1}$	$bn\sigma_A^2 + n\sigma_B^2 + \sigma_e^2$			
二级分组因素 B 效应	Q_B	$a(b-1)$	$\dfrac{Q_B}{a(b-1)}$	$n\sigma_B^2 + \sigma_e^2$			
试验误差	Q_e	$ab(n-1)$	$\dfrac{Q_e}{ab(n-1)}$	σ_e^2			
总和	Q_T	$abn-1$					

示例 6.5　由 11 个实验室协同试验研究硫代硫酸钠标准溶液，每个实验室在一周内进行 3 次标定，每次标定时移取 3 份标准溶液试样，标定结果列于表 6.11 中，试对标定结果做出评价。

表 6.11　硫代硫酸钠标准溶液定值数据

实验室	测定时间	平行样品测定值			平行测定值和	实验室测定值和	测定值总和
1	1	1	0	1	2		
	2	−1	−1	−2	−4	−6	
	3	−1	−4	1	−4		
2	1	−3	1	−4	−6		
	2	2	2	−1	3	−3	
	3	1	−1	0	0		
3	1	−1	3	1	3		
	2	1	1	1	3	8	
	3	1	0	1	−2		
4	1	0	0	1	1		
	2	0	0	0	0	1	
	3	0	0	0	0		−5
5	1	−1	−1	−1	−3		
	2	−1	−1	−2	−4	−6	
	3	0	0	1	1		
6	1	3	1	0	4		
	2	−2	−1	−3	−6	−6	
	3	−1	−2	−1	−4		
7	1	1	1	−3	−1		
	2	−1	3	2	4	1	
	3	−1	−1	0	−2		
8	1	−6	−6	−1	−13		
	2	0	−3	−1	−4	−22	
	3	−5	0	0	−5		

实验室	测定时间	平行样品测定值			平行测定值和	实验室测定值和	测定值总和
9	1	2	1	1	4		
	2	0	2	2	4	14	
	3	3	1	2	6		
10	1	5	5	5	15		
	2	1	1	3	5	24	−5
	3	3	0	1	4		
11	1	2	−3	−3	−4		
	2	−1	−1	−4	−6	−10	
	3	3	−3	0	0		

题解：

按式(6-47)～式(6-50)计算各项偏差平方和，

$$Q_T = \sum_{i=1}^{a}\sum_{j=1}^{b}\sum_{k=1}^{n} x_{ijk}^2 - \frac{T^2}{abn} = 436.7$$

$$Q_A = \frac{1}{bn}\sum_{i=1}^{a} T_i^2 - \frac{T^2}{abn} = 170.7$$

$$Q_B = \frac{1}{n}\sum_{i=1}^{a}\sum_{j=1}^{b} T_{ij}^2 - \frac{1}{bn}\sum_{i=1}^{a} T_i^2 = 100.7$$

$$Q_e = \sum_{i=1}^{a}\sum_{j=1}^{b}\sum_{k=1}^{n} x_{ijk}^2 - \frac{1}{n}\sum_{i=1}^{a}\sum_{j=1}^{b} T_{ij}^2 = 165.3$$

各项偏差平方和的自由度分别是 $f_T = 11 \times 3 \times 3 - 1 = 98$，$f_A = 11 - 1 = 10$，$f_B = 11 \times (3-1) = 22$，$f_e = 11 \times 3 \times (3-1) = 66$。

将各项计算结果列入方差分析表6.12中。

表6.12　测定硫代硫酸钠标准溶液的方差分析表

方差来源	偏差平方和	自由度	方差估计值	预期方差组成	F 值	$F_{0.05}$ 值	显著性
实验室间	170.7	10	17.07	$9\sigma_A^2 + 3\sigma_B^2 + \sigma_e^2$	3.73	2.30	＊＊
实验室内	100.7	22	4.58	$3\sigma_B^2 + \sigma_e^2$	1.83	1.70	＊
试验误差	165.3	66	2.50	σ_e			
总和	436.7	98					

方差分析表明，实验室内、实验室间的差异都是高度显著的。由预期方差组成可以进一步估算各项方差的相对大小。试验误差效应形成的方差估计值是 2.50，实验室内产生的方差估计值是（4.58−2.50）/3＝0.69，实验室间产生的方差估计值是（17.07−4.58）/9＝1.39，总方差是（2.50＋0.69＋1.39）＝4.58。实验室间产生的方差、实验室内产生的方差、试验误差效应形成的方差分别各占总方差的 30.3%、16.1%和54.6%。

由方差分析表中预期方差组成一栏知道，系统分组试验的方差 F 检验也与交叉分组试验有所不同，在系统分组试验中，由二级分组因素 B 效应的方差估计值对试验误差效应方差估计值进行 F 检验，以确定二级分组因素各水平之间在统计上是否有显著性差异，如无显著性差异，则将二级分组因素效应的偏差平方和、自由度分别与试验误差效应的偏差平方和、自由度合并，求出合并后的方差估计值，对一级分组因素 A 效应方差估计值进行 F 检验，以确定一级分组因素 A 效应是否显著。

6.5.2　三因素系统分组试验数据方差分析

系统分组全面试验是按因素的重要性将试验逐级分组进行的，首先用来分组的因素 A 称为一级分组因素，其次用来分组的因素 B 称为二级分组因素，依此类推。在安排试验时，先按因素 A 的 a 个水平将试验分为 a 个小组，再按二级分组因素 B 的 b 个水平将每个小组分为 b 个小组，再按分组因素 C 的 c 个水平将每个小组再细分为 c 个小组，依此类推。在系统分组试验中的各级分组因素的地位是不同的，而侧重于一级分组因素，以下的各级分组因素将随前一级分组因素的水平而变化。系统分组全面试验安排如表 6.13 所示。

表 6.13　系统分组全面试验安排表

一级分组因素	二级分组因素	三级分组因素	重复测定次数
1	1.1	1.1.1	1.1.1.1,1.1.1.2,…,1.1.1.n
		⋮	⋮
		1.1.c	1.1.c.1,1.1.c.2,…,1.1.c.n
	1.2	1.2.1	1.2.1.1,1.2.1.2,…,1.2.1.n
		⋮	⋮
		1.2.c	1.2.c.1,1.2.c.2,…,1.2.c.n
		⋮	⋮
	1.b	1.b.1	1.b.1.1,1.b.1.2,…,1.b.1.n
		…	⋮
		1.b.c	1.b.c.1,1.b.c.2,…,1.b.c.n
⋮	⋮	⋮	⋮
a	a.1	a.1.1	a.1.1.1,a.1.1.2,…,a.1.1.n
		⋮	⋮
		a.1.c	a.1.c.1,a.1.c.2,…,a.1.c.n
	a.2	a.2.1	a.2.1.1,a.2.1.2,…,a.2.1.n
		⋮	⋮
		a.2.c	a.2.c.1,a.2.c.2,…,a.2.c.n
	⋮	⋮	⋮
	a.b	a.b.1	a.b.1.1,a.b.1.2,…,a.b.1.n
		⋮	⋮
		a.b.c	a.b.c.1,a.b.c.2,…,a.b.c.n

系统分组全面试验的各项偏差平方和的计算方法与交叉分组全面试验的各项偏差平方和的计算方法不同，系统分组全面试验的各项偏差平方和按式(6-52)～式(6-56) 计算。

各单次测定值 x_{ijkr} 对总均值 $\bar{x}$ 的偏差平方和反映了测定值的总偏差。总偏差平方和为

$$Q_{\mathrm{T}} = \sum_{i=1}^{a} \sum_{j=1}^{b} \sum_{k=1}^{c} \sum_{r=1}^{n} (x_{ijkr} - \overline{x})^2 = \sum_{i=1}^{a} \sum_{j=1}^{b} \sum_{k=1}^{c} \sum_{r=1}^{n} x_{ijkr}^2 - \frac{T^2}{abcn} \tag{6-52}$$

一级分组因素 A 不同水平引起的偏差平方和反映了一级分组因素 A 的效应，它产生的偏差平方和由分组因素 A 各水平的均值 $\overline{x}_i$ 对总均值 $\overline{x}$ 的偏差平方和决定，

$$Q_{\mathrm{A}} = bcn \sum_{i=1}^{a} (\overline{x}_i - \overline{x})^2 = \frac{1}{bcn} \sum_{i=1}^{a} T_i^2 - \frac{T^2}{abcn} \tag{6-53}$$

二级分组因素 B 不同水平之间的差异，反映了在因素 A 某同一水平下由因素 B 不同水平产生的差异，而不是对总均值 $\overline{x}$ 的差异，这一点与交叉分组全面试验数据方差分析时分组因素 B 的偏差平方和的计算方法是不同的。分组因素 B 效应产生的偏差平方和由因素 B 各水平的测定均值 x_{ij} 对因素 A 某一水平 i 的均值 $\overline{x}_i$ 的偏差平方和决定。

$$Q_{\mathrm{B}} = cn \sum_{i=1}^{a} \sum_{j=1}^{b} (\overline{x}_{ij} - \overline{x}_i)^2 = \frac{1}{cn} \sum_{i=1}^{a} \sum_{j=1}^{b} T_{ij}^2 - \frac{1}{bcn} \sum_{i=1}^{a} T_i^2 \tag{6-54}$$

因素 C 是三级分组因素，其效应产生的偏差平方和由因素 C 各水平的测定均值 $\overline{x}_{ijk}$ 对因素 B 某一水平 j 的均值 $\overline{x}_{ij}$ 的偏差平方和决定。

$$Q_{\mathrm{C}} = n \sum_{i=1}^{a} \sum_{j=1}^{b} \sum_{k=1}^{c} (\overline{x}_{ijk} - \overline{x}_{ij})^2 = \frac{1}{n} \sum_{i=1}^{a} \sum_{j=1}^{b} \sum_{k=1}^{c} T_{ijk}^2 - \frac{1}{cn} \sum_{i=1}^{a} \sum_{j=1}^{b} T_{ij}^2 \tag{6-55}$$

试验误差效应偏差平方和的计算方法与多因素交叉分组全面试验是相同的。试验误差效应产生的偏差平方和由同一条件下各单次测定值 x_{ijk} 与在该条件下多次测定的均值 $\overline{x}_{ijk}$ 的偏差平方和决定。

$$Q_{\mathrm{e}} = \sum_{i=1}^{a} \sum_{j=1}^{b} \sum_{k=1}^{c} \sum_{r=1}^{n} (x_{ijkr} - \overline{x}_{ijk})^2 = \sum_{i=1}^{a} \sum_{j=1}^{b} \sum_{k=1}^{c} \sum_{r=1}^{n} x_{ijkr}^2 - \frac{1}{n} \sum_{i=1}^{a} \sum_{j=1}^{b} \sum_{k=1}^{c} T_{ijk}^2 \tag{6-56}$$

上述式(6-52)～式(6-56)中，a、b、c 是因素 A、B、C 的水平数，n 是重复测定次数。

令

$$T = \sum_{i=1}^{a} \sum_{j=1}^{b} \sum_{k=1}^{c} \sum_{r=1}^{n} x_{ijkr}$$

$$T_i = \sum_{j=1}^{b} \sum_{k=1}^{c} \sum_{r=1}^{n} x_{jkr}^2$$

$$T_{ij} = \sum_{k=1}^{c} \sum_{r=1}^{n} x_{kr}^2$$

$$T_{ijk} = \sum_{r=1}^{n} x_r$$

总自由度，因素 A、B、C 的自由度及试验误差效应的自由度分别是

$$f_{\mathrm{T}} = abcn - 1$$
$$f_{\mathrm{A}} = a - 1$$
$$f_{\mathrm{B}} = a(b - 1)$$
$$f_{\mathrm{C}} = ab(c - 1)$$
$$f_{\mathrm{e}} = abc(n - 1)$$

三因素系统分组全面试验数据的方差分析表见表 6.14。

表 6.14　三因素系统分组全面试验数据方差分析表

方差来源	偏差平方和	自由度	方差估计值	预期方差组成	F 值	$F_{0.05(f_1,f_2)}$	显著性
一级分组因素 A	Q_A	$a-1$	$s_A^2 = \dfrac{Q_A}{a-1}$	$bcn\sigma_A^2 + cn\sigma_B^2 + n\sigma_C^2 + \sigma_e^2$	$\dfrac{s_A^2}{s_B^2}$		
二级分组因素 B	Q_B	$a(b-1)$	$s_B^2 = \dfrac{Q_B}{a(b-1)}$	$cn\sigma_B^2 + n\sigma_C^2 + \sigma_e^2$	$\dfrac{s_B^2}{s_C^2}$		
三级分组因素 C	Q_C	$ab(c-1)$	$s_C^2 = \dfrac{Q_C}{ab(c-1)}$	$n\sigma_C^2 + \sigma_e^2$	$\dfrac{s_C^2}{s_e^2}$		
试验误差	Q_e	$abc(n-1)$	$s_e^2 = \dfrac{Q_e}{abc(n-1)}$	σ_e^2			
总和	Q_T	$abcn(n-1)$					

三因素系统分组全面试验数据方差分析的 F 检验顺序是，先用试验误差效应方差估计值检验最后一级分组因素效应的方差估计值，如果它不显著，将它的偏差平方和、自由度分别与试验误差效应的偏差平方和、自由度合并，计算合并后的方差估计值。再用合并后的方差估计值检验前一级分组因素的方差估计值，如果其效应也不显著，再将它的偏差平方和、自由度合并于试验误差效应中，再用合并后的试验误差效应方差估计值对更前一级分组因素的显著性进行检验。如果后一级分组因素效应显著，则用该级分组因素效应的方差估计值对前一级分组因素的方差估计值进行检验。

在研制标准物质时必须对其均匀性进行检验。通常至少进行两次抽检，一次是在分装之前进行预检，检验合格后进行分装；一次是在分装之后进行抽检，检验合格后才允许作为正式合格产品使用。

示例 6.6　为了进行标准物质均匀性预检，从 4 个盛样容器的上、中、下三层各抽取一定量的样品，用 X 射线荧光法测定其中的铁含量，测定结果列于表 6.15 中。试根据表中数据对该标准物质的均匀性做出判断。

表 6.15　X 射线荧光法测定标准物质中铁的结果　　　　单位：mg/kg

容器	容器位置	铁含量测定值			
容器 1	上层	112.02	113.44	114.77	113.29
	中层	113.77	112.62	113.89	113.82
	下层	112.16	114.23	113.26	112.16
容器 2	上层	113.46	112.53	113.66	110.68
	中层	113.49	114.16	113.30	113.36
	下层	113.92	113.25	112.38	112.44
容器 3	上层	113.96	114.05	114.12	113.49
	中层	113.21	114.27	112.62	114.23
	下层	113.50	114.17	113.77	112.16
容器 4	上层	113.89	113.82	112.16	112.04
	中层	113.29	113.23	113.97	113.44
	下层	113.74	113.47	113.41	113.26

题解：

因为本例中，只有两级分组因素，一级分组因素 A 盛放标准物质容器（桶）与二级分组因素 B 容器上、中、下各层，因此只考虑分组因素 A 与 B 对标准物质均匀性的影响。按式(6-53)～式(6-55) 分别计算总偏差平方和以及容器间、容器各层之间的偏差平方和，根据偏差平方和的加和性，计算实验误差的偏差平方和。

$$Q_T = \sum_{i=1}^4 \sum_{j=1}^3 \sum_{k=1}^4 x_{ijk}^2 - \frac{T^2}{4 \times 3 \times 4} = 34.3449 - 4.8960 = 29.4489$$

$$Q_A = \frac{1}{3 \times 4} \sum_{i=1}^4 T_i^2 - \frac{T^2}{4 \times 3 \times 4} = 6.9166 - 4.8960 = 2.0206$$

$$Q_B = \frac{1}{4} \sum_{i=1}^4 \sum_{j=1}^3 T_{ij}^2 - \frac{1}{3 \times 4} \sum_{i=1}^4 T_i^2 = 10.8106 - 6.9166 = 3.8940$$

$$Q_e = Q_T - Q_A - Q_B = 29.4489 - 2.0206 - 3.8940 = 23.5343$$

将计算的各项偏差平方和、自由度与方差估计值列于表 6.16 中。

6.16　X 射线荧光法测定标准物质中铁的方差分析表

方差来源	偏差平方和	自由度	方差估计值	F 计算值	$F_{0.05(f_1, f_2)}$	显著性
容器间	2.0206	3	0.6736	1.08	4.27	
层间	3.8940	8	0.4868	0.7642		
试验误差	23.5343	36	0.6537			
总和	29.4489	47				

盛放在容器内的标准物质不同层的铁含量没有明显的区别，其方差估计值<1，与试验误差在统计上没有显著性差异，可以作为试验误差看待，将层间的偏差平方和、自由度并入试验误差效应中，作为试验误差效应处理。求得合并后的试验误差效应的偏差平方和 3.8940 + 23.5343 = 27.4283，自由度 8 + 36 = 44，方差估计值 27.4283/44 = 0.6234。用合并后的误差效应方差估计值 0.6234 对不同容器间标准物质中铁含量方差估计值 0.6736 进行 F 检验。计算实验 F 值，

$$= \frac{0.6736}{0.6234} = 1.08$$

查 F 分布表，$F_{0.05(3, 44)} = 2.84$。$F < F_{0.05(3, 44)}$。方差分析表明，同一容器内各层之间、不同容器之间的标准物质中的铁含量均无显著性差异，标准物质的均匀性是合格的。

系统分组试验在实际工作中有着多方面的应用，如标准物质定值、协同建立标准分析方法、对多个实验室或分析人员进行技术考核等，都需多个实验室、多位分析人员参与，都要用到分组试验设计安排试验。

6.6　正交设计试验数据方差分析

方差分析建立的基础是偏差平方和的加和性，将总偏差平方和分解为各因素及试验误差效应偏差平方和，正交试验将分解后的各项偏差平方和固定到正交设计表中每一相应的列上，某一列上的偏差平方和反映了安排在该列上因素的效应，未安排因素列上的偏差平方和

用来估算试验误差。正交设计与方差分析相结合，优点在于各因素的偏差平方和都固定在正交表相关的列上，试验的总偏差平方和等于正交表各列上的偏差平方和的加和，总自由度等于各列自由度的加和，每一列的自由度等于该列上因素水平（factorial level）数减1，各列的偏差平方和与自由度的计算方法相同，从而使分析测试数据的处理规格化、方便化。

下面用一个实例来说明正交试验设计试验数据的方差分析。

示例 6.7 用火焰原子吸收分光光度法（FAAS）测定铂，研究乙炔空气流量比 r、燃烧器高度 h、进样量 q、空心阴极灯电流 i 对铂吸收值的影响，用吸收值与试样浓度的比值 A/c 作为目标函数，用 $L_{16}(4^5)$ 正交表安排试验。试验具体安排与条件优化数据详见表 6.17。

表 6.17 正交试验设计方案与试验结果

试验号	r	h/mm	$q/(mL/min)$	i/mA	A/c		
					1	2	合计
1	0.5/6.0	1	2.4	6	4.17	3.75	7.92
2	1.0/8.0	5	6.7	6	4.30	4.12	8.42
3	1.5/10.0	9	7.1	6	4.44	4.30	8.71
4	2.0/12.0	13	7.5	6	4.00	3.87	7.97
5	1.5/10.0	5	2.4	10	0.62	0.83	1.45
6	2.0/12.0	1	6.7	10	2.46	2.54	6.00
7	0.5/6.0	13	7.1	10	4.37	3.80	8.17
8	1.0/8.0	9	7.5	10	4.33	4.60	8.93
9	2.0/12.0	9	2.4	14	0.62	0.42	1.04
10	1.5/10.0	13	6.7	14	3.51	3.60	7.11
11	1.0/8.0	1	7.1	14	4.23	4.01	8.24
12	0.5/6.0	5	7.5	14	4.80	4.67	9.47
13	1.0/8.0	13	2.4	20	0.83	1.25	2.08
14	0.5/6.0	9	6.7	20	3.77	3.77	7.54
15	2.0/12.0	5	7.1	20	2.54	2.54	6.08
16	1.5/10.0	1	7.5	20	2.87	2.87	6.74
T_1	33.10	26.90	12.49	32.95			
T_2	27.67	24.42	28.07	23.55	$T=102.80$		
T_3	23.04	36.25	30.23	26.86			
T_4	18.99	26.23	32.01	20.44			

计算各项方差平方和与自由度并列入方差分析表 6.18。

$$Q_T = \sum_{i=1}^{a}\sum_{j=1}^{b}\sum_{k=1}^{c}\sum_{r=1}^{n}(x_{ijkr}-\overline{x})^2 = \sum_{i=1}^{a}\sum_{j=1}^{b}\sum_{k=1}^{c}\sum_{r=1}^{n}x_{ijkr}^2 - \frac{T^2}{N}$$

$$= \sum_{i=1}^{a}\sum_{j=1}^{b}\sum_{k=1}^{c}\sum_{r=1}^{n}x_{ijkr}^2 - \frac{T^2}{16\times 2} = 387.8356 - 330.2450 = 57.5906$$

$$Q_A = an\sum_{i=1}^{a}(\overline{x_i} - \overline{x})^2 = \frac{1}{an}\sum_{i=1}^{a}T_i^2 - \frac{T^2}{N}$$

$$= \frac{1}{4 \times 2}\sum_{i=1}^{a}T_i^2 - \frac{T^2}{16 \times 2} = 344.0876 - 330.2450 = 13.8426$$

$$Q_B = bn\sum_{j=1}^{b}(\overline{x_j} - \overline{x})^2 = \frac{1}{bn}\sum_{j=1}^{b}T_j^2 - \frac{T^2}{N}$$

$$= \frac{1}{4 \times 2}\sum_{j=1}^{b}T_j^2 - \frac{T^2}{16 \times 2} = 330.6952 - 330.2450 = 0.4502$$

$$Q_C = cn\sum_{k=1}^{c}(\overline{x_k} - \overline{x})^2 = \frac{1}{cn}\sum_{k=1}^{c}T_k^2 - \frac{T^2}{N}$$

$$= \frac{1}{4 \times 2}\sum_{k=1}^{c}T_k^2 - \frac{T^2}{16 \times 2} = 360.3022 - 330.2450 = 30.0572$$

$$Q_D = dn\sum_{r=1}^{d}(\overline{x_r} - \overline{x})^2 = \frac{1}{dn}\sum_{r=1}^{d}T_r^2 - \frac{T^2}{N}$$

$$= \frac{1}{4 \times 2}\sum_{r=1}^{d}T_r^2 - \frac{T^2}{16 \times 2} = 340.8548 - 330.2450 = 10.6098$$

$$Q_e = Q_T - Q_A - Q_B - Q_C - Q_D$$

$$= 57.5906 - 13.8426 - 0.4502 - 30.0572 - 10.6098 = 2.6308$$

表 6.18　FAAS 测定铂优化条件的方差分析表

方差来源	偏差平方和	自由度	方差估计值	F 测定值	$F_{0.05(3,19)}$	显著性
乙炔空气流量比	13.8426	3	4.6142	33.32	3.13	＊＊
燃烧器高度	0.4502	3	0.1501	1.08	3.13	
进样量	30.0572	3	10.0191	72.34	3.13	＊＊
灯电流	10.6098	3	3.5366	26.54	3.13	＊＊
试验误差	2.6308	19	0.1388			
总和	57.5906	31				

方差分析结果表明，乙炔空气流量比 r、进样量 q、空心阴极灯电流 i 对铂吸收值/试样浓度比 A/c 的影响，在显著性水平 $\alpha = 0.05$ 是高度显著的，而燃烧器高度的影响是不显著的。最后得到的最佳实验条件是：乙炔流量 0.5L/min，空气流量 6L/min，进样量 7.5mL/min，空心阴极灯电流 6mA，燃烧器高度在 1～13mm 任选。

6.7　方差分析中注意的问题

6.7.1　多重比较

在方差分析中，F 检验某一因素多个水平（$m \geqslant 3$）的均值之间有显著性差异，是对总体而言的，并不表明所有均值之间都有显著性差异，很可能只是某个或某几个均值之间有显著性差异。究竟哪些均值之间有显著差异，需要做进一步的统计检验。在统计检验一章中曾讨论过用 t 检验法检验两个均值的显著性差异问题，对多个均值的检验是否也可以用同样的 t 检验法来进行检验呢？这是不可以的，其原因是：第一，对 m 个均值进行所有可能的成对均值的 t 检验，共需进行 $m(m-1)/2$ 次检验，这表明并不是每次统计检验都是独立的；第二，在进行的多次统计检验中必有一次检验是最大均值与最小均值检验即极差检验，一般的 t 检验不能用于极差检验，否则会增加统计检验中犯第一类错误的概率；第三，对 $m(m \geqslant 3)$ 个均值的成对 t 检验，一共要进行 $m(m-1)$ 次检验，很烦琐。多个均值的成对统计检验要用多重比较法。常用的多重比较法有 T 检验法与 S 检验法。

6.7.1.1　T 检验法

　　T 检验法又称最小显著极差法，是 Tukey 提出来的。T 检验法是 t 检验法的自然推广。当因素各水平的重复测定次数相同时，T 检验法的检验统计量是

$$d_T = q_{\alpha(m, f_e)} \sqrt{\frac{s_e^2}{n}} \tag{6-57}$$

式中，m 是均值的个数；f_e 是计算试验误差效应标准差的自由度；n 是获得均值所需进行测定的次数；$q_{\alpha(m, f_e)}$ 值可由附录表 5 中查得；α 是约定显著性水平。当两个水平的均值之差值小于 d_T，表明差异是不显著的；当两个水平的均值之差值大于 d_T，表明差异在统计上是显著的。

　　当获得各均值的测定次数不同时，式 (6-56) 中的 n 可用 $\bar{n}$ 值代替，

$$\bar{n} = \frac{\left(\sum\limits_{i=1}^{m} n_i\right)^2 - \sum\limits_{i=1}^{m} n_i^2}{(m-1)\sum\limits_{i=1}^{m} n_i} \tag{6-58}$$

$$n' = \frac{m}{\sum\limits_{i=1}^{m} \dfrac{1}{n_i}} \tag{6-59}$$

　　今以示例 6.1 测定牛奶中的黄曲霉素的数据为例，有 7 个实验室参与协同试验，$m = 7$，重复测定次数 $n = 5$，$f_e = 28$，由本书附录表 5 $q_{\alpha(m, f_e)}$ 表内插法求得 $q_{0.05(7, 28)} = 4.49$，$s^2 = 0.81$，则

$$d_T = 4.49 \times \sqrt{\frac{0.81}{5}} = 1.81$$

　　实验室 1、2、3 测定黄曲霉素的均值之间，实验室 5、6、7 测定黄曲霉素的均值之间的差异均小于 d_T 值，说明没有显著性差异。实验室 1、3 测定黄曲霉素的均值与实验室 5、6、7 测定黄曲霉素的均值之间的差异分别是：

$$d_{T(1, 5)} = |4.8 - 2.4| = 2.4$$
$$d_{T(1, 6)} = |5.2 - 2.4| = 2.8$$
$$d_{T(1, 7)} = |4.4 - 2.4| = 2.0$$
$$d_{T(3, 5)} = |4.8 - 2.0| = 2.8$$
$$d_{T(3, 6)} = |5.2 - 2.0| = 3.2$$

$$d_{T(3,7)} = |4.4 - 2.0| = 2.4$$

上述所检验的其他实验室测定的黄曲霉素的均值的差异均大于 d_T 值，表明有显著性差异。

6.7.1.2　S 检验法

S 检验法是 1953 年由 Scheffe 提出来的。可用于因素不同水平的重复测定次数不同的场合。检验统计量是

$$d_S = \sqrt{s_e^2 \left(\sum_{i=1}^{m} \frac{c_i^2}{n_i} \right) (m-1) F_{\alpha(m-1, f_e)}} \qquad (6\text{-}60)$$

式中，m 是待检验均值的数目；n_i 是获得该均值进行重复测定的次数；f_e 是计算误差效应方差估计值 s_e^2 的自由度；$F_{\alpha(m-1, f_e)}$ 可由附录表 4 F 分布表查得；c 是满足条件 $\sum_{i=1}^{m} c_i = 0$ 的任意常数。当测定各均值的次数相同时，式(6-59) 简化为式(6-60)。

$$d_S = \sqrt{\frac{s_e^2}{n} \left(\sum_{i=1}^{m} c_i^2 \right) (m-1) F_{\alpha(m-1, f_e)}} \qquad (6\text{-}61)$$

仍以示例 6.1 列于表 6.2 测定牛奶中的黄曲霉素的数据为例，有 7 个实验室参与协同试验，$m=7$，重复测定次数 $n=5$，$f_e = 28$，$s_e^2 = 0.81$，令 $c_1 = 1$，$c_2 = -1$，$c_3 = c_4 = c_5 = c_6 = c_7 = 0$，取 $\alpha = 0.05$，$F_{0.05(6, 28)} = 2.45$，则

$$d_S = \sqrt{\frac{0.81}{5} \times 2 \times (7-1) \times 2.45} = 2.18$$

$$d_{T(1,5)} = |4.8 - 2.4| = 2.4$$

$$d_{T(1,6)} = |5.2 - 2.4| = 2.8$$

$$d_{T(3,5)} = |4.8 - 2.0| = 2.8$$

$$d_{T(3,6)} = |5.2 - 2.0| = 3.2$$

$$d_{T(3,7)} = |4.4 - 2.0| = 2.4$$

除实验室 1 与实验室 3，实验室 1 与实验室 7 测定黄曲霉素的均值差异小于 d_S 值，无显著性差异之外，上述所检验的其他实验室测定黄曲霉素的均值的差异均大于 d_S 值，表明有显著性差异。

从 T 检验法与 S 检验法检验结果看，检验结论基本上是一致的，略有不同之处是对实验室 1 与实验室 7 的检验结论。这种检验结论上的差别是由两种检验方法的检验灵敏度不同造成的。一般情况下 T 检验法的灵敏度高于 S 检验法。S 检验法可用于各种类型的成对检验和不等重复测定次数的场合。

6.7.2　缺失数据的弥补

在试验过程中，由于某种原因导致试验失败，数据丢失，造成试验数据不全，给方差分析带来麻烦，对此可针对下述情况采取适当的方法弥补缺失的数据。

① 在试验中有重复测定，而且每种处理至少保留了一个数据没有丢失，可采用同一处理中没有丢失的数据均值来递补已缺失的数据。因为在一组测定值中，均值是出现概率最大

的值。要注意的是，递补的数据毕竟不是实际测定值，不能将它计算在自由度内，如果递补了 n 个数据，要从原先的总自由度和误差效应自由度中减去 n 个自由度。

② 如果一种处理的数据在试验过程中全部丢失，对于一个两因素试验，可用式（6-61）来估算缺失的数据，

$$x = \frac{rR + cC - G}{(r-1)(c-1)} \tag{6-62}$$

式中，r、c 分别是为交叉分组全面试验中的行数与列数；R 是缺落数据所在行的合计值；C 是缺落数据所在列的合计值；G 是试验的总合计值。以示例 6.3 中乙炔流量 1.5L/min 和空气流量 10L/min 条件下的测定数据为例，丢失了数据 79.4，按式（6-61）计算值得 80.7，计算的递补值与实际测定值是相当接近的。

$$x = \frac{rR + cC - G}{(r-1)(c-1)} = \frac{4 \times 318.2 + 5 \times 224.4 - 1426.3}{(4-1) \times (5-1)} = 80.7$$

③ 如果同时丢失了乙炔流量 1.5L/min 和空气流量 10L/min 条件下的数据 79.4 与乙炔流量 2.5L/min 和空气流量 11L/min 条件下的数据 69.8 两个数据，则按使试验误差效应偏差平方和达到最小的方法来增补缺落的数据。试验误差效应偏差平方和等于总偏差平方和 Q_T 减去乙炔流量效应偏差平方和 Q_A 与空气流量效应偏差平方和 Q_B，

$$Q_e = \sum_{i=1}^{a}\sum_{j=1}^{b} x_{ij} - \frac{1}{b}\sum_{i=1}^{a}\left(\sum_{j=1}^{b} x_{ij}\right)^2 - \frac{1}{a}\sum_{j=1}^{b}\left(\sum_{i=1}^{a} x_{ij}\right)^2 + \frac{1}{ab}\left(\sum_{i=1}^{a}\sum_{j=1}^{b} x_{ij}\right)^2 \tag{6-63}$$

式中，

$$\sum_{i=1}^{a}\sum_{j=1}^{b} x_{ij}^2 = 81.1^2 + 81.5^2 + \cdots + 68.7^2 + x_1^2 + x_2^2$$

$$\frac{1}{b}\sum_{i=1}^{a}\left(\sum_{j=1}^{b} x_{ij}\right)^2 = \frac{1}{5} \times [399.9^2 + (318.2 + x_1)^2 + 372.7^2 + (265.7 + x_2)^2]$$

$$\frac{1}{a}\sum_{j=1}^{b}\left(\sum_{i=1}^{a} x_{ij}\right)^2 = \frac{1}{4} \times [297.9^2 + 307.3^2 + (224.4 + x_1)^2 + (234.5 + x_2)^2 + 292.4^2]$$

$$\frac{1}{ab}\left(\sum_{i=1}^{a}\sum_{j=1}^{b} x_{ij}\right)^2 = \frac{1}{4 \times 5}(1356.5 + x_1 + x_2)^2$$

选择 x_1、x_2，使 Q_e 达到最小。满足 Q_e 最小的条件是 $\partial Q_e / \partial x_1 = 0$ 与 $\partial Q_e / \partial x_2 = 0$。即

$$\frac{\partial Q_e}{\partial x_1} = \frac{\partial\left(\sum_{i=1}^{a}\sum_{j=1}^{b} x_{ij}^2\right)}{\partial x_1} - \frac{\partial\left(\frac{1}{b}\sum_{i=1}^{a}\left(\sum_{j=1}^{b} x_{ij}\right)^2\right)}{\partial x_1} - \frac{\partial\left(\frac{1}{a}\sum_{j=1}^{b}\left(\sum_{i=1}^{a} x_{ij}\right)^2\right)}{\partial x_1} + \frac{\partial\left(\frac{1}{ab}\left(\sum_{i=1}^{a}\sum_{j=1}^{b} x_{ij}\right)^2\right)}{\partial x_1} = 0$$

$$\frac{\partial Q_e}{\partial x_1} = 2x_1 - \frac{2}{5}(318.2 + x_1) - \frac{2}{4}(224.4 + x_1) + \frac{2}{20}(1356.5 + x_1 + x_2) = 0$$

$$\frac{\partial Q_e}{\partial x_2} = \frac{\partial\left(\sum_{i=1}^{a}\sum_{j=1}^{b} x_{ij}^2\right)}{\partial x_2} - \frac{\partial\left(\frac{1}{b}\sum_{i=1}^{a}\left(\sum_{j=1}^{b} x_{ij}\right)^2\right)}{\partial x_2} - \frac{\partial\left(\frac{1}{a}\sum_{j=1}^{b}\left(\sum_{i=1}^{a} x_{ij}\right)^2\right)}{\partial x_2} + \frac{\partial\left(\frac{1}{ab}\left(\sum_{i=1}^{a}\sum_{j=1}^{b} x_{ij}\right)^2\right)}{\partial x_2} = 0$$

$$\frac{\partial Q_e}{\partial x_2} = 2x_2 - \frac{2}{5}(265.7 + x_2) - \frac{2}{4}(234.5 + x_2) + \frac{2}{20}(1356.5 + x_1 + x_2) = 0$$

联立方程，求得 $x_1 = 81.0$、$x_2 = 66.5$，分别与实验测定值 79.4、69.8 是相当接近的。

6.7.3 数据变换

在方差分析中，要求测定值的试验误差是彼此相互独立的（独立性）、无偏的（无偏性），任何一个测定值的出现概率不依赖于其他的测定值，测定误差是随机误差，有正有负，其均值为零，测定值与试验误差分布遵从正态分布（正态性），各测定值来自同一总体，具有相同的方差 σ^2（方差齐性或称等方差性）。在实际分析测试中，测定值的独立性、无偏性、方差齐性条件一般都能满足，正态性条件有时不能满足。例如在痕量分析中，或者当测定值分布范围很宽时，测定值往往不遵从正态分布。又如测定值中混入了异常值，测定误差与测定均值呈现相关性等。当出现这些情况，一般处理办法是删除异常值，进行数据变换。常用的变换方法有以下三种。

6.7.3.1 平方根变换

如果测定均值与方差或极差的平方呈比例关系，经过数据的平方根变换，将 x 变成 $\sqrt{x}$，可以获得等方差性。如数据少于 10，特别是数据中有零值，则将数据 x 变换成 $\sqrt{x+0.5}$ 或 $\sqrt{x+1}$，不但能获得等方差性，而且数据也近似遵从正态分布。这种变换特别适用于遵从泊松分布数据的变换。

6.7.3.2 对数变换

如果测定均值与标准差或极差呈比例关系，经过数据的对数变换，将 x 变成 $\lg x$，可以获得等方差性。而且数据也近似遵从正态分布。当数据中有零值且数据个数小于 10 时，则将数据 x 变换成 $\lg\sqrt{x+1}$。这种变换特别适用于遵从二项分布数据的变换。

6.7.3.3 平方根反正弦变换

如果测定数据为百分数 p（如收率、成品率等），采用平方根反正弦变换，将数据 p 变为 $x = \sin^{-1}\sqrt{p}$。当 p 遵从二项分布时，其方差为 $\sqrt{p(p-1)/n}$，因为 p 在 0.25～0.75 范围内方差变化不大，因此，若测定数据在此范围内，则不必变换。当测定数据 $p \leqslant 0.25$ 或 $p \geqslant 0.75$ 时，其方差变化较大，需采用 $\sin^{-1}$ 变换以获得等方差性。

第7章

分析质量控制

7.1 质量保证与质量控制

  无论生产还是分析测试工作，质量都是至关重要的。对于一种产品，质量就是产品为满足使用要求必须具备的性能、状态、形状、外观，不符合一定质量要求的产品，就是次品或者废品。对于分析测试工作来说，质量就是要使所获得的测试数据能满足所要求的精密度与准确度，不满足一定精密度与准确度要求的测试数据就是无用的数据。不保证生产过程中每一个环节的质量，就无法生产出性能优良的产品。不保证分析测试过程中每一步的质量，就无法得到精密、准确可靠、可比性的数据，从而无法从分析测试数据引出科学的结论。为了保证产品与分析测试的质量，必须建立健全的质量保证体系、严格的管理制度。

  质量保证（quality assurance）是指为保证工作质量所必须具备的条件与采取的措施，包括人员素质、实验室仪器设备条件、环境条件以及实验室一整套的技术管理制度，涉及的范围比较广泛。质量控制（quality control）是指应用科学技术与统计方法控制生产与分析测试过程，使其始终处于统计控制状态。质量控制是质量保证的前提，没有严格的质量控制，就谈不上质量保证。

  对于生产过程而言，质量控制就是用统计方法对产品进行抽样检验，根据抽检产品的特性量值与属性的抽检结果，对产品质量及其变化趋势作出科学判断与估计，及时发现生产过程中存在的或隐含的问题，采取有效的改进措施，使生产过程始终处于统计控制状态，以便达到保证产品质量的目的。对于分析测试来说，就是科学地使用标准物质或内控管理样品、空白实验等严格控制分析测试过程中的系统误差与随机误差以保证测试数据的可靠性，用容许差严格控制分析测试数据的离散性，以保证测试结果的精密度。对于有多个实验室参加的协同试验，除了分析人员对质量进行自我控制，质控员用密码质控样进行室内质量控制外，还必须用密码质控样进行实验室间的质量控制，以保证各实验室、各分析人员的测试数据有可比性。质量控制图（control chart for quqlity）是实施质量控制的有效方法。

7.2　质量控制图的原理

　　质量控制图（简称质控图，又称质量管理图）建立的基础是数据来自单一的正态总体与小概率事件原理。在本书第 2 章指出，正态总体可用总体均值 μ 与总体方差 σ^2（标准差 σ 的平方）两个基本参数来描述，用符号表示为 $N(\mu, \sigma^2)$。均值 μ 表征一组测定值分布的集中趋势，标准差 σ 表征一组测定值分布的离散特性。遵从正态分布的一组数据中，约有 68% 的数据位于 $\bar{x} \pm \sigma$ 范围内，约有 95% 的数据位于 $\bar{x} \pm 2\sigma$ 范围内，约有 99.7% 的数据位于 $\bar{x} \pm 3\sigma$ 范围内。从概率论的观点考虑，落于 $\bar{x} \pm 2\sigma$ 范围以外的数据的概率小于 5%，视为小概率事件。在正常的情况下，在一次或少数几次测定中，小概率事件是不会发生的。

　　在质量控制图中，通常以 $\bar{x} \pm 3\sigma$ 作为上、下控制界限，落在 $\bar{x} \pm 3\sigma$ 以内的数据属于正常波动数据，出现在 $\bar{x} \pm 3\sigma$ 之外的数据的概率只有 0.3%，是异常数据，表示被考察的体系处于统计失控状态，提醒人们要采取措施纠正失控，将被考察的体系恢复到正常状态。在质量控制图中心线的上、下两侧距离中心线 $\bar{x} \pm 2\sigma$ 处，标出上、下两条线作为警戒限，起警示作用。在正常情况下，落在 $\bar{x} \pm 2\sigma$ 之外的数据的概率只有 5%，是小概率的异常数据，若出现这样的数据，预示被考察的体系出现了统计失控的征兆，警示人们要采取措施预防体系失控。如果出现了比统计上预期的更多的异常数据，说明除了有随机因素（random factor）作用于被考察体系之外，同时还有某个或某些固定因素（fixed factor）影响着被考察体系，从而使表征体系的特性量值产生了较大的变异，出现了较多的异常数据。

　　质量控制图可以直观地显示一个体系或一个过程是否处于统计控制状态，如果出现了异常情况，可以告知人们在什么时间或什么位置以及在多大程度上出现了问题，提醒人们及时采取有效措施预防失控情况的发生与纠正失控状态。由此可见，质量控制图是一种以图示方式诠释数据统计特性的技术。

7.3　质量控制图的类型

　　质量控制图，是被测试对象特性量值的一种图形表征。包括中心线 CL（central line）、上控制限 UCL（upper control limit）、下控制限 LCL（lower control limit），有时还包括上警戒限 UWL（upper alarm limit）、下警戒限 LWL（lower alarm limit）。中心线是所控制的特性量值的均值，上、下控制限是用来判断生产或分析测试过程是否失控或存在异常，上、下警戒限用来显示与检查生产或分析测试过程是否存在失控的前兆。上、下警戒限与中心线的距离是两倍标准差，上、下控制限与中心线的距离是三倍标准差。在质量控制图上，中心线用实线表示，上、下警戒限与上、下控制限用虚线表示。纵坐标是特性指标，横坐标是抽样时间或样本序号。

　　质量控制图是 1924 年由美国休哈特（W. A. Shewhart）提出，是一种简便而有效的统计技术之一。最初用于工业产品质量控制，20 世纪 40 年代开始用于实验室的质量控制。休哈特控制图的实质是区分影响产品质量与工作质量的偶然因素与系统因素。

质量控制与事后检验的重要区别在于前者以预防为主，应用质量控制图对生产过程与分析测试过程不断地进行监控，及时发现生产过程与分析测试过程中的异常情况，采取措施消除异常，质量控制图的用途是使生产过程与分析测试过程达到统计控制状态，判断生产过程与分析测试过程是否正常，提供异常现象存在原因的有关信息，为消除异常应采取的对策，为质量管理提供依据。由于质量控制图简便、直观、有效，近 20 年来在生产管理、质量检验与实验室质量控制方面获得了广泛应用。

质量控制图分为两大类，计量控制图与计数控制图。计量控制图用于特性量值是连续变化的计量值，包括均值-标准差质量控制图（$\overline{x}$-s），均值-极差质量控制图（$\overline{x}$-R），中位值-极差质量控制图（$\widetilde{x}$-R），单值-移动极差质量控制图（$\overline{x}$-R_s）。计数控制图用于质量特性量值是离散变化的计量值，包括不合格品率控制图（p 图）、不合格品数控制图（pn 图）、单位缺陷数控制图（u 图）与缺陷数控制图（c 图）。在分析测试中经常遇到的是计量值，经常用到的是计量控制图。

7.3.1　计量控制图

7.3.1.1　均值-标准差质量控制图

用来建立质量控制图的数据，称为预备数据。预备数据最好是在一段较长时期内积累的数据。当预备数据可以合理分组时，可用来建立均值 $\overline{x}$ 质量控制图与标准差 s 质量控制图。$\overline{x}$ 质量控制图用来控制均值，s 质量控制图用来控制标准差。

建立质量控制图时，先计算各样本均值 $\overline{x}_i$ 与标准差 s_i，

$$\overline{x}_i = \sum_{j=1}^{n_i} x_{ij} \tag{7-1}$$

$$s_i = \sqrt{\frac{1}{n_i-1} \sum_{j=1}^{n_i} (x_{ij} - \overline{x}_i)^2} \tag{7-2}$$

式中，x_{ij} 是第 i 个样本 j 次测定值；$\overline{x}_i$ 是第 i 个样本测定均值；n_i 是第 i 个样本的测定值的数目（即样本容量）。

再计算各样本均值 $\overline{x}_i$ 的均值 $\overline{\overline{x}}$ 与标准差 s_i 的均值 $\overline{s}$。当各样本容量相等时 $n_1 = n_2 = \cdots = n_m$，用式（7-3）与式（7-4）分别计算各样本均值的均值 $\overline{\overline{x}}$ 与标准差的均值 $\overline{s}$。式中 m 是样本数目。

$$\overline{\overline{x}} = \frac{1}{m} \sum_{i=1}^{m} \overline{x}_i \tag{7-3}$$

$$\overline{s} = \frac{1}{m} \sum_{i=1}^{m} s_i \tag{7-4}$$

当样本的容量 n_i 不相等时，用式（7-5）与式（7-6）分别计算各样本均值的均值与标准差的均值，

$$\overline{\overline{x}} = \frac{\sum\limits_{i=1}^{m} \sum\limits_{j=1}^{n_j} x_{ij}}{\sum\limits_{i=1}^{m} n_i} \tag{7-5}$$

$$\hat{\sigma} = \frac{1}{m} \sum_{i=1}^{m} \frac{s_i}{C_{2i}^*} \tag{7-6}$$

式中，C_{2i}^* 是与 n_i 有关的系数。参见表 7.1 均值-标准差（$\overline{x}$-s）质量控制图系数表。

表 7.1　（$\overline{x}$-s）质量控制图系数表

样本容量 n	A_1^*	C_2^*	$1/C_2^*$	C_3^*	B_3	B_4
2	2.659	0.7979	1.253	0.6028	—	3.267
3	1.954	0.8862	1.128	0.4632	—	2.568
4	1.628	0.9213	1.085	0.3888	—	2.566
5	1.427	0.9400	1.064	0.3412	—	2.089
6	1.287	0.9515	1.051	0.3076	0.029	1.970
7	1.182	0.9594	1.042	0.2822	0.113	1.882
8	1.099	0.9650	1.036	0.2621	0.179	1.815
9	1.032	0.9693	1.032	0.2458	0.232	1.761
10	0.975	0.9727	1.028	0.2322	0.276	1.716
11	0.927	0.9754	1.025	0.2207	0.313	1.679
12	0.886	0.9776	1.023	0.2107	0.346	1.646
13	0.850	0.9794	1.021	0.2019	0.374	1.618
14	0.817	0.9810	1.019	0.1942	0.399	1.594
15	0.789	0.9823	1.018	0.1872	0.421	1.572
16	0.763	0.9835	1.017	0.1810	0.440	1.552
17	0.739	0.9845	1.016	0.1705	0.458	1.534
18	0.718	0.9851	1.015	0.1702	0.475	1.518
19	0.698	0.9862	1.014	0.1655	0.490	1.503
20	0.680	0.9869	1.013	0.1611	0.504	1.490
>20	$\frac{3}{\sqrt{n}}\left(1+\frac{1}{4n}\right)$	$1-\frac{1}{4n}$	$1+\frac{1}{4n}$	$\frac{1}{\sqrt{2n}}$	$1-\frac{3}{\sqrt{2n}}$	$1+\frac{3}{\sqrt{2n}}$

注：$A_1^* = \dfrac{3}{C_2^* \sqrt{n}}$，$B_3 = 1 - \dfrac{3C_3^*}{C_2^*}$，$B_4 = 1 + \dfrac{3C_3^*}{C_2^*}$。

最后计算中心线与上、下控制限，绘制 $\overline{x}$ 与 s 质量控制图，纵坐标分别是 $\overline{x}$ 与 s，横坐标是采样时间或样本序号。$\overline{x}$ 质量控制图在上，s 质量控制图在下。

对于 $\overline{x}$ 质量控制图，当各样本容量相同时，中心线与上、下控制限分别是

$$\text{CL} = \overline{\overline{x}} \tag{7-7}$$

$$\text{UCL} = \overline{\overline{x}} + A_1^* \overline{s} \tag{7-8}$$

$$\text{LCL} = \overline{\overline{x}} - A_1^* \overline{s} \tag{7-9}$$

当各样本容量不相同时，中心线与样本容量相等时是相同的，但上、下控制限不同，需按各组数据分别计算，它们分别是

$$\text{UCL} = \overline{\overline{x}} + \frac{3\hat{\sigma}}{\sqrt{n_i}} \tag{7-10}$$

$$LCL = \overline{\overline{x}} - \frac{3\hat{\sigma}}{\sqrt{n_i}} \tag{7-11}$$

对于 s 控制图，当各样本容量相同时，中心线与上、下控制限分别是

$$CL = \overline{s} \tag{7-12}$$

$$UCL = B_4 \overline{s} \tag{7-13}$$

$$LCL = B_3 \overline{s} \tag{7-14}$$

式中，B_3、B_4 是与 n_i 有关的系数。当各样本容量不相等时，中心线与上、下控制限分别是

$$CL = C_{2i}^* \hat{\sigma} \tag{7-15}$$

$$UCL = (C_2^* + 3C_{3i}^*)\hat{\sigma} \tag{7-16}$$

$$LCL = (C_2^* - 3C_{3i}^*)\hat{\sigma} \tag{7-17}$$

式中，C_{2i}^*、C_{3i}^* 是与 n_i 有关的系数。绘制的均值-标准差 $(\overline{x}\text{-}s)$ 质量控制图如图 7.1 所示，纵坐标是均值、标准差，横坐标是采样时间或样品序号。通常将 $\overline{x}$ 质量控制图与 s 质量控制图结合起来使用。均值质量控制图在上，标准差质量控制图在下。

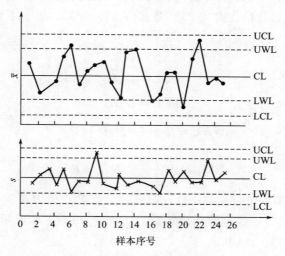

图 7.1　均值-标准差控制图

7.3.1.2　均值-极差质量控制图

建立均值-极差质量控制图，先计算样本的均值 $\overline{x}_i$ 与极差 R_i，再计算出均值的均值 $\overline{\overline{x}}$ 或加权均值 $\overline{\overline{x}}_w$、极差的均值 $\overline{R}$。当各样本容量相等即 $n_1 = n_2 = \cdots = n_m$，且各样本的容量不大于 10 时，用式(7-18)计算极差均值。

$$\overline{R} = \frac{1}{m} \sum_{i=1}^{m} R_i \tag{7-18}$$

当各样本的容量 n_i 不相等且 n_{ij} 不大于 10 时，用式(7-5)计算均值的均值，用式(7-19)计算极差均值。

$$\hat{\sigma} = \frac{1}{m} \sum_{i=1}^{m} \frac{R_i}{d_{2i}} \tag{7-19}$$

式中，d_{2i} 是与样本容量 n_{ij} 有关的系数；m 是样本数目。均值-极差质量控制图的中心线与均值-标准差质量控制图中心线相同。当各样本容量相等时，上、下控制限分别按式（7-20）与式（7-21）计算，上、下警戒限分别按式（7-22）与式（7-23）计算。

$$CL = \overline{\overline{x}}$$

$$UCL = \overline{\overline{x}} + A_2\overline{R} \tag{7-20}$$

$$LCL = \overline{\overline{x}} - A_2\overline{R} \tag{7-21}$$

$$UWL = \overline{\overline{x}} + \frac{2}{3}A_2\overline{R} \tag{7-22}$$

$$LWL = \overline{\overline{x}} - \frac{2}{3}A_2\overline{R} \tag{7-23}$$

式中，A_2 是与样本容量有关的系数。参见表 7.2 均值-极差（$\overline{x}$-R）质量控制图系数表。

当各样本的容量 n_i 不相等且 n_i 不大于 10 时，质量控制图中心线与样本相等时的控制图中心线相同。上、下控制限分别按式（7-10）与式（7-11）计算。

对于 R 质量控制图，当各样本容量相等且样本的测定值数目不大于 10 时，中心线，上、下控制限分别按式（7-24）、式（7-25）与式（7-26）计算，上、下警戒限分别用式（7-27）与式（7-28）计算。

$$CL = \overline{R} \tag{7-24}$$

$$UCL = D_4\overline{R} \tag{7-25}$$

$$LCL = D_3\overline{R} \tag{7-26}$$

$$UWL = \overline{R} + \frac{2}{3}(D_4\overline{R} - \overline{R}) \tag{7-27}$$

$$LWL = \overline{R} - \frac{2}{3}(D_4\overline{R} - \overline{R}) \tag{7-28}$$

式中，D_3、D_4 是与样本容量有关的系数。参见表 7.2 均值-极差质量控制图系数表。

当各样本容量不相等且样本的测定值数目不大于 10 时，R 质量控制图的中心线，上、下控制限分别按式（7-29）、式（7-30）与式（7-31）计算。

$$CL = d_{2i}\hat{\sigma} \tag{7-29}$$

$$UCL = (d_{2i} + 3d_{3i})\hat{\sigma} \tag{7-30}$$

$$LCL = (d_{2i} - 3d_{3i})\hat{\sigma} \tag{7-31}$$

式中，d_{2i}、d_{3i} 是与样本容量有关的系数。参见表 7.2。

表 7.2 （$\overline{x}$-R）质量控制图系数表

样本容量	A_2	d_2	$1/d_2$	d_3	D_3	D_4	m_3	m_3A_2	E_2
2	1.660	1.126	0.666	0.653	—	3.267	1.000	1.660	2.659
3	1.023	1.693	0.591	0.666	—	2.575	1.160	1.167	1.772
4	0.729	2.059	0.466	0.660	—	2.282	1.092	0.796	1.457
5	0.579	2.326	0.430	0.664	—	2.115	1.196	0.691	1.290
6	0.463	2.534	0.395	0.646	—	2.004	1.135	0.549	1.164
7	0.419	2.704	0.370	0.633	0.076	1.924	1.214	0.509	1.109
8	0.373	2.647	0.351	0.620	0.136	1.664	1.160	0.462	1.054

续表

样本容量	A_2	d_2	$1/d_2$	d_3	D_3	D_4	m_3	m_3A_2	E_2
9	0.337	2.970	0.337	0.606	0.164	1.616	1.223	0.412	1.010
10	0.306	3.036	0.325	0.797	0.223	1.777	1.176	0.363	0.975

绘制的均值-极差质量控制图如图 7.2 所示，纵坐标是均值、极差，横坐标是采样时间或样品序号。通常将 $\overline{x}$ 质量控制图与 R 质量控制图结合起来使用。均值 $\overline{x}$ 质量控制图在上，极差 R 质量控制图在下。

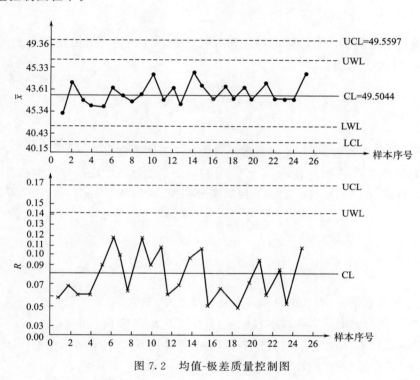

图 7.2　均值-极差质量控制图

7.3.1.3　中位值-极差质量控制图

在一组依次排列的测定值 $x_1 \leqslant x_2 \leqslant \cdots \leqslant x_n$ 中，当测定值数目为奇数时，居于中间位置的测定值为中位值（median），记为 $\widetilde{x}$，

$$\widetilde{x} = x_{i,m} \quad \left(i = 1,\ 2,\ \cdots,\ m;\ m = \frac{n+1}{2}\right) \tag{7-32}$$

当测定值数目为偶数时，中位数是居于中间的两个测定值的算术均值。

$$\widetilde{x}_i = \frac{x_{i,m} + x_{i,m+1}}{2} \quad \left(i = 1,\ 2,\ \cdots,\ m;\ m = \frac{n}{2}\right) \tag{7-33}$$

式中，$\widetilde{x}_i$ 是第 i 个样本的中位值；m 是样本数。

在测定值遵从正态分布条件下，算术均值 $\overline{x}$ 与中位值是一致的。

建立中位值-极差质量控制图，要计算出中位值的均值 $\overline{\widetilde{x}}$ 或其加权均值 $\overline{\widetilde{x}}_w$、极差的均值 $\overline{R}$。当各样本容量 n_i 相等且各样本容量不大于 10 时，用式（7-34）计算中位值的均值，用式(7-18)计算极差的均值 $\overline{R}$。

$$\overline{\widetilde{x}} = \frac{1}{m}\sum_{i=1}^{m}\widetilde{x}_i \tag{7-34}$$

当各样本的容量 n_i 不相等且不大于 10 时，用式(7-19)计算极差均值，用式(7-35)计算中位值的加权均值。

$$\overline{\widetilde{x}}_w = \frac{\displaystyle\sum_{i=1}^{m}\sum_{j=1}^{n_i} x_{ij}}{\displaystyle\sum_{i=1}^{m} n_i} \tag{7-35}$$

对中位值质量控制图，当各样本容量相等时，中心线，上、下控制限分别按式(7-36)、式(7-37)与式(7-38)计算。

$$\mathrm{CL} = \overline{\widetilde{x}} \tag{7-36}$$

$$\mathrm{UCL} = \overline{\widetilde{x}} + m_3 A_2 \overline{R} \tag{7-37}$$

$$\mathrm{LCL} = \overline{\widetilde{x}} - m_3 A_2 \overline{R} \tag{7-38}$$

式中，$m_3 A_2$ 是与样本容量 n_i 有关的系数。可由表 7.2 中查得。

当各样本的容量 n_i 不相等且 n_i 不大于 10 时，质量控制图中心线与样本相等时的控制图中心线相同，按式(7-36)计算。上、下控制限分别按式(7-39)与式(7-40)计算。

$$\mathrm{UCL} = \overline{\widetilde{x}} + \frac{3 m_3 \hat{\sigma}}{\sqrt{n_i}} \tag{7-39}$$

$$\mathrm{LCL} = \overline{\widetilde{x}} - \frac{3 m_3 \hat{\sigma}}{\sqrt{n_i}} \tag{7-40}$$

式中，m_3 是与样本容量 n_i 有关的系数。可由表 7.2 中查得。

对极差 R 质量控制图，当各样本容量 n_i 相等且不大于 10 时，中心线，上、下控制限分别按式(7-24)～式(7-26)计算。当各样本容量 n_i 不等且不大于 10 时，中心线，上、下控制限分别按式(7-29)～式(7-31)计算。

绘制的中位值-极差质量控制图的 $\widetilde{x}$ 质量控制图如图 7.3 所示，纵坐标是中位值，横坐标是采样时间或样品序号；中位值-极差质量控制图的 R 质量控制图如图 7.4 所示，纵坐标是极差，横坐标是采样时间或样品序号。一般绘制在同一张图中时，中位值 $\widetilde{x}$ 质量控制图在上，极差 R 质量控制图在下。

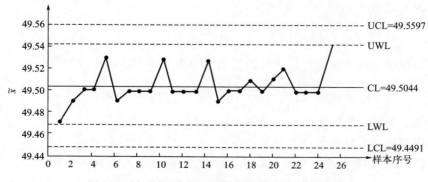

图 7.3　中位值-极差质量控制图的 $\widetilde{x}$ 质量控制图

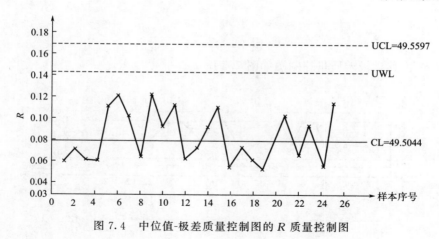

图 7.4　中位值-极差质量控制图的 R 质量控制图

7.3.1.4　单值-移动极差质量控制图

相邻两数据之差的绝对值，称为移动极差（moving range），记为 R_{s_j}，

$$R_{s_j} = | x_j - x_{j+1} |, \quad j = 1, 2, \cdots, (n-1) \tag{7-41}$$

$$\overline{R}_s = \frac{\sum_{j=1}^{n-1} R_{s_j}}{n-1} \tag{7-42}$$

式中，x_j 是第 j 个测定值；n 是测定值的个数。

单值-移动极差质量控制图，纵坐标分别是 x 与 R_s，横坐标是抽样时间或样品序号，x 质量控制图在上，R_s 质量控制图在下。对 x 质量控制图，中心线与上、下控制限分别是

$$CL = \overline{x} \tag{7-43}$$

$$UCL = \overline{x} + 2.66\overline{R}_s \tag{7-44}$$

$$LCL = \overline{x} - 2.66\overline{R}_s \tag{7-45}$$

对 R_s 质量控制图，中心线与上、下控制限分别是

$$CL = \overline{R}_s \tag{7-46}$$

$$UCL = 3.27\overline{R}_s \tag{7-47}$$

$$LCL \text{ 不考虑}$$

当数据能被合理分组时，单值质量控制图可与 $\overline{x}$-R 质量控制图一起使用，这时 x 质量控制图，中心线与上、下控制限在样品容量相等且少于 10 时，分别是

$$CL = \overline{\overline{x}} \tag{7-48}$$

$$UCL = \overline{\overline{x}} + E_2\overline{R}_s \tag{7-49}$$

$$LCL = \overline{\overline{x}} - E_2\overline{R}_s \tag{7-50}$$

式中，E_2 是与样本容量 n_i 有关的系数。可由表 7.2 中查得。$\overline{\overline{x}}$ 与 $\overline{R}$ 的计算方法同均值-极差质量控制图中相应的计算方法。

在样品容量不相等且少于 10 时，x 质量控制图的中心线按式（7-48）计算，上、下控制限分别按式（7-51）与式（7-52）计算。

$$UCL = \overline{\overline{x}} + 3\hat{\sigma} \tag{7-51}$$

$$LCL = \overline{\overline{x}} - 3\hat{\sigma} \tag{7-52}$$

绘制的单值-移动极差质量控制图如图7.5所示。

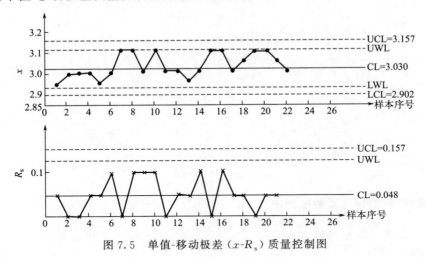

图 7.5 单值-移动极差 $(x\text{-}R_s)$ 质量控制图

示例 7.1 锰钢中的含硅量对铸件的质量有重要影响，在铸造时必须在熔化的锰钢钢液内加入适量的硅，以改善锰钢的铸造性能。测得的一组数据列于下表中，试根据表中数据建立质量控制图。

样本号	测定值$(x\times100)/\%$					$\overline{x}_i$	$\widetilde{x}$	s_i	R_i
1	0.70	0.72	0.61	0.75	0.73	0.702	0.72	0.054	0.14
2	0.63	0.66	0.63	0.71	0.73	0.756	0.73	0.070	0.15
3	0.66	0.76	0.71	0.70	0.90	0.790	0.76	0.069	0.20
4	0.60	0.76	0.66	0.70	0.74	0.740	0.74	0.051	0.12
5	0.64	0.60	0.79	0.61	0.66	0.715	0.66	0.076	0.17
6	0.66	0.64	0.71	0.69	0.61	0.706	0.69	0.063	0.17
7	0.60	0.63	0.69	0.62	0.75	0.696	0.69	0.077	0.16
8	0.65	0.61	0.66	0.64	0.66	0.726	0.66	0.090	0.19
9	0.64	0.70	0.66	0.65	0.93	0.716	0.66	0.122	0.29
10	0.77	0.63	0.66	0.70	0.64	0.764	0.77	0.097	0.24
11	0.72	0.67	0.77	0.74	0.72	0.724	0.72	0.036	0.10
12	0.73	0.66	0.72	0.73	0.71	0.710	0.72	0.029	0.07
13	0.79	0.70	0.63	0.70	0.66	0.740	0.70	0.097	0.25
14	0.65	0.60	0.76	0.65	0.62	0.760	0.60	0.095	0.23
15	0.67	0.76	0.61	0.64	0.96	0.612	0.61	0.105	0.29
16	0.66	0.76	0.64	0.73	0.71	0.744	0.73	0.066	0.24
17	0.76	0.66	0.66	0.75	0.62	0.736	0.75	0.060	0.16
18	0.72	0.70	0.74	0.60	0.74	0.700	0.72	0.056	0.14
总计	$\overline{\overline{x}} = 0.737, \widetilde{x} = 0.727, \overline{s}_i = 0.0766, \overline{R}_i = 0.186$								

题解：

在本例中，样本数 $m=18$，样本容量 $n=5$。根据计算的各项数据，建立各种质量控制图。

（1）锰钢中的含硅量均值-标准差质量控制图

均值质量控制图的中心线与上、下控制限分别是

$$CL = \overline{\overline{x}} = 0.737$$

$$UCL = \overline{\overline{x}} + A_1^* \overline{s} = 0.737 + 1.427 \times 0.0766 = 0.846$$

$$LCL = \overline{\overline{x}} - A_1^* \overline{s} = 0.737 - 1.427 \times 0.0766 = 0.628$$

标准差质量控制图的中心线与上、下控制限分别是

$$CL = \overline{s} = 0.0766$$

$$UCL = B_4 \overline{s} = 2.089 \times 0.0766 = 0.160$$

$$LCL = B_3 \overline{s} \quad 不考虑$$

（2）锰钢中的含硅量均值-极差质量控制图

均值质量控制图的中心线与上下控制限分别是

$$CL = \overline{\overline{x}} = 0.737$$

$$UCL = \overline{\overline{x}} + A_2 \overline{R} = 0.737 + 0.579 \times 0.186 = 0.845$$

$$LCL = \overline{\overline{x}} - A_2 \overline{R} = 0.737 - 0.579 \times 0.186 = 0.629$$

极差质量控制图的中心线与上下控制限分别是

$$CL = \overline{R} = 0.186$$

$$UCL = D_4 \overline{R} = 2.115 \times 0.186 = 0.393$$

$$LCL \ 不考虑$$

（3）锰钢中的含硅量中位值-极差质量控制图

中位值质量控制图的中心线与上、下控制限分别是

$$CL = \widetilde{x} = 0.727$$

$$UCL = \widetilde{x} + m_3 A_2 \overline{R} = 0.727 + 0.691 \times 0.186 = 0.855$$

$$LCL = \widetilde{x} + m_3 A_2 \overline{R} = 0.727 - 0.691 \times 0.186 = 0.584$$

极差质量控制图的中心线与上控制限分别是

$$CL = \overline{R} = 0.186$$

$$UCL = D_4 \overline{R} = 2.115 \times 0.186 = 0.393$$

$$LCL \ 不考虑$$

示例 7.2 某实验室测定一种青铜中的铝含量，得到表中所列的一组数据。

样本序号	测定值	移动极差	样本序号	测定值	移动极差	样本序号	测定值	移动极差
1	8.125		11	8.134	0.005	21	8.160	0.016
2	8.275	0.150	12	8.145	0.011	22	8.175	0.015
3	8.160	0.115	13	8.150	0.005	23	8.146	0.029
4	6.170	0.010	14	6.151	0.001	24	6.160	0.016
5	8.188	0.018	15	8.150	0.001	25	8.164	0.004
6	8.198	0.010	16	8.144	0.006	26	8.171	0.007
7	8.250	0.052	17	8.160	0.016	27	8.178	0.007
8	8.170	0.080	18	8.168	0.008	28	8.178	0.000
9	8.139	0.031	19	8.163	0.005	29	8.178	0.000
10	8.139	0.000	20	8.146	0.017	30	8.194	0.016

试根据表中的数据建立单值-移动极差质量控制图。

题解：

在本例中，样本数 $n=30$，根据式(7-1) 和式(7-41)、式(7-42) 分别计算均值 $\overline{x}$ 和移动极差 R_{s_j}、移动极差均值 $\overline{R}_s$，

$$\overline{x} = \frac{1}{n}\sum_{j=1}^{n} x_j = \frac{245.029}{30} = 8.168$$

$$R_{sj} = \sum_{j=1}^{n-1} R_{s_j} = 0.651$$

$$\overline{R}_s = \frac{1}{n-1}\sum_{j=1}^{n-1} R_{s_j} = \frac{0.651}{29} = 0.0224$$

单值质量控制图的中心线与上、下控制限分别是

$$CL = \overline{x} = 8.168$$

$$UCL = \overline{x} + 2.66\overline{R}_s = 8.168 + 2.66 \times 0.0224 = 8.228$$

$$LCL = \overline{x} - 2.66\overline{R}_s = 8.168 - 2.66 \times 0.0224 = 8.108$$

移动极差 R_{s_j} 质量控制图的中心线与上、下控制限分别是：

$$CL = \overline{R}_s = 0.0224$$

$$UCL = 3.27\overline{R}_{s_j} = 3.27 \times 0.0224 = 0.0732$$

$$LCL \text{ 不考虑}$$

绘制的青铜中铝含量单值-移动极差质量控制图见图 7.6。

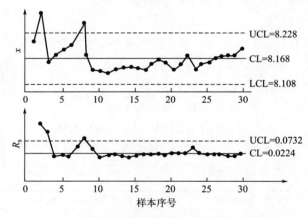

图 7.6　青铜中铝含量单值-移动极差质量控制图

7.3.2　计数控制图

计数控制图适用于离散随机变量的控制，其中不合格品率控制图（p 图）与不合格品数控制图（pn 图）用于计件控制，单位缺陷数控制图（u 图）与缺陷数控制图（c 图）用于计点控制。在确定样本容量大小时，要求每个样本平均至少有一个不合格品，或至少有一个缺陷。对质量控制 pn 图与 c 图，还要求样本容量相同。

7.3.2.1 不合格品率质量控制图

用式(7-53) 与式(7-54) 分别计算各样本的不合格品率及其平均数,

$$p_i = \frac{(pn)_i}{n_i} \quad (i = 1, 2, \cdots, m) \tag{7-53}$$

$$\overline{p} = \frac{\sum\limits_{i=1}^{m}(pn)_i}{\sum\limits_{i=1}^{m}n_i} \tag{7-54}$$

式中,$(pn)_i$ 是第 i 样本的不合格品数;m 是样本数,一般不少于 25;n_i 是第 i 个样本的容量。计算不合格品率质量控制图中心线与上、下控制限,绘制质量控制图。纵坐标是 p,横坐标是抽样时间或样本序号。不合格品率质量控制图中心线与上、下控制限分别是

$$CL = \overline{p} \tag{7-55}$$

$$UCL = \overline{p} + 3\sqrt{\frac{\overline{p}(1-\overline{p})}{n_i}}$$
$$= \overline{p} + \frac{3}{\sqrt{n_i}}\sqrt{\overline{p}(1-\overline{p})} \quad (i = 1, 2, \cdots, m) \tag{7-56}$$

$$LCL = \overline{p} - 3\sqrt{\frac{\overline{p}(1-\overline{p})}{n_i}}$$
$$= \overline{p} - \frac{3}{\sqrt{n_i}}\sqrt{\overline{p}(1-\overline{p})} \quad (i = 1, 2, \cdots, m) \tag{7-57}$$

绘制的不合格品率质量控制图如图 7.7 所示。

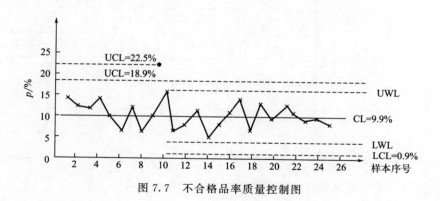

图 7.7 不合格品率质量控制图

7.3.2.2 不合格品数质量控制图

记录各样本的不合格品数,计算不合格品数的均值,

$$\overline{pn} = \frac{1}{m}\sum\limits_{i=1}^{m}(pn)_i \tag{7-58}$$

式中,$(pn)_i$ 是第 i 个样本的不合格品数;m 是样本数,一般不少于 25。确定样本容量时要

求每个样本平均至少有一个不合格品。按式(7-59)～式(7-61) 分别计算不合格品数质量控制图的中心线与上、下控制限。

$$CL = \overline{p}n \tag{7-59}$$

$$UCL = \overline{p}n + 3\sqrt{\overline{p}n(1-\overline{p})} \tag{7-60}$$

$$LCL = \overline{p}n - 3\sqrt{\overline{p}n(1-\overline{p})} \tag{7-61}$$

绘制不合格品数质量控制图如图 7.8 所示。

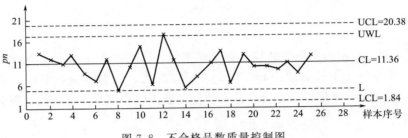

图 7.8　不合格品数质量控制图

示例 7.3　某工厂生产一种产品，要求不合格品率不大于 5%。在生产过程中每隔 20min 抽查 100 个样品检验该产品的阻值，按规范要求，阻值在 77.9～66.1kΩ 为合格产品。检验的结果如下：

样本序号	不合格品数	样本序号	不合格品数	样本序号	不合格品数
1	13	10	15	19	13
2	12	11	6	20	10
3	11	12	16	21	10
4	13	13	11	22	9
5	9	14	5	23	11
6	7	15	6	24	6
7	12	16	11	25	12
8	5	17	14		
9	10	18	6		

试根据所得到的检验结果对该厂的产品质量做出评价。

题解：

在 25 次抽检中，共抽检样品 2500 件，共有不合格品数 $\sum\limits_{i=1}^{25}(pn)_i = 253$。

不合格品数质量控制图的中心线与上、下控制限分别是

$$CL = \overline{p}n = 10.12$$

$$UCL = \overline{p}n + 3\sqrt{\overline{p}n(1-\overline{p})} = 10.12 + 3 \times \sqrt{10.12 \times (1 - 10.12/100)} = 19.17$$

$$LCL = \overline{p}n - 3\sqrt{\overline{p}n(1-\overline{p})} = 10.12 - 3 \times \sqrt{10.12 \times (1 - 10.12/100)} = 1.07$$

产品不合格品率是

$$p = \frac{1}{mn} \sum_{i=1}^{25} (pn)_i = \frac{253}{100 \times 25} = 10.12\%$$

计算结果表明，该厂的生产过程是处于统计控制状态。但生产的产品不合格品率不符合质量要求，应进一步改进生产工艺，降低产品的不合格品率。

7.3.2.3 单位缺陷数质量控制图

用式（7-62）与式（7-63）计算各样本的单位缺陷数 u_i 及其均值 $\bar{u}$，

$$u_i = \frac{c_i}{n_i} \quad (i = 1, 2, \cdots, m) \tag{7-62}$$

$$\bar{u} = \frac{\sum\limits_{i=1}^{m} c_i}{\sum\limits_{i=1}^{m} n_i} \tag{7-63}$$

式中，c_i 是第 i 个样本的缺陷数；u_i 是第 i 个样本单位缺陷数；n_i 是第 i 个样本的容量；m 是样本数，一般不少于 25。按式（7-64）与式（7-65）、式（7-66）分别计算单位缺陷数质量控制图的中心线 CL 与上控制限 UCL、下控制限 LCL。绘制单位缺陷数质量控制图，纵坐标是 u，横坐标是抽样时间或样本序号。如图 7.9 所示。

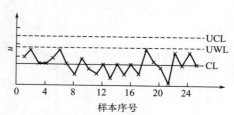

图 7.9 单位缺陷数质量控制图

$$CL = \bar{u} \tag{7-64}$$

$$UCL = \bar{u} + 3\sqrt{\frac{\bar{u}}{n_i}} \quad (i = 1, 2, \cdots, m) \tag{7-65}$$

$$LCL = \bar{u} - 3\sqrt{\frac{\bar{u}}{n_i}} \quad (i = 1, 2, \cdots, m) \tag{7-66}$$

7.3.2.4 缺陷数质量控制图

记录每个样本的缺陷数 c_i，计算各样本的缺陷数均值 $\bar{c}$，

$$\bar{c} = \frac{\sum\limits_{i=1}^{m} c_i}{m} \quad (i = 1, 2, \cdots, m) \tag{7-67}$$

式中，c_i 是第 i 个样本的缺陷数；m 是样本数，一般不少于 25。按式（7-68）～式（7-70）分别计算缺陷数质量控制图的中心线与上、下控制限。

$$CL = \bar{c} \tag{7-68}$$

$$UCL = \bar{c} + 3\sqrt{\bar{c}} \tag{7-69}$$

$$LCL = \bar{c} - 3\sqrt{\bar{c}} \tag{7-70}$$

绘制缺陷数质量控制图时，纵坐标是 c，横坐标是抽样时间或样本序号，如图 7.10 所示。

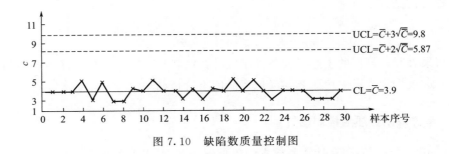

图 7.10　缺陷数质量控制图

示例 7.4　某工厂生产电视机接线板，要求在生产过程中对生产的接线板逐块检查焊点质量。按规范要求，每块接线板的焊点平均虚焊数不得大于 5 个，检查得到的一组数据列于下表中。

样本序号	虚焊数	样本序号	虚焊数	样本序号	虚焊数
1	4	11	5	21	5
2	4	12	4	22	4
3	4	13	4	23	3
4	5	14	3	24	4
5	3	15	4	25	4
6	5	16	3	26	4
7	3	17	4	27	3
8	3	18	4	28	3
9	4	19	5	29	3
10	4	20	4	30	4

题解：

所检验的接线板平均虚焊点数 $\bar{c}$ 为

$$\bar{c} = \frac{1}{m} \sum_{i=1}^{m} c_i = \frac{116}{30} = 3.9$$

按式(7-68)～式(7-70) 计算虚焊点数质量控制图的中心线与上、下控制限分别为

$$CL = \bar{c} = 3.9$$

$$UCL = \bar{c} + 3\sqrt{\bar{c}} = 3.9 + 3 \times \sqrt{3.9} = 9.8$$

$$LCL = \bar{c} - 3\sqrt{\bar{c}} = 3.9 - 3 \times \sqrt{3.9} = "—"$$

即不考虑控制下限。

7.3.3　选控质量控制图

前面介绍的休哈特质量控制图，只是综合反映与控制前面各道工序总的加工质量，而不能区分总的加工质量与本道工序的质量，因此不能对各道工序的加工质量分别做出判断与评价，这是休哈特质量控制图的一个不足之处。1979 年我国学者张公绪对休哈特质量控制图进行了改进，提出了选控质量控制图（简称选控质控图）。休哈特质量控制图进行全控制，控制产品的总质量，张公绪选控质控图是控制工序质量。联合使用休哈特质量控制图与张公

绪选控质控图，就可以分别反映与控制产品的总质量和各工序的加工质量。

选控质控图为什么能分别反映与控制各道工序的加工质量呢？其原因在于：休哈特质量控制图只是将影响产品质量的因素区分为随机因素与系统因素（亦称异常因素），选控质控图在此基础上，进一步将影响质量的系统因素细分为欲控系统因素（want to control system factors）与非控系统因素（non-control system factors）。在这种细致区分的基础上，找出产品质量的特性量值与非控系统因素之间的关系，建立两种类型质量控制图，分别显示欲控系统因素与非控系统因素对产品质量特性量值的影响，对产品的总质量与产品工序质量分别进行控制，并根据控制图的诊断理论对产品总质量与工序质量做出判断。

欲控制对象的特性量值 y 为一个随机变量，是某个非控系统因素 x 的函数 $y = f(x)$。函数 $y = f(x)$ 可由理论推导或由试验数据通过曲线拟合得到。y 遵从正态分布 $N(\mu, \sigma^2)$，μ 与 σ^2 随 x 取值 $x = x_i$ 而变化，y 经过变量变换之后，得到

$$x_{cs} = \frac{y_i - \mu_i}{\sigma_i} \tag{7-71}$$

变换后的变量 x_{cs} 为选控变量，遵从标准正态分布 $N(0, 1)$，而不再受非系统因素的影响。将测定的特性量值 y_i 转换为选控变量值 x_{cs} 是建立选控质控图的关键。在同一生产过程中，影响特性量值的因素通常是相同的。在这种情况下，变量变换可以简化为

$$x_{cs} = y_i - \mu_i \tag{7-72}$$

当只有随机因素与非控系统因素时，x_{cs} 遵从标准正态分布 $N(0, 1)$，而当过程中欲控因素发生作用时，y_i 偏离正态分布 $N(\mu, \sigma^2)$，x_{cs} 偏离标准正态分布 $N(0, 1)$，偏离程度可由欲控系统因素选控质控图反映出来。对于各种类型的休哈特控制图，都有与之相对应的选控质控图，如表 7.3。

表 7.3 各种类型分布条件下休哈特控制图与选控质控图

分布类型	质量控制图种类	休哈特控制图	张公绪选控质控图
正态分布	均值	$\bar{x}$ 控制图	$\bar{x}_{cs}$ 选控质控图
	中位值	$\tilde{x}$ 控制图	$\tilde{x}_{cs}$ 选控质控图
	单值	x 控制图	x_{cs} 选控质控图
二项分布	不合格品率	p 控制图	p_{cs} 选控质控图
	不合格品数	pn 控制图	pn_{cs} 选控质控图
泊松分布	单位缺陷数	u 控制图	u_{cs} 选控质控图
	缺陷数	c 控制图	c_{cs} 选控质控图

均值 $\bar{x}_{cs}$ 选控质控图的中心线与上、下控制限分别是

$$CL = \bar{\bar{x}}_{cs} \tag{7-73}$$

$$UCL = \bar{\bar{x}}_{cs} + A_2 \bar{R} \tag{7-74}$$

$$LCL = \bar{\bar{x}}_{cs} - A_2 \bar{R} \tag{7-75}$$

式中，A_2 是与样本容量 n 有关的系数，可由表 7.2 质量控制图系数表中查得。

中位值 $\tilde{x}_{cs}$ 选控质控图的中心线与上、下控制限分别是

$$CL = \bar{\tilde{x}} \tag{7-76}$$

$$UCL = \bar{\tilde{x}} + m_3 A_2 \bar{R} \tag{7-77}$$

$$LCL = \overline{\overline{x}} - m_3 A_2 \overline{R} \tag{7-78}$$

式中，$m_3 A_2$ 是与样本容量 n 有关的系数，可由表 7.2 中查得。

单值 x_{cs} 选控质控图的中心线与上、下控制限分别是

$$CL = 0 \tag{7-79}$$

$$UCL = +3 \tag{7-80}$$

$$LCL = -3 \tag{7-81}$$

当 $\overline{x}_{cs} \neq 0$，$\sigma \neq 1$，中心线与上、下控制限分别是

$$CL = \overline{x}_{cs} \tag{7-82}$$

$$UCL = \overline{x}_{cs} + E_n \overline{R} \tag{7-83}$$

$$UCL = \overline{x}_{cs} - E_n \overline{R} \tag{7-84}$$

式中，E_n 是与样本容量 n 有关的系数，可由表 7.2 中查得。

$\overline{x}_{cs}$ 为均值，即

$$\overline{x}_{cs} = \frac{1}{m} \sum_{i=1}^{m} x_{cs(i)} \tag{7-85}$$

$\overline{R}_{cs}$ 是移动极差的均值，即

$$\overline{R}_{cs} = \frac{1}{m} \sum_{i=1}^{m-1} R_{cs(i)} \tag{7-86}$$

式中，m 是样本数；R_{cs} 是移动极差，

$$R_{cs} = x_{cs(i)} - x_{cs(i+1)} \quad (i = 1, 2, \cdots, m) \tag{7-87}$$

式中，$x_{cs(i)}$ 是第 i 个测定值；$x_{cs(i+1)}$ 是第 $(i+1)$ 个测定值。

极差选控质控图的中心线与上、下控制限分别是

$$CL = \overline{R}_s \tag{7-88}$$

$$UCL = D_4 \overline{R}_s \tag{7-89}$$

$$LCL = D_3 \overline{R}_s \tag{7-90}$$

式中，D_4 与 D_3 是与样本容量 n 有关的系数，可由表 7.2 中查得。

用同样方法可以得到与其他各种类型休哈特控制图相对应的选控质控图。如果生产过程或分析测试过程出现了失控情况，休哈特控制图能指出在什么时间或位置以及在多大程度上出现了问题，但不能指出问题究竟出在哪一道生产工序或分析测试过程哪一个环节，就是说休哈特控制图不能进行诊断，联合使用休哈特控制图与选控质控图则可以对出现的异常情况进行诊断。因为单因素选控质控图所控制的系统因素的数目只比休哈特控制图所控制的因素少一个，因此，可以根据表 7.4 中所列情况对异常现象进行诊断。如果针对某一异常现象建立一个诊断表，就可以诊断影响生产过程、分析测试过程的具体系统因素。

表 7.4 休哈特控制图与选控质控图的诊断

情况	休哈特控制图	选控质控图	诊断
1	告警	未告警	非控系统因素发生作用,而且是唯一的
2	未告警	告警	欲控因素发生作用
3	告警	告警	欲控因素发生作用,非控系统因素是否发生作用,视具体情况而定
4	未告警	未告警	生产过程、分析测试过程正常

示例 7.5 某工厂生产土霉素，需要脱色。脱色工序的质量指标是脱色液的透光率，透光率高，表明产品杂质少，产品质量好。脱色液透光率不但受脱色工序作业的影响，还受上一道过滤工序的影响。为避免滤液质量对脱色工序作业质量的影响，分清各工序的责任，综合使用休哈特质量控制图与选控质量控制图对过滤工序与脱色工序的作业质量进行控制。为此收集了 55 批数据（见下表）建立质量控制图。试根据质量控制图对脱色工序与过滤工序的生产质量做出评价。

批号	x_i	y_i	$\hat{y}_i$	$x_{si} = y_i - \hat{y}_i$	R_{si}	批号	x_i	y_i	$\hat{y}_i$	$x_{si} = y_i - \hat{y}_i$	R_{si}
1	76.6	92.1	92.505	−0.405	—	29	77.5	90.9	92.701	−1.601	1.720
2	72.6	92.9	91.214	1.666	2.091	30	61.5	93.6	93.793	−0.193	1.606
3	76.9	92.4	92.533	−0.133	1.619	31	76.3	93.7	92.922	0.776	0.971
4	76.6	93.4	93.060	0.340	0.473	33	61.9	93.6	93.900	−0.500	1.276
5	77.2	93.0	92.617	0.363	0.043	34	76.0	92.7	92.260	0.420	0.920
6	61.1	93.4	93.665	−0.265	0.666	36	64.6	95.1	94.663	0.437	0.017
7	76.2	92.3	92.336	−0.036	0.249	37	76.0	95.3	92.639	2.461	2.024
9	60.3	94.0	93.469	0.531	0.567	38	62.6	93.5	94.639	−0.639	3.100
10	79.0	92.3	63.115	−0.615	1.345	39	60.5	92.6	93.524	−0.924	0.265
11	74.6	92.7	91.939	0.761	1.576	40	93.4	93.366	0.012	0.936	
12	76.3	93.6	92.522	0.676	0.063	41	77.5	93.5	92.701	0.799	0.767
14	79.5	91.9	93.252	−1.352	2.030	42	64.0	95.2	94.455	0.745	0.054
15	60.3	92.6	93.469	−0.669	0.663	43	65.0	93.6	94.715	−0.615	1.660
16	60.0	93.2	93.366	−0.166	0.461	44	76.9	92.4	52.533	−0.133	0.762
17	76.0	93.3	92.260	1.020	1.206	45	76.3	92.0	92.364	0.536	0.669
19	76.6	95.6	93.005	2.595	1.575	46	74.0	92.9	92.709	1.191	0.655
20	79.6	94.0	93.343	0.666	1.929	47	76.6	92.4	93.005	−0.605	1.794
21	77.7	92.4	92.756	−0.356	1.022	48	76.7	93.0	93.033	−1.533	0.926
22	76.6	93.6	92.449	1.351	1.707	49	79.3	93.0	93.197	−0.197	1.336
23	75.6	92.6	92.223	0.577	0.774	50	77.0	94.6	92.561	2.039	2.236
24	76.7	92.4	93.033	−0.633	1.219	51	75.6	90.1	92.223	−2.123	1.162
25	76.9	93.2	92.533	0.667	1.300	52 *	76.3	60.6	92.922	−3.322	1.119
26	77.5	92.6	92.701	0.099	0.566	53	61.0	91.9	93.656	−1.756	0.365
27	60.3	93.6	63.469	0.131	0.032	54	67.3	66.6	69.705	−2.905	1.147
28	75.3	92.0	92.061	−0.061	0.212	55	77.5	91.3	92.701	−1.401	1.504

注：* 第 52 批异常数据不参与计算。

题解：

根据表中所列的数据，用回归分析法建立 x_i 脱色液透光率 y_i 与滤液透光率之间的回归方程，

$$y = 33.678850x^{0.23274478} \tag{7-91}$$

根据所建立的回归方程，计算脱色液的预期透光率 $\hat{y}_i$、选控质控图参数 $x_{cs(i)} = y_i - \hat{y}_i$

与移动极差 $R_{s(i)} = |x_{s(i)} - x_{s(i-1)}|$ ，计算结果一并列于建立质量控制图的预备数据表中。x_{cs} 与 $R_{s(i)}$ 的均值分别是

$$\overline{x}_{cs} = \frac{1}{m}\sum_{i=1}^{m} x_{cs(i)} = \frac{1}{49}\sum_{i=1}^{49} x_{cs(i)} = 0.0066$$

$$\overline{R}_s = \frac{1}{m-1}\sum_{i=1}^{m-1} R_{s(i)} = \frac{1}{49-1}\sum_{i=1}^{48} R_{s(i)} = 1.172$$

x_{cs} 选控质控图的中心线与上、下控制限分别是

$$CL = \overline{x}_{cs} = 0.0066$$

$$UCL = \overline{x}_{cs} + 2.659\overline{R}_s = 3.123$$

$$LCL = \overline{x}_{cs} - 2.659\overline{R}_s = -3.110$$

R_s 选控质控图的中心线与上、下控制限分别是

$$CL = \overline{R}_s = 1.172$$

$$UCL = D_4\overline{R}_s = 3.267 \times 1.172 = 3.829$$

$$LCL = -D_3\overline{R}_3, \quad 不考虑$$

用建立的 x_{cs} 选控质控图对本厂生产的第 59～105 批产品进行质控，控制效果如图 7.11 所示。

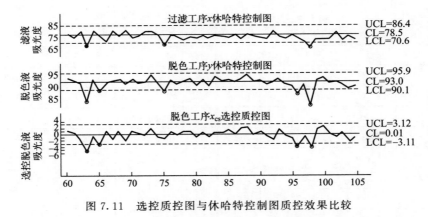

图 7.11　选控质控图与休哈特控制图质控效果比较

为了进行比较，同时计算了过滤工序与脱色工序的休哈特控制图的中心线与上、下控制限。

过滤工序休哈特控制图的中心线与上、下控制限分别是

$$CL = \overline{x} = 78.488$$

$$UCL = \overline{x} + 2.659\overline{R} = 78.488 + 2.659 \times 2.965 = 86.372$$

$$LCL = \overline{x} - 2.659\overline{R} = 78.488 - 2.659 \times 2.965 = 70.604$$

脱色工序休哈特控制图的中心线与上、下控制限分别是

$$CL = \overline{y} = 93.033$$

$$UCL = \overline{y} + 2.659\overline{R} = 93.033 + 2.659 \times 1.094 = 95.942$$

$$LCL = \overline{y} - 2.659\overline{R} = 93.033 - 2.659 \times 1.094 = 90.124$$

绘制滤液透光率与脱色液透光率的休哈特控制图。表 7.5 列出了出现异常的各批产品的

诊断结论。

表 7.5　出现异常的各批产品的诊断结论

产品批号	过滤工序	脱色工序		诊断结论
	休哈特控制图	选控质控图	休哈特控制图	
63,98	出下控制限	出下控制限	出下控制限	两道工序均异常
65,96	未出下控制限	出下控制限	出下控制限	脱色工序异常
75	出下控制限	未出下控制限	出下控制限	过滤工序异常
其他批号	未出下控制限	未出下控制限	未出下控制限	两道工序均正常

表 7.5 中第 75 批产品，两道工序的休哈特控制图都出了下控制限，而脱色工序选控质控图未出下控制限，表明没有欲控系统因素影响，只有非控系统因素的影响，即过滤工序出现了异常，这就分清了各工序的责任。很显然，如果没有脱色液的透光率选控质控图，只有滤液透光率与脱色液透光率的休哈特控制图同时告警，就无法判断问题究竟出现在哪一道作业工序，而联合应用选控质控图与休哈特控制图，则可以准确找到生产中的问题所在。从质量控制图的实际应用效果可以看到，由于选控质控图对系统因素有所选择，针对性强，能迅速找到生产中出现异常的原因，控制效果更加明显。

7.4　质量控制图的识别与判断

如果分析质量控制图上样本点的排列不出现异常现象，就可以认为生产过程或分析测试过程处于统计控制状态，在这种情况下分析用质量控制图就可以转变为实际控制用质量控制图。反之，如果质量控制图在实际应用过程中，发现样本点处在控制限之外，或者样本点虽然都处在控制限内，但样本点的排列方式不是随机的，出现了异常现象，就认为生产过程、分析测试过程处于统计失控状态。

那么什么样的情况算是异常呢？从统计的观点来看，凡是小概率事件都判为异常。下面列举的几种情况均为小概率事件，出现这些情况均判为异常。

① 连续 25 个样本点中有一个样本点在控制限之外，或者，连续 35 个样本点中有 1 个以上的样本点在控制限之外，连续 100 个样本点中有 2 个以上的样本点在控制限之外。

② 样本点屡屡超出警戒限之外而接近控制限，如连续 3 个样本点中至少有 2 个样本点、连续 7 个样本点中至少有 3 个样本点或连续 10 个样本点中至少有 4 个样本点落在警戒限与控制限之间（参见图 7.12），都是小概率事件。

由正态分布表知道，样本点出现在（2σ）之外的概率是 4.56%，样本点落在警戒限之内的概率是 95.44%；样本点出现在（3σ）之外的概率是 0.27%，样本点落在警戒限与控制限之间的概率是 4.29%。因此，连续 3 个样本点出现在中心线任何一侧的警戒限之外而接近控制限的概率只约为 $P = C_3^2 (0.0429)^2 (0.9544) + C_3^2 (0.0429)^3 =$

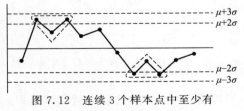

图 7.12　连续 3 个样本点中至少有
2 个样本点超出警戒限

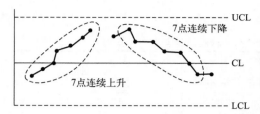

图 7.13　连续 7 个样本点呈现上升或下降变化

0.53％。

③ 连续 7 个或更多的样本点呈现上升或下降变化（参见图 7.13）。

在质量控制图上，假设每个样本点的分布不依赖于前一个样本点的位置，继续保持前一个样本点分布倾向的概率为 0.9973/2，则连续 7 个样本点呈现上升或下降的概率为

$$P = 2 \times \left(\frac{0.9973}{2}\right)^7 = 1.53\%$$

④ 样本点虽然都在控制限内，但排列方式不是随机的，有连续 7 个或更多的样本点出现在中心线一侧（参见图 7.14 和图 7.15）。

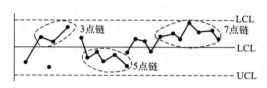

图 7.14　连续 7 个样本点出现在中心线一侧

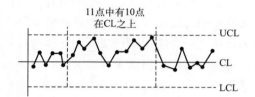

图 7.15　连续 11 个样本点中 10 点出现在中心线一侧

在中心线的一侧连续出现样本点，称为连，样本点的数目，称为连长。连长不少于 7，即出现连续 7 个样本点在中心线一侧的概率为 $P = (0.9973/2)^7 = 0.7666\%$，在中心线任何一侧出现连续 7 个样本点的概率为 $P = 2 \times 0.0076666 \approx 1.53\%$。连续 11 样本点至少有 10 个样本点出现在中心线一侧的概率为，

$$P = 2 \times \left[C_{11}^{10} \left(\frac{0.9973}{2}\right)^{10} \frac{0.9973}{2} + C_{11}^{10} \left(\frac{0.9973}{2}\right)^{11} \right] = 1.14\%$$

⑤ 样本点分布在中心线（$\mu \pm 1\sigma$）范围内。在正常情况下，样本点分布在此范围内的概率是 66.25％，而现在所有样本点都集中分布在中心线附近，这不符合样本点统计分布规律。如图 7.16。

⑥ 样本点排列呈现周期性变化（参见图 7.17）。

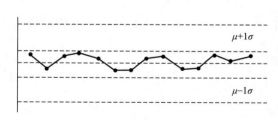

图 7.16　所有样本点都集中分布在中心线附近

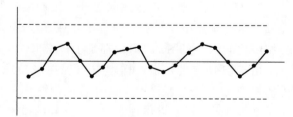

图 7.17　样本点分布呈周期性变化

质量控制图建立之后，就可以用它来控制产品质量。根据上述对异常现象的判断准则，可对生产过程是否正常，产品质量是否合格做出评价。控制分析测试质量中，在分析测试样品时，同时分析质控样，并将质控样分析结果标绘在质量控制图上。如果样本点随机分布在

控制限内，表明分析过程处于统计控制状态，与质控样同时分析的该批样品的分析结果是合格的。如果质控样分析结果位于控制限之外，或者质控样分析结果虽然都位于控制限内，但单样本点排列出现异常现象，有理由将分析过程判为异常。一旦发现生产过程、分析测试过程出现异常，应及时查明原因，采取措施，使生产过程、分析测试过程恢复到统计控制状态。

质量控制图在使用一段时间后，应根据当时的实际质量水平，对质量控制图的中心线与控制限及时进行调整。

7.5　质量控制图的应用举例

7.5.1　比较实验室间测定数据的一致性

在协同试验中，如标准物质的研制、区域环境质量调查、环境背景值研究、标准分析方法的制定都涉及多个实验室参加，为了保证分析结果的可靠性必须对参加协同试验的各实验室、各分析人员的分析操作过程进行质量控制。

示例 7.6　今有 8 个实验室进行协同试验，研制河流沉积物标准物质，为硒定值，测定结果值（$\mu g/g$）列于下表，试由表中的数据对各实验室的测定结果做出评价。

项目	协同实验室编号							
	1	2	3	4	5	6	7	8
x_{ij}	0.40	0.51	0.39	0.47	0.36	0.40	0.33	0.29
	0.44	0.46	0.37	0.44	0.36	0.37	0.34	0.30
	0.36	0.46	0.39	0.47	0.40	0.42	0.36	0.30
	0.36	0.54	0.39	0.44	0.36	0.34	0.36	0.31
$\overline{x}_i$	0.390	0.513	0.365	0.455	0.365	0.363	0.343	0.300
R_i	0.8	0.6	0.2	0.3	0.2	0.8	0.3	0.2

题解：

计算各个实验室的测定均值 $\overline{x}_i$ 与极差 R，计算结果一并列入表中。再计算各实验室均值的均值 $\overline{\overline{x}}_i$ 与极差 R_i 的均值 $\overline{R}_i$。

$$\overline{\overline{x}}_i = \frac{1}{8}\sum_{i=1}^{8}\overline{x}_i = 0.387$$

$$\overline{R}_i = \frac{1}{8}\sum_{i=1}^{8}R_i = 0.425$$

计算 $\overline{x}\text{-}R$ 质量控制图的中心线与上、下控制限及上、下警戒限，绘制质量控制图。对于均值质量控制图，其中心线与上、下控制限及上、下警戒限分别是

$$\mathrm{CL} = \overline{\overline{x}} = 0.387$$

$$\mathrm{UCL} = \overline{\overline{x}} + A_2\overline{R} = 0.387 + 0.729 \times 0.425 = 0.697$$

$$\mathrm{LCL} = \overline{\overline{x}} - A_2\overline{R} = 0.387 - 0.729 \times 0.425 = 0.077$$

$$\mathrm{UWL} = \overline{\overline{x}} + \frac{2}{3}A_2\overline{R} = 0.387 + \frac{2}{3} \times 0.729 \times 0.425 = 0.594$$

$$LWL = \overline{\overline{x}} - \frac{2}{3} A_2 \overline{R} = 0.387 - \frac{2}{3} \times 0.729 \times 0.425 = 0.180$$

对于极差质量控制图，其中心线与上、下控制限及上、下警戒限分别是

$$CL = \overline{R} = 0.425$$

$$UCL = \overline{R} + D_4 \overline{R} = 2.282 \times 0.425 = 0.970$$

$$LCL = 0$$

$$UWL = \overline{R} + \frac{2}{3}(D_4 - 1)\overline{R} = 0.425 + \frac{2}{3} \times (2.282 - 1) \times 0.425 = 0.788$$

$$UWL = \overline{R} - \frac{2}{3}(D_4 - 1)\overline{R} = 0.425 - \frac{2}{3} \times (2.282 - 1) \times 0.425 = 0.062$$

计算结果表明，6 个实验室的均值均在控制限内，但实验室 1 与实验室 6 的测定值的精密度比其余 6 个实验室差，有失控的潜在危险，应查明精密度差的原因，采取措施加以改进。

7.5.2 评价分析测试工作的质量

示例 7.7 某工厂化验室对工厂附近河流中汞含量进行例行监测，为了检查例行监测工作的质量，每周从中心监测站领取一个质控样，与河水监测样同时进行测定，根据质控样的测定结果来评价化验室对河水监测样测定结果的质量。对质控样的测定结果列于下表内。试根据表中的数据对该化验室的工作质量做一个评价。

周次	质控值	测定值	差值	极差	周次	质控值	测定值	差值	极差
1	10.3	10.4	0	0.2	7	10.5	10.3	−0.17	0.1
		10.3					10.3		
		10.2					10.4		
2	11.0	11.2	0.10	0.5	8	11.5	11.3	−0.10	0.2
		10.8					11.5		
		11.3					11.4		
3	9.0	10.0	0.20	0.2	9	9.9	10.3	0.30	0.3
		10.1					10.0		
		10.2					10.3		
4	10.0	9.9	−0.10	0.2	10	9.5	10.0	0.47	0.3
		9.8					10.1		
		10.0					9.8		
5	10.2	10.3	0.10	0.2	11	9.0	9.7	0.63	0.1
		10.4					9.6		
		10.2					9.6		
6	10.1	10.1	0.03	0.1	12	10.0	10.2	0.07	0.3
		10.1					9.9		
		10.2					10.1		

续表

周次	质控值	测定值	差值	极差	周次	质控值	测定值	差值	极差
13	10.5	10.4	0.07	0.3	15	10.5	10.6	0.03	0.4
		10.6					10.7		
		10.7					10.3		
14	11.0	11.2	0	0.4	16	10.0	10.2	0.03	0.4
		11.0					10.1		
		10.8					9.8		

注：差值是实际测定均值与质控值之差。

题解：

因为每周从中心站领取的质控样的浓度值不同，因此不能直接用均值作为质量控制图的中心线，只能以质控样浓度值与实际测定的均值之间的差值 $\overline{x}_d$ 作为质量控制图的中心线。

$$\overline{x}_d = \frac{1}{16}\sum_{i=1}^{16}\overline{x}_i = \frac{2.56}{16} = 0.16$$

$$\overline{R} = \frac{1}{16}\sum_{i=1}^{16}R_i = \frac{4.2}{16} = 0.2625$$

$\overline{x}_d$ 质量控制图的中心限与上、下控制限分别是

$$CL = \overline{x}_d = 0.16$$

$$UCL = \overline{x}_d + A_2\overline{R} = 0.16 + 1.023 \times 0.2625 = 0.4285$$

$$UCL = \overline{x}_d - A_2\overline{R} = 0.16 - 1.023 \times 0.2625 = -0.1085$$

将计算结果绘制成质量控制图，如图 7.18 所示。

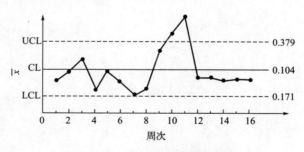

图 7.18　测定汞的质量控制图

由汞质量控制图可见，第 9 周至第 11 周，测试数据有明显的上升趋势。且第 10 周、11 周的测定值超出控制限，说明分析测试过程处于统计失控状态，出现了异常情况。第 9 周至第 11 周的测定数据不能用。

7.5.3　考察环境中污染物浓度的变化趋势

为考察环境污染物浓度的变化趋势，要充分利用历年来积累的历史资料，一般采用前一年或前若干年的监测数据来建立质量控制图。规定一定的采样周期，采取具有代表性样本，

分析污染物浓度。每次采样作为一个样本，将分析结果按采样顺序标在质量控制图上，根据质量控制图来分析污染物的变化规律，及时发现事故排放所引起的污染物浓度的突然变化，预测污染物浓度未来的变化趋势。

如果每次只采取一个样品，则建立单值-移动极差质量控制图。在这种情况下，可按 7.3.1.4 小节单值-移动极差质量控制图中的方法，计算均值 $\bar{x}$ 与移动极差 R_s 及移动极差均值 $\bar{R}_s$，建立所需的质量控制图。将样本容量 n 作为 2 处理。

示例 7.8 考察皮革厂生化处理废水中硫化物浓度的变化规律，定期取样测定硫化物浓度，测得的结果汇总在下表中，试根据表中的数据建立测定硫化物浓度的质量控制图，以了解生化处理车间废水中硫化物浓度的变化趋势。

采样序号	x_i	R_{si}	采样序号	x_i	R_{si}	采样序号	x_i	R_{si}
1	0.30		10	0.20	0.0	19	0.60	0.20
2	0.50	0.20	11	0.30	0.10	20	0.30	0.30
3	0.40	0.10	12	0.40	0.10	21	0.40	0.10
4	0.10	0.30	13	0.30	0.10	22	0.50	0.10
5	0.20	0.10	14	0.10	0.20	23	0.60	0.10
6	0.20	0.0	15	0.20	0.10	24	0.40	0.20
7	0.40	0.20	16	0.20	0.0	25	0.30	0.10
8	0.50	0.10	17	0.50	0.30	26	0.40	0.10
9	0.20	0.30	18	0.40	0.10	27	0.40	0.0

题解：

根据表中的数据，计算测定值 x_i 的均值 $\bar{x}$ 与移动极差 R_s 的均值 $\bar{R}_s$，

$$\bar{x} = \frac{1}{27} \sum_{i=1}^{27} x_i = \frac{9.30}{27} = 0.344$$

$$\bar{R}_s = \frac{1}{26} \sum_{i=1}^{26} R_{si} = \frac{3.50}{26} = 0.135$$

$\bar{x}$ 质量控制图的中心线与上、下控制限分别是

$$\mathrm{CL} = \bar{x} = 0.344$$
$$\mathrm{UCL} = \bar{x} + 2.66\bar{R} = 0.344 + 2.66 \times 0.135 = 0.703$$
$$\mathrm{LCL} = 0$$

建立的硫化物浓度质量控制图如图 7.19 所示。

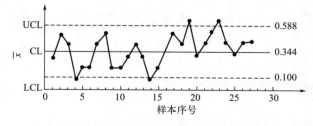

图 7.19　硫化物浓度质量控制图

第8章

极差的应用

8.1 引言

在一组测定值中，各测定值之间常存在一定的离散，离散程度越小，表示测定值的精密度越高。测定值的精密度常用方差或标准差、极差来表征，很少用算术平均差来表示。用方差表征测定值精密度的优点是，利用分析测试信息最充分，全部测定值都参与方差的计算，而且对测定值中的离群值、异常值特别敏感，测定值中一旦出现离群值、异常值，方差立即快速增大。方差另一个重要属性是方差加和性，这是建立方差分析的基础。样本测定值的方差是总体方差的无偏估计值，用样本方差估计总体方差不存在系统误差。方差是表征一组测定值精密度最好的方式，但方差的计算工作量较大。

极差也是表征一组测定值精密度最简便而有效的方式，优点是计算工作量极少，缺点是未能充分利用分析测试所获得的数据和信息。极差在分析测试数据统计处理中有着广泛的应用，可用来估计标准差、判断异常值、估计测定结果的置信区间、检查测定均值的一致性、检验方差齐性、进行方差分析、检查与判断系统误差等。

8.2 极差的属性

极差（range），又称全距。记为 R。是一组测定值中最大值与最小值之差，表示一组测定值的误差范围，故亦称范围误差。极差是一个随机变量。

$$R = x_{max} - x_{min} \qquad (8\text{-}1)$$

若 x 遵从均值为 μ、方差为 σ^2 的正态分布 $N(\mu, \sigma^2)$，则 R 与 μ 无关，而与 σ 有关。R 的概率密度函数比较复杂，用图形表示，如图 8.1 所示。

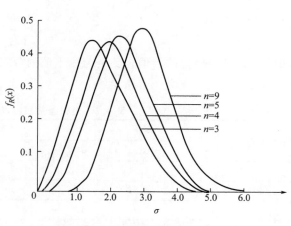

图 8.1 极差 R 的概率密度函数

R 的均值 μ_R 与方差 σ_R^2 分别是

$$\mu_R = d_n \sigma \tag{8-2}$$

$$\sigma_R^2 = d_3^2 \sigma^2 \tag{8-3}$$

式中，d_n 与 d_3^2 是与测定次数 n 有关的系数，其值见表 8.1。因此，可用 R/d_n 作为 σ 估计值，即

$$s = R/d_n \tag{8-4}$$

表 8.1　d_n 与 d_3^2 系数表

n	2	3	4	5	6	7	8	9
d_n	1.1284	1.6926	2.0588	2.3259	2.5344	2.7044	2.8472	2.9700
d_3^2	0.7268	0.7892	0.7741	0.7466	0.7192	0.6942	0.6721	0.6526

极差的优点是计算极为简便，但利用分析信息很不充分，只利用了测定值中最大值与最小值，其他的测定值在数据处理和最终结果中都未能予以利用。

8.3　极差的应用

8.3.1　估计标准差

从式(8-4)可知，极差 R 除以表 8.1 中有关的系数便可以得到标准差 s，计算简便快速。当 $n \leqslant 5$，用式(8-4)计算的标准差值与贝塞尔公式精准计算值非常接近；当 $n > 10$，用式(8-4)计算的标准差值误差较大。这时可将测定值随机分为 m 组，使每组内的测定值数目小于 10。因为分组后的各样本都来自同一总体，各样本的标准差都可作为总体的标准差的估计值，故总体的标准差可按式(8-5)计算

$$s = \frac{1}{m} \sum_{i=1}^{m} s_i = \frac{1}{m} \sum_{i=1}^{m} \frac{R_i}{C_i} \tag{8-5}$$

式中，C_i 是与分组数 m 及各组内测定值数目 n_i 有关的校正系数。当分组是均匀的，$n_1 = n_2 = \cdots = n_m$，$C_1 = C_2 = \cdots = C_m = C$，可用式(8-6)计算标准差估计值 s

$$s = \frac{1}{m} \sum_{i=1}^{m} \frac{R_i}{C_i} = \frac{\overline{R}}{C} \tag{8-6}$$

式中，$\overline{R}$ 是各组极差的均值；C 是与测定值的分组数及组内测定次数有关的校正系数，其值见表 8.2。

表 8.2　由极差估算标准差的校正系数 C

分组数 m	测定次数 n								
	2	3	4	5	6	7	8	9	10
1	1.41	1.91	2.24	2.48	2.67	2.83	2.96	3.08	3.18
2	1.28	1.81	2.15	2.40	2.60	2.77	2.91	3.02	3.13
3	1.23	1.77	2.12	2.38	2.58	2.75	2.89	3.01	3.11
4	1.21	1.75	2.11	2.37	2.57	2.74	2.88	3.00	3.10

分组数 m	测定次数 n								
	2	3	4	5	6	7	8	9	10
5	1.19	1.74	2.18	2.36	2.56	2.73	2.87	2.99	3.10
6	1.18	1.73	2.09	2.36	2.56	2.73	2.87	2.99	3.10
7	1.17	1.72	2.08	2.35	2.56	2.73	2.87	2.98	3.09
8	1.16	1.71	2.08	2.35	2.55	2.72	2.86	2.98	3.09
9	1.15	1.70	2.07	2.34	2.55	2.72	2.86	2.98	3.09
10	1.14	1.69	2.07	2.34	2.55	2.72	2.86	2.98	3.09
20	1.14	1.70	2.06	2.33	2.54	2.71	2.85	2.98	3.08
30	1.14	1.70	2.06	2.33	2.54	2.71	2.85	2.97	3.08
∞	1.128	1.692	2.059	2.326	2.534	2.704	2.847	2.970	3.078

示例 8.1 用原子发射光谱法测定煤灰中的锗，测得的质量分数如下（％）：0.047，0.042，0.050，0.048，0.058，0.058，0.055，0.049，0.050，0.043，0.050，0.050，试用极差法估算测定的标准差。

题解：

将 12 个测定值随机分为两组

$$0.043, 0.058, 0.042, 0.050, 0.050, 0.048, R_1 = 0.016$$
$$0.058, 0.047, 0.050, 0.050, 0.049, 0.055, R_2 = 0.011$$

$$\overline{R} = \frac{R_1 + R_2}{2} = \frac{0.016 + 0.011}{2} = 0.0135$$

在本例中，$m = 2$，$n = 6$，$C = 2.60$，求得

$$s = \frac{\overline{R}}{C} = \frac{0.0135}{2.60} = 0.0052$$

如果将测定值分为三组或四组，尽管 $\overline{R}$ 不相同，但求得标准差 s 值是相近的，与用贝塞尔公式精确计算值 0.00504 非常接近，但而计算工作量节省多了。不同分组数计算的标准差见表 8.3。

表 8.3 不同分组数计算的标准差

分组数 m	组内测定值数 n	极差均值 $\overline{R}$	标准差估计值 s
2	6	0.0135	0.00519
3	4	0.0110	0.00518
4	3	0.00875	0.00500

8.3.2 判断离群值

在一组测定值中，有时出现明显偏大或偏小的测定值，称之为离群值。离群值有可能是由随机因素引起的测定值极度波动产生的极值，也可能是由未曾估计到的异常因素产生的异常值，究竟是极值还是异常值，有时直观上是难以判断的，需要进行统计检验才能断定。用

极差检验是非常方便的。如果判定是极值，则应保留；如果判定是异常值，则应从一组测定值中剔除。极差检验法的优点是简便，不足之处是将本为异常值的测定值作为正常值保留的可能性较大。有关离群值的检验，其方法包括极差检验法，在本书第 4 章 4.3.2 小节中已有详细介绍，有兴趣的读者可以参阅，在此不再赘述。

8.3.3 估计置信区间

在有限次测定中，即使不存在系统误差，由于试验条件的随机波动，多次测定的均值也不等于真值，也只是真值的无偏近似估计值，近似的程度用置信限表示。置信限 $A\sum R$ 可用极差 R 表述。置信区间为

$$CL = \bar{x} \pm A\sum R \tag{8-7}$$

式中，A 是与测定次数有关的系数，其值见表 8.4。置信区间的统计含义是，如果约定显著性水平 α，则有 $(1-\alpha)\times 100\%$ 的概率真值落在区间 $CL = \bar{x} \pm A\sum R$ 内。

表 8.4　由极差估计置信限的系数 A

α	m	n								
		2	3	4	5	6	7	8	9	10
0.05	1	6.36	1.30	0.719	0.505	0.402	0.336	0.291	0.250	0.232
0.01	1	31.9	3.00	1.36	0.865	0.673	0.514	0.430	0.370	0.338
0.05	2	0.879	0.316	0.205	0.154	0.125	0.106	0.093	0.084	0.076
0.01	2	2.11	0.476	0.312	0.227	0.179	0.150	0.131	0.116	0.105
0.05	3	0.360	0.156	0.104	0.079	0.065	0.056	0.049	0.044	0.040
0.01	3	0.660	0.273	0.150	0.112	0.092	0.077	0.068	0.060	0.054
0.05	4	0.210	0.096	0.055	0.050	0.042	0.035	0.032	0.028	0.026
0.01	4	0.350	0.142	0.092	0.070	0.057	0.048	0.043	0.038	0.035
0.05	5	0.140	0.086	0.046	0.036	0.030	0.025	0.022	0.020	0.018
0.01	5	0.226	0.095	0.063	0.049	0.040	0.034	0.030	0.027	0.025
0.05	6	0.102	0.050	0.034	0.027	0.022	0.019	0.017	0.015	0.014
0.01	6	0.157	0.070	0.047	0.036	0.030	0.025	0.023	0.020	0.019
0.05	7	0.079	0.039	0.027	0.021	0.018	0.015	0.013	0.012	0.011
0.01	7	0.117	0.055	0.037	0.029	0.024	0.020	0.018	0.016	0.015
0.05	8	0.063	0.032	0.022	0.017	0.014	0.012	0.011	0.010	0.009
0.01	8	0.094	0.044	0.030	0.023	0.019	0.016	0.014	0.013	0.012
0.05	9	0.053	0.027	0.018	0.014	0.012	0.010	0.009	0.008	0.007
0.01	9	0.076	0.036	0.023	0.019	0.016	0.014	0.012	0.011	0.010
0.05	10	0.044	0.023	0.016	0.012	0.010	0.009	0.008	0.007	0.006
0.01	10	0.064	0.031	0.021	8.016	0.014	0.012	0.010	0.009	0.008

　　示例 8.2　分析人员分析一个样品，两次测定值分别是 49.69 与 50.90，试确定测定值的置信区间。如果分析人员又在相同的条件下继续进行了 4 次测定，测定值分别是 48.89、

51.23、51.47 和 48.80，试确定其置信区间，并考察前后两次测定置信区间的变化。

题解：

第一次测定，$\bar{x} = 50.90 + 49.69 = 50.295$，$R = 50.90 - 49.69 = 1.21$。

在约定显著性水平 $\alpha = 0.05$，针对本例 $m = 1$，$n = 2$，根据表 8.3 由极差估计置信限的系数表查得其置信系数 $A = 6.36$，求得置信限为

$$\pm A \sum R = \pm 6.36 \times 1.21 = \pm 7.70$$

95% 置信区间为

$$CL = \bar{x} \pm A \sum R = 50.29 \pm 6.36 \times 1.21 = 50.29 \pm 7.70$$

表 8.5 列出了不同测定次数的极差估计测定值 95% 置信限的数据。由表中的数据看到，随着测定次数 n 的增加，测定值的极差虽然增大，但置信区间却变窄了，这是因为随着测定次数增多，由极差估计置信限的系数 A 不断减小。同时也说明，用较多测定次数求得的均值来估计真值，比用较少测定次数求得的均值估计真值要更准确。在 8.3.1 小节中曾指出，当 $n > 10$，应将测定值随机分组，使每组内的测定值数目小于 10，以便获得更精确的标准差估计值，从而得到更窄的均值置信区间。

表 8.5　不同测定次数的极差估计测定值 95% 置信限的数据

测定次数 n	均值	极差	置信限	置信区间
2	50.30	1.21	7.70	42.60～58.00
3	49.83	2.01	2.61	47.22～52.44
4	50.18	2.34	1.68	48.50～51.86
5	50.44	2.58	1.30	49.14～51.74
6	50.16	2.67	1.07	49.09～51.23

当测定值数目多时，用极差法估计标准差和置信区间，可以大大节省计算工作量。例如分析一个样品，进行了 18 次测定，得到的测定值是 33、32、30、31、32、29、32、24、34、33、33、25、34、26、29、35、33、34，如果采用第 4 章 4.5.1 小节中式(4-19) t 检验法来估计置信限与置信区间，计算工作量相当大。而用极差估计法，将 18 个测定值随机分为三组

$$32、30、24、25、34、33 \qquad R = 10$$
$$33、31、33、34、22、33 \qquad R = 12$$
$$29、32、34、26、29、35 \qquad R = 9$$

$\sum R = 31$，$\bar{x} = 30.5$。若约定显著性水平 $\alpha = 0.05$，在 $m = 3$，$n = 6$，查得 $A = 0.065$，置信限 $= \pm A \sum R = \pm 0.065 \times 31 = \pm 2.02$，置信区间为 $28.48 \sim 32.52$。采用第 4 章 4.5.1 小节中式(4-19) t 检验法来估计置信限值与置信区间分别是

$$\pm \frac{s}{\sqrt{n}} t = \pm \frac{3.88}{\sqrt{18}} \times 2.11 = 1.93$$

$$\bar{x} \pm \frac{s}{\sqrt{n}} t = 30.5 \pm 1.93, \quad \text{即 } 28.57 \sim 32.43$$

用极差估计法与 t 检验法来估计置信限值与置信区间，其结果是很接近的，求得误差限的相对误差约为 $(2.02 - 1.93)/1.93 \times 100\% = 4.7\%$，但计算工作量少很多，这是极差估计

法的突出优点。

8.3.4 确定容许差

容许差是指在测定中所容许出现的单次测定值的误差限值。在实际测定中，若单次测定值落在这个误差限内，则是容许的。确定容许限对于日常质量管理与生产控制是很重要的。

容许区间可由极差按式(8-8)来确定

$$TL = \overline{x} \pm I \sum R \tag{8-8}$$

式中，I 是与测定的次数及置信度有关的系数，可由表 8.6 中查得；$I \sum R$ 为容许限。

表 8.6　由极差确定单次测定值容许限的系数 I

α	m	n								
		2	3	4	5	6	7	8	9	10
0.05	1	8.99	2.25	1.44	1.13	0.985	0.889	0.823	0.768	0.734
0.01	1	45.1	5.20	2.72	1.93	1.65	1.36	1.22	1.14	1.07
0.05	2	1.76	0.774	0.583	0.487	0.433	0.397	0.372	0.356	0.340
0.01	2	4.22	1.16	0.882	0.718	0.620	0.561	0.524	0.492	0.470
0.05	3	0.882	0.486	0.360	0.306	0.276	0.257	0.240	0.339	0.219
0.01	3	1.62	0.819	0.520	0.434	0.386	0.353	0.333	0.312	0.296
0.05	4	0.594	0.332	0.260	0.224	0.206	0.190	0.781	0.168	0.164
0.01	4	0.990	0.492	0.368	0.313	0.279	0.254	0.243	0.228	0.221
0.05	5	0.443	0.256	0.206	0.175	0.164	0.148	0.139	0.134	0.127
0.01	5	0.715	0.368	0.282	0.245	0.219	0.201	0.190	0.181	0.177
0.05	6	0.353	0.212	0.166	0.148	0132	0.123	0.118	0.110	0.108
0.01	6	0.544	0.297	0.230	0.197	0.180	0.168	0.159	0.147	0.145
0.05	7	0.296	0.179	0.143	0.124	0.117	0.105	0.097	0.095	0.092
0.01	7	0.438	0.252	0.196	0.172	0.156	0.140	0.135	0.127	0.124
0.05	8	0.252	0.167	0.124	0.108	0.097	0.090	0.088	0.085	0.080
0.01	8	0.376	0.216	0.170	0.145	0.132	0.120	0.112	0.110	0.108
0.05	9	0.225	0.140	0.108	0.094	0.088	0.078	0.076	0.072	0.066
0.01	9	0.322	0.187	0.150	0.127	0.118	0.111	0.101	0.099	0.095
0.05	10	0.197	0.126	0.101	0.085	0.077	0.075	0.072	0.066	0.060
0.01	10	0.286	0.170	0.133	0.113	0.108	0.100	0.089	0.085	0.080

示例 8.3　用脉冲色谱法测定不锈钢中的氮含量，12 次测定结果（％）如下：0.0294、0.0297、0.0298、0.0300、0.0300、0.0300、0.0300、0.0304、0.0303、0.0306、0.0307、0.0310。试根据数据确定单次的容许限。

题解：

将 12 次测定值随机分为三组：

$$0.0294、0.0300、0.0304、0.0297 \qquad R_1 = 0.0010$$
$$0.0300、0.0307、0.0300、0.0310 \qquad R_1 = 0.0010$$

0.0306、0.0303、0.0298、0.0300　　　$R_1 = 0.0008$

$$\sum R = 0.0010 + 0.0010 + 0.0008 = 0.0028$$

$$\overline{x} = \frac{1}{12}\sum_{i=1}^{12} x_i = 0.03016$$

给定显著性水平 $\alpha = 0.05$，本例中 $m = 3$，$n = 4$，从表 8.5 查得 $I = 0.360$，单次测定值 95% 置信度的容许限为

$$I\sum R = 0.360 \times 0.0028 = 0.001008$$

与采用 t 检验法求得的容许限值 $st_{0.05,11} = 0.00046 \times 2.20 = 0.001012$ 是一致的。

8.3.5　检验均值的一致性

均值比较有两种类型，一种类型是实验测定均值与作为比较标准的标准样品的标准值、管理（控制）样品的给定值进行比较，目的是检验实验测定均值是否正确可靠。

检验时使用统计量

$$L = \frac{|\overline{x} - \overline{x}_0|}{R} \tag{8-9}$$

进行检验。式中，$\overline{x}_0$ 是作为检验标准的标准样品的标准值或管理（控制）样品的给定值；$\overline{x}$ 是被检验的测定均值；R 是被检验的测定均值的极差。当由式(8-9)计算的 L 值小于表 8.7 中约定显著性水平 α 与相应测定次数 n 的临界值 $L_{\alpha,n}$，说明测定均值与标准样品的标准值或管理（控制）样品的给定值之间没有显著性差异，测定结果是可靠的，所使用的测定方法是可行的。反之，由式(8-9)计算的 L 值大于表 8.7 中约定显著性水平 α 与相应测定次数 n 的临界值 $L_{\alpha,n}$，说明测定均值与标准样品的标准值或管理（控制）样品的给定值之间有显著性差异，测定的均值有问题或者说是不可靠的，需要重新进行测定验证。

表 8.7　L 临界值

n	α_1			
	0.05	0.025	0.01	0.005
	α_2			
	0.1	0.05	0.02	0.01
2	3.16	6.36	15.9	31.9
3	0.883	1.30	2.10	3.00
4	0.533	0.719	1.07	1.36
5	0.390	0.503	0.692	0.865
6	0.313	0.402	0.529	0.673
7	0.264	0.336	0.433	0.514
8	0.229	0.291	0.369	0.430
9	0.205	0.256	0.324	0.379
10	0.185	0.232	0.290	0.338

注：α_1 是单侧检验的显著性水平，α_2 是双侧检验的显著性水平。

均值比较的另一种类型是两个实验测定均值的比对，目的是检验被比对的两个测定均值之间统计上是否有显著性差异。两个实验测定均值 $\overline{x}_1$ 与 $\overline{x}_2$ 的比较，检验时使用统计量

$$M = \frac{|\overline{x}_1 - \overline{x}_2|}{R_1 + R_2} \tag{8-10}$$

式中，R_1 与 R_2 分别是被比较的两个测定均值的极差。

当由式(8-10)计算的 M 值小于表 8.8 中约定显著性水平 α 与相应测定次数 n_1 与 n_2 的临界值 $M_{\alpha(n_1, n_2)}$，表明两个测定均值之间无显著性差异，说明两个均值的一致性良好，但不能证明两个测定均值是准确可靠的，一致性良好不等于准确可靠。一致性良好也可能是准确可靠的，也可能两个测定均值都不准确可靠。如果统计检验结果两个测定均值之间有显著性差异，表明两个测定均值中至少有一个存在问题，也可能两个测定均值都存在问题。要证明两个测定均值准确可靠，需要用标准样品或管理（控制）样品进行验证。

表 8.8　M 临界值

n_1	n_2	α_1			
		0.05	0.025	0.01	0.005
		α_2			
		0.1	0.05	0.02	0.01
2	2	1.161	1.714	2.776	3.958
	3	0.693	0.915	1.255	1.557
	4	0.556	0.732	1.002	1.242
	5	0.478	0.619	0.827	1.008
	6	0.429	0.549	0.721	0.865
	7	0.396	0.502	0.652	0.776
	8	0.372	0.469	0.603	0.713
	9	0.353	0.443	0.567	0.666
	10	0.338	0.423	0.538	0.630
	15	0.294	0.363	0.455	0.526
	20	0.270	0.333	0.414	0.475
3	3	0.487	0.635	0.860	1.050
	4	0.398	0.511	0.663	0.814
	5	0.339	0.429	0.556	0.660
	6	0.311	0.391	0.501	0.590
	7	0.288	0.360	0.458	0.536
	8	0.271	0.338	0.427	0.498
	9	0.258	0.321	0.404	0.469
	10	0.248	0.307	0.385	0.446
	15	0.216	0.266	0.330	0.378
	20	0.200	0.245	0.302	0.344

n_1	n_2	α_1			
		0.05	0.025	0.01	0.005
		α_2			
		0.1	0.05	0.02	0.01
4	4	0.322	0.407	0.526	0.620
	5	0.282	0.353	0.450	0.528
	6	0.256	0.319	0.403	0.469
	7	0.237	0.294	0.370	0.429
	8	0.224	0.276	0.346	0.399
	9	0.213	0.263	0.327	0.377
	10	0.204	0.252	0.313	0.359
	15	0.178	0.218	0.268	0.306
	20	0.164	0.200	0.246	0.279
5	5	0.247	0.307	0.387	0.450
	6	0.224	0.277	0.347	0.402
	7	0.218	0.256	0.319	0.368
	8	0.195	0.240	0.299	0.343
	9	0.185	0.228	0.282	0.323
	10	0.178	0.218	0.270	0.309
	15	0.155	0.189	0.232	0.263
	20	0.142	0.173	0.212	0.240
6	6	0.203	0.250	0.312	0.359
	7	0.188	0.240	0.287	0.329
	8	0.177	0.217	0.258	0.307
	9	0.168	0.206	0.254	0.289
	10	0.161	0.197	0.242	0.276
	15	0.139	0.169	0.207	0.235
	20	0.128	0.155	0.189	0.214
7	7	0.174	0.213	0.265	0.301
	8	0.163	0.200	0.263	0.281
	9	0.155	0.189	0.246	0.265
	10	0.148	0.181	0.233	0.252
	15	0.128	0.155	0.222	0.214
	20	0.117	0.142	0.189	0.195

n_1	n_2	α_1			
		0.05	0.025	0.01	0.005
		α_2			
		0.1	0.05	0.02	0.01
8	8	0.153	0.187	0.231	0.262
	9	0.145	0.177	0.217	0.247
	10	0.139	0.169	0.207	0.235
	15	0.119	0.144	0.176	0.199
	20	0.109	0.132	0.160	0.180
9	9	0.137	0.167	0.205	0.233
	10	0.131	0.160	0.195	0.221
	15	0.112	0.136	0.165	0.187
	20	0.102	0.124	0.150	0.169
10	10	0.125	0.152	0.186	0.210
	12	0.116	0.141	0.171	0.194
	14	0.109	0.133	0.161	0.182
	16	0.104	0.136	0.153	0.173
	18	0.100	0.121	0.147	0.165
	20	0.097	0.117	0.142	0.160
12	12	0.107	0.130	0.158	0.178
	14	0.101	0.122	0.148	0.167
	16	0.096	0.116	0.140	0.158
	18	0.092	0.111	0.134	0.151
	20	0.089	0.107	0.130	0.146
14	14	0.094	0.114	0.138	0.156
	16	0.090	0.108	0.131	0.147
	18	0.086	0.104	0.125	0.141
	20	0.083	0.101	0.121	0.135
16	16	0.085	0.103	0.124	0.139
	18	0.081	0.098	0.118	0.133
	20	0.078	0.094	0.114	0.128
18	18	0.077	0.093	0.113	0.126
	20	0.074	0.090	0.108	0.121
20	20	0.071	0.086	0.104	0.116

注：α_1 是单侧检验的显著性水平，α_2 是双侧检验的显著性水平。

示例 8.4 两个分析人员测定水泥中的铁，各进行 3 次重复测定，测定值（μg）分别是：

$$9.5、8.6、8.9，\overline{x}_1 = 9.0$$

$$7.6、8.3、8.2，\overline{x}_1 = 8.0$$

试问两分析人员的测定均值之间是否有显著性差异。

题解：

两分析人员测定值的极差分别是：$R_1 = 9.5 - 8.6 = 0.9$，$R_2 = 8.3 - 7.6 = 0.7$，检验统计量

$$M = \frac{|x_1 - x_2|}{R_1 + R_2} = \frac{9.0 - 8.0}{0.9 + 0.7} = 0.625$$

不管两个分析人员的测定均值，何者为大，何者为小，只要检验统计量值 M 大于约定显著性水平 α 与相应测定值数目时的检验临界值，就认为有显著性差异。本例是双侧检验，查表 8.8 检验临界值，约定显著性水平 $\alpha = 0.05$，$n_1 = n_2 = 3$，$M_{0.05(3, 3)} = 0.635$，$M < M_{0.05(3, 3)}$，表明两分析人员测定值之间无显著性差异；若约定显著性水平 $\alpha = 0.10$，$M > M_{0.10(3, 3)}$（0.487），表明两分析人员测定值之间有显著性差异。为什么约定显著性水平 α 不同有不同的结论，因为不同的约定显著性水平 α 允许测定值的置信范围不同，约定显著性水平 $\alpha = 0.05$ 允许测定值的置信范围比 $\alpha = 0.10$ 允许测定值的置信范围宽。如本例，测定值的波动范围超越了 $\alpha = 0.10$ 允许测定值的置信范围，但仍在 $\alpha = 0.05$ 允许测定值的置信范围内。

8.3.6　检验方差齐性

方差反映了测定值的精密度，是衡量测定结果优劣的基本指标之一。通过对测定值极差的比较可以检验两组测定值方差齐性（也称方差的一致性）。从而对不同实验室、不同分析人员、不同分析方法测定结果的质量做出评价。用极差比进行 F 检验使用统计量

$$F' = \frac{R_1}{R_2} \quad (R_1 > R_2) \tag{8-11}$$

若由测定值计算的 F' 小于约定显著性水平 α 与相应测定次数（n_1，n_2）时的临界值 $F'_{\alpha(n_1, n_2)}$，表明两总体的方差齐性在统计上无显著性差异；反之，若由测定值计算的 F' 大于给定显著性水平 α 与相应测定次数（n_1，n_2）时的临界值 $F'_{\alpha(n_1, n_2)}$，表明两总体的方差在统计上有显著性差异。

示例 8.5　甲、乙两位分析人员用同一分析方法测定金属钠中的铁含量，测得的铁含量（$\mu g/g$）如下。

甲：8.0，8.0，10.0，10.0，6.0，6.0，4.0，6.0，6.0，8.0　$R_1 = 6.0$

乙：7.5，7.5，4.5，4.5，6.0，6.0，4.0，6.0，6.0，8.0　$R_2 = 4.0$

试就甲、乙两人测定铁的精密度做出评价。

题解：

甲、乙两位分析人员测定值的极差比

$$F' = \frac{R_1}{R_2} = \frac{6.0}{4.0} = 1.5$$

查表 8.9 极差比检验方差齐性的临界值，在约定显著性水平 $\alpha = 0.05$，$n_1 = n_2 = 10$，测定值的置信范围是（0.48~2.1）。由实验值求得的极差比为 1.5，在置信范围内，因此，可以认为甲、乙两人测定金属钠中铁的精密度在统计上没有显著性差异。用极差比 F' 检验与用方差 F 检验的结论是一致的（参见第 4 章 4.4.2 节两个总体方差的检验）。

表 8.9 极差比检验方差齐性的临界值

分母 n_2	累积概率	分子 n_1								
		2	3	4	5	6	7	8	9	10
2	0.025	0.039	0.217	0.37	0.50	0.60	0.68	0.74	0.79	0.83
	0.05	0.079	0.31	0.50	0.62	0.74	0.80	0.86	0.91	0.95
	0.95	12.7	19.1	23	26	29	30	32	34	35
	0.975	25.5	38.2	52	57	60	62	64	67	68
3	0.025	0.026	0.160	0.28	0.39	0.47	0.54	0.59	0.64	0.68
	0.05	0.052	0.23	0.37	0.49	0.57	0.64	0.70	0.75	0.80
	0.95	3.19	4.4	5.0	5.7	6.2	6.6	6.9	7.2	7.4
	0.975	4.61	6.3	7.3	8.0	8.7	9.3	9.8	10.2	10.5
4	0.025	0.019	0.137	0.25	0.34	0.42	0.48	0.53	0.57	0.61
	0.05	0.043	0.20	0.32	0.42	0.50	0.57	0.62	0.67	0.70
	0.95	2.02	2.7	3.1	3.4	3.6	3.8	4.0	4.2	4.4
	0.975	2.72	3.5	4.0	4.4	4.7	5.0	5.2	5.4	5.6
5	0.025	0.018	0.124	0.23	0.32	0.38	0.44	0.49	0.53	0.57
	0.05	0.038	0.18	0.29	0.40	0.46	0.52	0.57	0.61	0.65
	0.95	1.61	2.1	2.4	2.6	2.8	2.9	3.0	3.1	3.2
	0.975	2.01	2.6	2.9	3.2	3.4	3.6	3.7	3.8	3.9
6	0.025	0.017	0.115	0.21	0.30	0.36	0.42	0.46	0.50	0.54
	0.05	0.035	0.16	0.27	0.36	0.43	0.49	0.54	0.58	0.61
	0.95	1.36	1.8	2.0	2.2	2.3	2.4	2.5	3.6	2.7
	0.975	1.67	2.1	2.4	2.6	2.8	2.9	3.0	3.1	3.2
7	0.025	0.016	0.107	0.20	0.28	0.34	0.40	0.44	0.48	0.52
	0.05	0.032	0.15	0.26	0.35	0.41	0.47	0.51	0.55	0.59
	0.95	1.26	1.6	1.8	1.9	2.0	2.1	2.2	2.3	2.4
	0.975	1.48	1.9	2.1	2.3	2.4	2.5	2.6	2.7	2.8
8	0.025	0.016	0.102	0.19	0.27	0.33	0.38	0.43	0.47	0.50
	0.05	0.031	0.014	0.25	0.33	0.40	0.45	0.50	0.53	0.57
	0.95	1.17	1.4	1.6	1.8	1.9	1.9	2.0	2.1	2.1
	0.975	1.36	1.7	1.9	2.0	2.2	2.3	2.3	2.4	2.5
9	0.025	0.015	0.098	0.18	0.26	0.32	0.37	0.42	0.46	0.49
	0.05	0.030	0.014	0.24	0.32	0.38	0.44	0.48	0.52	0.55
	0.95	1.10	1.5	1.5	1.6	1.7	1.8	1.9	1.9	2.0
	0.975	1.27	1.8	1.8	1.9	2.0	2.1	2.1	2.2	2.3
10	0.025	0.015	0.095	0.18	0.25	0.31	0.36	0.41	0.44	0.48
	0.05	0.024	0.013	0.23	0.31	0.37	0.43	0.47	0.51	0.54
	0.95	1.05	1.3	1.4	1.5	1.6	1.7	1.8	1.8	1.9
	0.975	1.21	1.5	1.6	1.8	1.9	1.9	2.0	2.0	2.1

8.3.7 检验系统误差

分析人员分析一个试样时，通常取几份大致等量的试样进行重复测定，以便获得测定结果的精密度，但不能获得有关测定结果系统误差的信息。通常用标准样品、管理控制样品或标准分析方法进行对照试验来检查系统误差。但在实际工作中，并不是随时随地能得到所需要的标准样品、管理控制样品或标准分析方法。如果改变一下试验设计方法，就可以在分析试样过程中同时完成系统误差的检验。

分取几份不同量的试样进行测定，对测定数据进行回归分析，建立校正曲线，求得斜率 b 与截距 a。截距 a 反映了测定中的系统误差，如果测定中不存在系统误差，截距 $a=0$。因此，检查测定中是否存在系统误差就转化成了 a 与 0 在统计上是否有显著性差异的问题。现举一实例予以详细说明。

示例 8.6 在冷酸性溶液中用普鲁卡因 ［4-氨基苯甲酸-2-（二乙氨基）乙酯］标定亚硝酸钠，分别取 200、400、600、800mg 普鲁卡因进行标定，分别消耗 7.50、14.90、22.25、28.65mL 亚硝酸钠，试根据上述数据检查测定中是否存在系统误差。

题解：

按第 5 章 5.2.2 小节式(5-5) 与式(5-6) 分别求出斜率 $b=0.0369$ 与截距 $a=0.125$，建立校正曲线

$$y=0.125+0.0369x$$

按照回归方程计算，理应消耗亚硝酸钠体积应是 7.505、14.885、22.235、28.645mL。实际消耗亚硝酸钠体积与理论计算亚硝酸钠体积之差 R_i' 分别是

$$7.505-7.50=0.005$$
$$14.90-14.885=0.015$$
$$22.25-22.235=0.015$$
$$28.65-28.645=0.005$$
$$\sum R'=0.005+0.015+0.015+0.005=0.040\text{mL}$$

需注意的是，R_i' 是相对于回归线中心的距离，是极差的一半，因此极差 $R=2R'=0.080$。

根据回归方程的精密度与截距精密度的相互关系 ［参见第 5 章 5.2.3.2 小节式(5-19)］

$$R_a=R\left[\frac{\sum\limits_{i=1}^{n}x_i^2}{n\sum\limits_{i=1}^{n}(x_i-\overline{x})^2}\right]^{1/2}$$

$$R_a=0.080\left[\frac{1652.445}{4\times272.3225}\right]^{1/2}=0.0986$$

计算检验统计量

$$L=\frac{|a-0|}{R_a}=\frac{0.125}{0.0986}=1.27$$

查表 8.7 L 临界值，在给定显著性水平 $\alpha=0.05$，试验点数目 $n=4$，临界值 $L_{0.05,4}=0.719$，$L>L_{0.05,4}$，说明 a 与 0 的差异在统计上是显著性的，测定中存在系统误差。

8.3.8 用于方差分析

方差分析是分析测试数据处理的一种常用方法，应用广泛，但计算工作量较大，用极差进行方差分析变得比较方便。用极差进行方差分析使用统计量

$$q = \frac{R}{s_e}\sqrt{n} \tag{8-12}$$

式中，R 是因素不同水平下均值的极差；s_e 是按式(8-6)由极差计算的标准差；n 是每一因素水平试验重复的次数。如果由样本值计算的 q 值大于附录表 5 中约定显著性水平 α 和相应自由度 f_e 下的临界值 $q_{\alpha(m, f_e)}$，表示因素各水平之间的差异在统计上是显著的，在这里 m 是指因素水平数。由极差估计标准差时，自由度有所损失，有效自由度 f_e 只相当于正规自由度 f 的 90%，f_e 是计算试验误差的自由度，由表 8.10 查得。

表 8.10　由极差估计标准差的有效自由度 f_e

分组数 m	测定次数 n								
	2	3	4	5	6	7	8	9	10
1	1.0	2.0	2.9	3.8	4.7	5.5	6.3	7.0	7.7
2	1.9	3.8	5.7	7.5	8.2	10.8	12.3	13.8	15.1
3	2.8	5.7	8.4	11.1	12.6	16.0	18.3	20.5	22.6
4	3.7	7.5	11.2	14.7	18.1	21.3	24.4	27.3	30.1
5	4.6	8.3	13.9	18.4	22.6	26.6	30.4	34.6	37.5
6	5.5	11.1	16.6	22.0	27.1	31.9	36.4	40.8	45.0
7	6.4	12.9	18.4	25.6	31.5	37.1	42.5	47.6	52.4
8	7.2	14.8	22.1	28.3	36.0	42.4	48.5	54.3	58.8
9	8.1	16.6	24.9	32.9	40.5	47.7	54.5	61.1	67.3
10	8.0	18.4	27.6	36.5	44.9	52.9	60.0	67.8	74.8
15	13.4	27.5	41.3	54.6	67.2	78.3	90.7	101.6	112.0
20	17.8	36.6	55.0	72.7	88.6	105.6	120.9	135.3	148.3
25	22.2	45.6	68.7	90.8	111.9	131.9	151.0	168.2	186.6
30	26.5	54.7	82.4	108.9	134.2	158.3	181.2	203.0	223.8

示例 8.7　用四种不同的分析方法测定某试样中的含水量（％），测得的数据列于下表，试根据表中数据对四种分析方法做出评价。

测定次数	分析方法 1	分析方法 2	分析方法 3	分析方法 4
1	1.9	1.7	1.6	1.1
2	1.7	1.6	1.7	1.3
3	2.0	1.5	1.9	1.6
4	1.6	2.0	1.6	1.1
5	1.9	1.6	1.4	1.2
测定均值	1.82	1.68	1.64	1.26
极差	0.4	0.5	0.5	0.5

题解：

本例是单因素多水平试验数据方差分析。先由测定值极差估计试验误差，用分析方法的测定值极差均值估计总试验误差，

$$\overline{R} = \frac{0.4 + 0.5 + 0.5 + 0.5}{4} = 0.415$$

在本例中，因素水平数 $m = 4$，重复测定次数 $n = 5$，查表8.2校正系数 C 表，$C = 2.37$。由极差计算的标准差

$$s_e = \frac{\overline{R}}{C} = \frac{0.475}{2.37} = 0.20$$

检验因素主效应，判断各分析方法是否有显著性差异，各分析方法测定均值之间极差是

$$R = 1.82 - 1.26 = 0.56$$

按式(8-12)计算试验统计量值

$$q = \frac{R}{s_e}\sqrt{n} = \frac{0.56}{0.20} \times \sqrt{5} = 6.26$$

在约定显著性水平 $\alpha = 0.05$，$m = 4$，有效自由度由表8.10查得，$f_e = 14.7$，查附录表5，检验临界值 $q_{0.05(4, 14.7)} = 4.09$（内插法求得）。$q > q_{0.05(4, 14.7)}$，说明各分析方法测得的测定值之间有显著性差异。

上述统计检验确定四个分析方法之间有显著性差异，这是就总体而言，并不意味着各分析方法之间都有显著性差异，要确定哪些分析方法之间有、无显著性差异，需要进一步对四种分析方法两两分别进行统计检验。

因为各分析方法的测定次数相同，可参照第6章6.7.1.1小节多重比较中的T检验法式(6-56)对四种分析方法两两分别进行统计检验。当两分析方法测定值之间的差值小于约定显著性水平 α 和相应测定次数 n 的临界值 d_T，表明两分析方法之间没有显著性差异，反之，则认为有显著性差异。针对本例而言，$m = 4$，$n = 5$，$s_e = 0.2$，$f_e = 14.7$，$q_{\alpha(m, f_e)} = 4.09$

$$d_T = q_{\alpha(m, f_e)}\frac{s_e}{\sqrt{n}} = 4.09 \times \frac{0.2}{\sqrt{5}} = 0.37$$

分析方法1、2、3测定值的均值之间差值 <0.37，表明没有显著性差异。分析方法4测定值的均值与分析方法1、2测定的均值之间在统计上有显著性差异。分析方法4与分析方法3测定值均值的差值邻近临界值边缘。

下面以第6章6.4.1小节中示例6.3火焰原子吸收分光光度法测定镍电解液中的铜为例，用极差进行多因素多水平试验数据的方差分析。为便于进行讨论，将实验数据重新抄录如下：

乙炔流量 /(L/min)	空气流量/(L/min)									
	8		9		10		11		12	
1.0	81.1	80.5	81.5	81.0	80.3	80.5	80.0	81.0	77.0	76.5
1.5	81.4	80.7	81.8	82.0	79.4	80.0	79.1	79.5	75.9	76.0
2.0	75.0	74.5	76.1	76.5	75.4	76.0	75.4	76.0	70.8	71.0
2.5	60.4	61.0	67.9	68.0	68.7	69.0	69.8	70.0	68.7	69.0

首先，估算试验误差。在同一乙炔-空气流量条件下，重复测定的极差可以作为试验误差的量度，其平均极差为

$$\overline{R} = \frac{(81.1-80.5)+(81.5-81.0)+\cdots+(70.0-69.8)+(69.0-68.7)}{20} = 0.52$$

在 $m=20$，$n=2$，由表 8.2 查得校正系数，$C=1.14$，由极差计算标准差，

$$s_e = \frac{\overline{R}}{C} = \frac{0.52}{1.14} = 0.456$$

检验乙炔流量与空气流量的统计量分别是

$$q_{乙炔} = \frac{R_{乙炔}}{s_e}\sqrt{nr} \qquad\qquad (8-13)$$

$$q_{空气} = \frac{R_{空气}}{s_e}\sqrt{np} \qquad\qquad (8-14)$$

乙炔流量是 1.0、1.5、2.0、2.5L/min 时，测得的吸光度均值分别是

$$79.84、79.58、74.67、67.25$$

$$R_{乙炔} = 79.84 - 67.25 = 12.59$$

空气流量是 8、9、10、11、12L/min 时，测得的吸光度均值分别是

$$74.32、76.85、76.16、76.35、73.11$$

$$R_{空气} = 76.85 - 73.11 = 3.74$$

用计算的标准差 s_e 与 $R_{乙炔}$ 和 $R_{空气}$ 极差检验乙炔流量、空气流量的主效应。乙炔流量水平数 $r=4$，空气流量水平数 $p=5$，重复测定次数 $n=2$。检验乙炔流量与空气流量统计量值分别是

$$q_{乙炔} = \frac{R_{乙炔}}{s_e}\sqrt{np} = \frac{12.59}{0.456} \times \sqrt{2\times5} = 88.0$$

$$q_{空气} = \frac{R_{空气}}{s_e}\sqrt{nr} = \frac{3.74}{0.456} \times \sqrt{2\times4} = 23.2$$

在本例中，由 20 个极差值估计试验误差，查表 8.10 在分组数 $m=20$，$n=2$，得有效自由度 $f_e=17.8$，取近似值 $f_e=18$，由 q 表查找检验临界值 $q_{\alpha(f_i, f_e)}$。在显著性水平 $\alpha=0.05$，乙炔流量水平数 $r=4$，$q_{0.05(4,18)}=4.00$，$q_{乙炔} > q_{0.05(4,18)}$，乙炔流量效应在统计上是高度显著的。空气流量水平数 $p=5$，$q_{0.05(5,18)}=4.28$，$q_{空气} > q_{0.05(5,18)}$，说明空气流量效应在统计上也是高度显著的，这一结论与第 6 章 6.4.1 小节方差检验的结论是不同的。在第 6 章 6.4.1 小节方差分析中，将总偏差平方和分解为乙炔流量效应、空气流量效应、乙炔-空气流量交互效应及试验误差效应偏差平方和 4 部分，由于乙炔-空气流量交互效应显著，乙炔流量、空气流量主效应对两者交互效应进行统计检验，检验结果表明空气流量效应不显著。在这里用极差进行检验，没有将交互效应偏差平方和从总效应偏差平方和中分离出来，是空气流量效应对试验误差效应进行检验，试验误差效应很小，而乙炔与空气交互效应又加载在乙炔与空气流量的主效应内，增大了空气流量效应，因此，空气流量效应对试验误差效应进行统计检验，就显示高度显著。这是用极差检验与第 6 章 6.4.1 小节方差检验结论不同的原因。

就总体而言，乙炔流量与空气流量效应在统计上都是高度显著的，但并不说明，乙炔流量、空气流量任何两水平之间的效应都有显著性差异，欲确定乙炔流量、空气流量哪些水平

效应之间有显著性差异，要进一步分别进行两因素水平效应检验。检验乙炔流量与空气流量效应，分别使用以下统计量

$$d_{T乙炔} = \frac{s_R}{\sqrt{nr}} q_{0.05(4,18)} = \frac{0.456}{\sqrt{2 \times 5}} \times 4.00 = 0.577$$

$$d_{T空气} = \frac{s_R}{\sqrt{nr}} q_{0.05(4,18)} = \frac{0.456}{\sqrt{2 \times 4}} \times 4.00 = 0.645$$

如果任意两水平效应值的差值大于上述 d_T 值，则判定有显著性差异，反之，则判为无显著性差异。先计算乙炔流量与空气流量任意不同两水平吸光度之间的差值，并与上述计算的 d_T 值进行比较，比较结果如下：

对乙炔流量

$$|\overline{x}_{1.0} - \overline{x}_{1.5}| = 0.36 < d_T$$
$$|\overline{x}_{1.0} - \overline{x}_{2.0}| = 5.27 > d_T$$
$$|\overline{x}_{1.0} - \overline{x}_{2.5}| = 12.7 > d_T$$
$$|\overline{x}_{1.5} - \overline{x}_{2.0}| = 4.91 > d_T$$
$$|\overline{x}_{1.5} - \overline{x}_{2.5}| = 12.3 > d_T$$
$$|\overline{x}_{2.0} - \overline{x}_{2.5}| = 7.42 > d_T$$

对空气流量

$$|\overline{x}_8 - \overline{x}_9| = 2.53 > d_T$$
$$|\overline{x}_8 - \overline{x}_{10}| = 1.84 > d_T$$
$$|\overline{x}_8 - \overline{x}_{11}| = 2.03 > d_T$$
$$|\overline{x}_8 - \overline{x}_{12}| = 1.21 > d_T$$
$$|\overline{x}_9 - \overline{x}_{10}| = 0.89 > d_T$$
$$|\overline{x}_9 - \overline{x}_{11}| = 0.50 < d_T$$
$$|\overline{x}_9 - \overline{x}_{12}| = 3.74 > d_T$$
$$|\overline{x}_{10} - \overline{x}_{11}| = 0.19 < d_T$$
$$|\overline{x}_{10} - \overline{x}_{12}| = 3.05 > d_T$$
$$|\overline{x}_{11} - \overline{x}_{12}| = 3.24 > d_T$$

由上述比较结果可以看到，乙炔流量在 1.0~1.5L/min 范围内对吸光度没有明显影响，当乙炔流量进一步增大时，吸光度随乙炔流量增大而减小；空气流量在 10~11L/min 范围内，对吸光度没有明显的影响，空气流量过大或过小，都使吸光度减小。说明乙炔流量与空气流量水平不同组合的影响，即交互效应也是显著的。最后确定合适的测定条件是乙炔流量 1.0~1.5L/min，空气流量 10~11L/min。

第9章

取　样

9.1　概述

抽样（sampling）就是按照分析测试的要求与抽样规范，从被分析的样品总体中，采集一定数量的样品。抽样亦称取样、采样。所采集的样品，称为样本（sample）。从实际分析测试工作考虑，对全部样品进行测试或检验是行不通的。第一，花费大，在经济上不合理；第二，在客观上不允许对全部样品进行检验，分析人员都知道，化学分析基本上是破坏性检验，样品检验完毕，被检样品也都被破坏了，丧失了再作为产品的价值，对贵重、稀有等样品当然不允许对全部样品进行检验；第三，客观上不可能或无法对全样品进行检验，如大气环境监测，海洋、江湖水源监测，环境背景值研究，土壤调查等，不可能对全部样品进行检验，只能抽样检验。因此，抽样检验（sampling test）是分析测试普遍采用的一种工作模式。通过对样本质量检验的结果，估计与判断样本所源自的总体质量与属性。

对于生产工厂而言，抽样检验包括生产原料是否合格的抽样验收检验，生产过程是否正常的质量控制抽样检验，生产成品质量的抽样验收检验。对分析测试而言，主要检验分析测试过程是否正常，测试数据是否存在系统误差，测试数据的精密度是否满足要求等。抽样检验一旦发现异常情况或可能出现异常的征兆，应及时采取措施加以纠正。

抽样检验的基本要求是，要保证所采集的样品有足够的代表性，分析测试数据准确可靠，数据处理方法科学合理，引出结论正确，经得起客观实践的检验。采样的代表性包括质与量两个方面。在质的方面，要求不同来源的样品在总采集样品中都有适当的比例，在量的方面，要求每种来源的样品都采集到足够而必要的数量，以满足抽样检验的需求。抽样检验是一门统计技术，从采样、过程控制到数据处理都应按照数理统计原理与方法进行。按照概率理论对抽样检验结果的评价亦是一种统计评价，即对抽样检验的平均效果的判断与评价。统计判断与评价也可能出现错误，一种是将本来合格的产品误判为不合格产品或将本来合格的测试数据误判为不合格数据，这类误判在统计上称为犯第一类错误；另一种是将本来不合格的产品判为合格的产品或将本来不合格的测试数据判为合格的数据，这类误判在统计上称为犯第二类错误。

抽样检验不可能要求既不犯第一类错误，又不犯第二类错误，只是要求在产品质量好、分析测试数据好时，能以大概率接收产品与测试数据，而当产品质量差、测试数据质量差时，能以大概率拒收产品与测试数据，使犯两类错误的概率限制到客观上所容许的地步。通常将犯第一类错误的概率限制在 0.01、0.05，犯第二类错误的概率限制在 0.10。

9.2　抽样模式

9.2.1　随机抽样

随机抽样（random sampling）是抽样检验的基本采样形式。抽样时，事先将属于同一总体的各单位样品编号，然后按随机数表或抽签的方式来决定所抽检的样品。随机抽样的特点是，总体中每个样品被抽中的概率是相同的，排除了抽样时人的主观随意性，同时也失去了人的主观能动性。当总体变异性大时，抽得的样本的代表性差。

当进行重复抽样时，即任一产品被抽中后仍放回总体中去，再参与下次抽样。抽样的均值误差，对计数抽样与计量抽样分别为

$$\sigma_p = \sqrt{\frac{p(1-p)}{n}} \tag{9-1}$$

$$\sigma_{\bar{x}} = \sqrt{\frac{\sigma^2}{n}} = \frac{\sigma}{\sqrt{n}} \tag{9-2}$$

通常是进行不重复抽样，即任一产品被抽出后不再放回总体中去，不再参与下次抽样。抽样的均值误差，对计数抽样与计量抽样分别为

$$\sigma_p = \sqrt{\frac{p(1-p)}{n}\left(1-\frac{n}{N}\right)} = \sqrt{\frac{p(1-p)}{n}(1-f)} \tag{9-3}$$

$$\sigma_{\bar{x}} = \sqrt{\frac{\sigma^2}{n}\left(1-\frac{n}{N}\right)} = \sqrt{\frac{\sigma^2}{n}(1-f)} \tag{9-4}$$

式中，σ 是标准差；$\frac{n}{N} = f$，称为抽样比，当总体容量 N 很大，样本容量 n 很小时，$\left(1-\frac{n}{N}\right) \to 1$；$p$ 为具有某种属性的单位数与总体全部单位数之比，如产品的合格产品率、电视的收视率等。

9.2.2　等距抽样

等距抽样（equivalent sampling），又称机械抽样（mechanical sampling）或系统抽样（systematic sampling），是将总体中各样品按某种标志顺序（按时间顺序、地区顺序或其他的人为顺序）排列，然后按照固定顺序或间隔来抽样，比方说从 10 个单位中抽取一个单位样本，以后每隔 10 单位就抽取一个单位样本。等距抽样的特点是，样本均匀地分布在总体中，样本的代表性好，运作方便，因而应用广泛。等距抽样的均值误差为

$$\sigma_{\bar{x}} = \frac{N-1}{N}\sigma^2 - \frac{k(n-1)}{N}\sigma_w^2 \tag{9-5}$$

式中，σ^2 是总体各单位之间的方差；σ_w^2 是等距样本内各单位之间的方差。当等距样本内各单位之间的方差比总体各单位之间的方差大，等距抽样比简单随机抽样的误差小。

9.2.3　分层抽样

分层抽样（stratified sampling），又称分类抽样或类型抽样。分层抽样是将总体划分为若干同质层，再在各层内随机抽样或等距抽样。分层抽样的特点是将科学分组法与随机抽样法或等距抽样法结合在一起。分组减小了各抽样层的变异性，显著地减小了变异性的影响；抽样保证了大数定律的正确应用，使抽取的样本具有足够的代表性，抽样能以较小的样本容量得到比较准确的统计推断结果。

根据在同质层内使用的抽样模式不同，分层抽样又分为一般的分层抽样与分层比例抽样。一般的分层抽样是根据样品的变异性大小确定各层需抽取的样本容量，变异性大的层多抽样，变异性小的层少抽样。分层比例抽样（proportional sampling）是不考虑各同质层变异性的大小，都按相同的比例从各同质层抽取样本。从理论上讲，一般的分层抽样比分层比例抽样更合理。但困难在于，在通常的情况下，事先并不知道各同质层变异性的大小，因此，通常采用分层比例抽样模式。

分层抽样误差不取决于样品总的变异程度，而取决于各分层内样品的平均变异程度。分层抽样同质层内的平均方差，对计数抽样与计量抽样分别为

$$\bar{\sigma}_p^2 = \frac{1}{N} \sum_{i=1}^{m} p_i (1 - p_i) N_i \tag{9-6}$$

$$\bar{\sigma}^2 = \frac{1}{N} \sum_{i=1}^{m} \sigma_i^2 N_i \tag{9-7}$$

式中，N_i 是第 i 层的样本容量；m 是分层数目。根据方差加和性，总方差 $\bar{\sigma}_T^2$ 等于层内的平均方差 $\bar{\sigma}^2$ 与层间方差 σ_m^2 之和。

$$\bar{\sigma}_T^2 = \bar{\sigma}^2 + \sigma_m^2 \tag{9-8}$$

当分层抽样层内的平均误差 $\bar{\sigma}^2$ 小于随机抽样误差 $\bar{\sigma}_T^2$，即 $\bar{\sigma}^2 \leqslant \bar{\sigma}_T^2$，在分层抽样时，重复计数与计量抽样的均值误差分别是

$$\sigma_p = \frac{\sigma_p}{\sqrt{n}} \sqrt{\frac{\sum_{i=1}^{m} p_i (1 - p_i) N_i}{nN}} \tag{9-9}$$

$$\sigma_{\bar{x}} = \frac{\sigma}{\sqrt{n}} = \sqrt{\frac{\sum_{i=1}^{m} \sigma_i^2 N_i}{nN}} \tag{9-10}$$

在不重复计数与计量抽样时的均值误差分别是

$$\sigma_p = \frac{\sigma_p}{\sqrt{n}} \sqrt{\frac{\sum_{i=1}^{m} p_i (1 - p_i) N_i}{nN} \left(1 - \frac{n}{N}\right)} \tag{9-11}$$

$$\sigma_{\overline{x}} = \frac{\sigma}{\sqrt{n}} = \sqrt{\frac{\sum\limits_{i=1}^{m} \sigma_i^2 N_i}{n\,N}\left(1 - \frac{n}{N}\right)} \tag{9-12}$$

9.2.4　整群抽样

整群抽样（chester sampling）是在总体中随机抽取整群样品，例如，调查学生患近视的情况，抽某一个班做统计，再如进行产品检验，抽取 8 小时生产的全部产品进行检验。整群抽样的优点是抽样方便，缺点是抽取的样本在总体中分布不均匀，代表性差，抽样检验花费高。整群抽样误差以各群方差的简单均值表征。在不重复抽样时，计数整群抽样与计量整群抽样的抽样均值误差分别是

$$\sigma_{\mathrm{p}}^2 = \frac{\overline{\sigma}_{\mathrm{p}}^2}{r}\left(1 - \frac{r}{R}\right) \tag{9-13}$$

$$\sigma_{x}^2 = \frac{\overline{\sigma}_{x}^2}{r}\left(1 - \frac{r}{R}\right) \tag{9-14}$$

式中，r 是被抽出的群数；R 是总体被划分的群数；$\overline{\sigma}_{\mathrm{p}}^2$ 与 $\overline{\sigma}_{x}^2$ 是总体中各群方差的均值。

9.3　抽检样本容量估计

在实际工作中，都会遇到估计样本容量的问题。在产品检验时，为了对产品质量做出正确的结论，要抽取一定数量的样本进行检验。在科学试验中研究与估计因素效应时，必须进行足够数量的试验。实验次数少，无法保证试验所要求的精密度，实验次数过多，工作量增大，物力、财力消耗就增加。而且有些时候，样品来源稀缺或价格昂贵，在取样时更要重视样品容量的估计。估计样本容量的基本要求是，在保证满足试验要求的前提下，尽可能地减少试验工作量。特别是对时间性强的试验，如农业、生物、大气环境监测，海洋河流湖泊水质监测，事故现场、刑侦样品采集等，如果事先不对样本容量做出科学的估计，随意取些样品进行试验，试验后发现实验次数过少，数据不够充分，再想补充取样进行试验，已时过境迁不可能了。因此，对试验次数、采取样本容量做出预估计是应予重视的问题。

科学试验中进行样本容量估计时，假定样品质量特征值 x 遵从正态分布，在讨论科学试验中的样本大小估计时，还应注意科学试验本身的特点。科学试验通常都是进行"新"的试验，没有多少甚至完全没有现成资料可以借鉴，总体标准差 σ 事前通常是不知道的，要由样本标准差 s 来估计 σ。有时候取样量亦难免受到一定的限制，且对试验精密度一般要求较高。

9.3.1　随机抽样检验的样本容量估计

若样品的质量特征值 x 遵从正态分布 $N(\mu, \sigma^2)$，则均值 $\overline{x}$ 遵从正态分布 $N(\mu, \sigma^2/\sqrt{n})$。

在有限次测定中，样本均值 $\bar{x}$ 遵从 t 分布。可由式（9-15）估算样本容量，

$$n = \left(\frac{st}{d}\right)^2 \tag{9-15}$$

用式（9-15）来估计样本容量 n 的大小时，要先知道 t，若要知道 t，则需知道 n，这是一个矛盾，需采用试差法来解决这个矛盾。从 t 分布表与正态分布表知道，当 $n > 30$ 时，$t_{0.05,30} \approx 2$，先用 $t = 2$ 代入式（9-15）计算 n 值，如果计算的 n 值与 30 相差较大，则根据第一次计算得到的 n_1 值，从 t 分布表查得 t 值，再代入式（9-15）再次试算 n_2 值，如果 n_2 与 n_1 仍相差较大，再继续进行试算，依此类推，直到前后两次求得的 n 值相等或相近为止。通常试算几次即可求得所需要的 n 值，要求 n 值不要小于 5。d 是该试验所要求达到的能可靠分辨的因素效应的值，d 很小，即要求很小的差异都能可靠地区分，需要增大抽取样本的容量 n，或者提高试验精度，减小试验的标准差 s。

示例 9.1 考察光谱分析用石墨管的使用寿命，要求石墨管的使用次数的绝对误差不大于 30 次，现从生产的 1000 支石墨管中随机抽取 20 支进行测试，平均使用次数 210 次，标准差 $s \approx 25$。试估计该批石墨管平均使用次数的 95％置信区间。

题解：

先取 $t = 2$，按式（9-15）进行试算，得到

$$n_1 = \left(\frac{st}{d}\right)^2 = \left(\frac{2 \times 25}{30}\right)^2 = 2.78 \approx 3$$

查 t 分布表，$n = 3$，$t = 4.303$，代入式（9-15）再进行试算，得到

$$n_2 = \left(\frac{st}{d}\right)^2 = \left(\frac{4.303 \times 25}{30}\right)^2 = 12.9 \approx 13$$

循此继续试算下去，最后得到 $n = 7$，即需抽取 7 支石墨管进行检验。

该批石墨管平均使用次数的 95％置信区间为

$$\mu = \bar{x} \pm \frac{s}{\sqrt{n}}t = 210 \pm \frac{25}{\sqrt{20}} \times 2.093 \approx 210 \pm 12$$

9.3.2 成对比较抽样检验的样本容量估计

成对比较试验是将比较的两因素成对地进行试验。在试验受其他因素干扰较大，而试验精密度又不理想的情况下，采用成对试验法比分组试验法更合适。成对试验法是试验研究中经常采用的一种试验方法。

与简单试验不同之处在于，在成对比较试验中，考察差值 $d = x_1 - x_2$ 的变化。因此，试验中的标准差 s_d 是表征差值 d 的波动性，样本容量 n 是成对比较试验中成对样品的数目。试验时样本容量 n 的大小用式（9-16）估计，

$$n = \left(\frac{s_d t}{d}\right)^2 \tag{9-16}$$

式（9-16）与式（9-15）在形式上是一样的，在这里只是以 s_d 代替了式（9-15）中的 s，n 是试验对的数目。当 $n \geqslant 30$，在置信度为 95％时，式（9-16）中的 t 值可近似取 $t_{0.05,30} \approx 2$。

示例 9.2 为了比较生花生与熟花生中蛋白质的生物学价值，用大白鼠进行试验，得到

$s_d = 2.40$ 单位，如果希望能可靠地辨别 $d = 1.15$ 单位的差别，需进行多少次试验。

题解：

已知 $s_d = 2.40$，$d = 1.15$

$$n = \left(\frac{s_d t}{d}\right)^2 = \left(\frac{2.40 \times 2}{1.15}\right)^2 = 17.42 \approx 18$$

因 $n_1 = 18$，与 30 差别较大，需进行第二次试差试验。查 t 分布表，$t_{0.05,18} = 2.10$，代入式 (9-16)，求得

$$n_2 = \left(\frac{s_d t}{d}\right)^2 = \left(\frac{2.40 \times 2.10}{1.15}\right)^2 = 19.28 \approx 20$$

两次试算的结果很接近，终止试算。计算表明，需对产品进行 20 次成对试验。

9.3.3　成组比较检验的样本容量估计

将样品随机分组进行试验，与成对实验相比，自由度大，对比试验的精度较好。因此，只要分组效应显著，应尽量采用分组试验方案。值得注意的是，分组要均匀，几个组样本容量要相同，至少应接近，这样试验的效果较好。

当试验分为两组进行，每组样本容量大小用式 (9-15) 估计。当 $n > 15$，自由度 $f = 2(n-1) > 30$ 时，式 (9-15) 中 t 值可近似取 $t_{0.05,30} \approx 2$。当试验分为多组进行，每组中的样本容量大小用式 (9-17) 估计，

$$n = \left(\frac{As}{d}\right)^2 \tag{9-17}$$

式中，s 是各组数据总体方差的估计值，按方差加和性原理计算。A 可由本书附录表 7 $WSD\sqrt{n/s^2}$ 表中查到。其中，表中 f 为自由度，$f = m(n-1)$，m 为分组数，$\alpha = m-1$。当分组数 $m \leq 10$ 时，可用式 (9-18) 近似估计每组样本容量 n。

$$n = \frac{8\sqrt{m-1}\, s^2}{d^2} \tag{9-18}$$

示例 9.3　比较四种催化剂对化学合成反应产率的影响，要求在置信度 95% 水平能分辨平均产率 5%，已知 $s^2 = 31.9$，试问应该用每种催化剂进行多少次试验方可满足要求。

题解：

已知 $s^2 = 31.9$，$m = 4$，$d = 5$，将有关数据代入式 (9-18)，求得样本容量

$$n = \frac{8\sqrt{m-1}\, s^2}{d^2} = \frac{8 \times \sqrt{4-1} \times 31.9}{5^2} = 17.68 \approx 18$$

再进行一次试差计算，$f = m(n-1) = 4 \times (18-1) = 68$，$a = m-1 = 4-1 = 3$，查 $WSD\sqrt{n/s^2}$ 表，$A = 3.76$，将有关数据代入式 (9-17)，得到样本容量

$$n = \left(\frac{As}{d}\right)^2 = \frac{3.76^2 \times 31.9}{5^2} = 18.03$$

计算表明，应用每种催化剂进行 18 次试验，就可以在 95% 置信水平上分辨平均产率 5% 的差异。

第10章

分析方法和分析结果评价

一种好的分析方法应具有良好的检测能力，容易获得精密、准确可靠的分析结果，有广泛的适用性，操作应尽可能简便。检测能力用检出限与定量限表征，测定结果的精密、准确可靠性用精密度与准确度或不确定度表征，适用性用对不同组成样品的适用能力与分析物浓度或含量的适用范围表征。

10.1 评价分析方法的基本参数

10.1.1 检测能力

10.1.1.1 检出限

检出限是指能产生一个确证在试样中存在被测组分的分析信号所需要的该组分的最小含量或最小浓度。根据 IUPAC 的推荐，在测量误差遵从正态分布的条件下，能用该分析方法以适当置信度（通常取置信度 99.7%）检出被测组分的最小量或最小浓度。用来表征与评价分析方法的最大检测能力。

检出限与灵敏度是密切相关的两个表征分析方法特性的基本参数，灵敏度越高，检出限越低。但灵敏度没有考虑到噪声对分辨与测定信号的影响，不宜作为评价分析方法最大检测能力的指标。有关检出限与灵敏度的详细讨论，请参见第 2 章 2.3.1 小节检出限和定量限。

10.1.1.2 定量限

定量限，又称为测定限。定量分析方法实际可能测定的某组分量的下限。它不仅受测定噪声的限制，亦受空白背景绝对水平的限制。噪声和空白背景越高，需要越高的测定量产生信号，高噪声和空白背景使定量限变坏。在进行痕量分析时，要尽量减少玷污和空白值。

10.1.2　精密度

精密度用标准差 s、相对标准差 RSD 或极差 R 表示，用来表征测定过程中因随机误差产生的测定值的离散性。良好的精密度是保证获得高准确度的先决条件，测量精密度不好，就不可能有好的准确度。但测定精密度高，准确度也未必好，测定中随机误差小了，但系统误差可能较大。精密度同被测定的量值和浓度大小有关。因此，在报告测定结果的精密度时，应该指明获得该精密度的被测定组分的量值或浓度大小及测定次数。报告精密度时，要分清楚是等精度测定的标准差还是非等精度测定的标准差，单次测定标准差还是均值标准差。

10.1.3　准确度

准确度是指在一定实验条件下多次测定的均值与真值之间一致的程度。用准确度来表征测定中系统误差的大小，以误差 ε 或相对误差 RE 表示。误差或相对误差越小，准确度越高，说明测定值越接近于真值。真值是客观存在的，但无法获得真值，各级标准物质证书上给出的标准值，无一例外地都只是客观存在的真值的近似值，只是与真值的接近程度不同而已，上一级标准物质的标准值比下一级标准物质的标准值更接近于真值。因无法知道真值，也就无法知道误差的大小。现在推荐用在一定置信度下的置信区间或测定值的不确定度来表征测定结果。不确定度可由测定值的有关信息进行评估。在标准物质证书中用 $\bar{x} \pm U$ 表示标准值，其中 U 是均值 $\bar{x}$ 在指定置信概率水平的不确定度。

10.1.4　适用性

一种分析方法的适用性（applicability），包括被测组分的含量或浓度适用范围与对不同类型样品的适用性。适用的含量或浓度范围越宽，适用的样品类型越多，方法的通用性越好。含量和浓度适用性用校正曲线的动态线性范围来衡量，动态线性范围越宽越好。通常原子吸收光谱法的工作曲线动态线性范围较窄，通常是 2 个数量级，原子发射光谱分析法和原子荧光光谱法的校正曲线的动态线性范围要宽得多，最好的可达 4～7 个数量级。

检验样品类型的适用性，一种方法是通过分析不同类型的标准样品直接进行检验，但困难在于标准样品并不是随时随地可以得到的。更方便的方法是采用配对试验设计，用建立的分析方法与其他的经典或标准方法分别测定各种类型试样同一样品，比较两种分析方法的测定结果。如果两者的测定结果在一定置信度下没有显著性差异，说明两测定方法测定结果之间不存在系统误差。两种方法测定结果在一定置信度下是否存在显著性差异，须对两种分析方法的测定结果的差值进行 t 检验，以判断两种分析方法对不同类型样品的适用性。

例如用间接原子吸收法测定地下水中硫酸根，为了检验该分析方法的可靠性，用经典的重量法进行对照测定，结果如表 10.1 所示。

表 10.1 原子吸收法与重量法测定结果的比较 单位：$\mu g/mL$

试验号	1	2	3	4	5	6
原子吸收法	173	113	196	116	182	118
重量法	172	109	196	113	185	110
差值 d	1	4	0	3	-3	8

基于随机误差出现的统计特性，有大有小，有正有负，多次测定差值的均值 $\overline{d}$ 的期望值 d_0 趋于 0。如果两分析方法测定结果之间不存在系统误差，$\overline{d}$ 与 d_0 在统计上不应该有显著性差异。可用成对 t 检验法对 $\overline{d}$ 与 d_0 进行统计检验。成对 t 检验统计量

$$t = \frac{\overline{d} - d_0}{s_d / \sqrt{n}} \tag{10-1}$$

式中，s_d 是差值的标准差；n 是成对测定的数目；$s_d/\sqrt{n}$ 为差值均值的标准差。

$$s_d = \sqrt{\frac{\sum\limits_{i=1}^{n}(d - d_0)^2}{n - 1}} \tag{10-2}$$

根据表 10.1 的数据计算 $\overline{d} = 2.17$，$s_d = 3.76$，$n = 6$，得到

$$t = \frac{|\overline{d} - d_0|}{s_d}\sqrt{n} = \frac{2.17 - 0}{3.76} \times \sqrt{6} = 1.41$$

查 t 分布表，$t_{0.05,5} = 2.57$。$t < t_{0.05,5}$，说明两分析方法之间不存在系统误差，用间接原子吸收法代替经典的重量法分析地下水中硫酸根是可行的。

另一种方法是分别加入不同的干扰物质，测定欲测组分的回收率，用回收率来评定分析方法的适用性。用测定回收率的方法来评价分析方法的适用性，最好是在被测组分两个或多个含量水平上考察干扰组分含量对被测组分测定的影响，用正交试验设计安排试验，用方差分析处理试验数据，这样不仅考察各干扰因素的主效应，还可以考察因素之间的交互效应与估计试验误差效应。

10.2 精密度的评定

10.2.1 室内重复测定精密度评定

在实际分析中，一般都要进行两次或两次以上的重复（平行）测定，借以检查测定条件的稳定性和对测定结果的精密度作出评定。重复性（repeatability）从概念上讲是指测定值之间相互一致的程度。如何定量地表征这个一致的程度，需依据数理统计理论来确定。当重复性作为表征测定值之间相互一致程度的一个参数，用来评定重复测定的精密度时，重复性是指在同一实验室由同一分析人员、用同一分析仪器与方法，对同一量在短时间内相继进行两次或两次以上重复测定所得到的测定值按指定概率的允许差。其计算方法依据方差加和性与小概率事件原理。对于两次独立测定而言，若单次测定标准差为 s，两次重复测定值的差值的标准差 s_r 按照方差加和原理为

$$s_r = \sqrt{s^2 + s^2} = \sqrt{2}\,s$$

式中，s_r 为由过去长期的试验数据计算出来的或根据工作需要约定的。基于测定值遵从正态分布的考虑，若取置信系数为 2，则重复性 r

$$r = 1.96\sqrt{2}\,s = 2.77 s_r \approx 2.8 s_r \tag{10-3}$$

在重复性测定条件下两次独立测定值的差值大于 $2.8 s_r$ 的概率是 5%，是小概率事件，根据概率理论，在一次测定中是不可能发生的。换言之，在正常情况下两次独立测定值的差值最大允许值不会超过 $2.8 s_r$。$2.8 s_r$ 即为重复性限，其置信概率是 0.95。重复性 r 是评定两次独立重复测定值的精密度是否合格的依据。一旦两次独立重复测定值的差值大于 r，就有理由认为重复测定值不合格，需再进行第三次补充测定。在三个测定值中选取两个更接近的测定值，舍去偏离较大的测定值。因为连续出现两个小概率测定值的概率非常小，在少数几次测定中，一般不会出现，因此，有理由将偏离较大的测定值作为一个异常测定值舍去。

如果进行了 n 次重复测定，衡量 n 次重复测定精密度的重复性

$$r_n = k_n s_r \tag{10-4}$$

式中，k_n 为对测定次数的校正系数，可由表 10.2 中查得。

表 10.2 对测定次数 n 的校正系数

n	2	3	4	5	6	7	8	9	10	11
k_n	2.83	3.40	3.74	3.98	4.16	4.31	4.44	4.55	4.65	5.00

若最大与最小测定值之差小于 r 或 r_n，则认为重复测定的精密度合格；若差值大于 r 或 r_n，说明重复测定的精密度不合格，需重新进行测定。

10.2.2 室间重复测定精密度评定

在协同试验（又称室间试验）中，重复测定是由不同分析人员进行的，测定的精密度比由同一分析人员、用同一分析仪器与方法，对同一量相继进行测定的精密度要差。评定不同分析人员或同一分析人员在不同条件（不同仪器、不同时间等）下测定精密度的指标称为再现性（reproducibility）。再现性是指在任意两个实验室，由不同分析人员、不同仪器，在不同或相同的时间内，用同一分析方法对同一量进行两个单次测定值按指定概率的允许差。只进行两次测定时，再现性

$$R = 1.96\sqrt{2}\,s_R = 2.77 s_R \approx 2.8 s_R \tag{10-5}$$

式中，1.96 是置信系数；$\sqrt{2}\,s_R$ 是两实验室各进行一次测定时测定值差值的标准差；s_R 是室间测定的标准差，反映了室间试验的系统误差与在室内重复测定条件下不会存在的其他的随机误差。s_R 是由过去长期的试验数据计算出来或根据工作需要约定的。如果两个实验室各分别进行 n_1、n_2 次重复测定，则再现性

$$R_n = \sqrt{R^2 - r^2\left(1 + \frac{1}{2n_1} - \frac{1}{2n_2}\right)} \tag{10-6}$$

式中，r 是重复性。若两实验室不同的分析人员或同一分析人员在不同条件（不同仪器、不同时间等）下各测定一次的测定值的差值小于 R 或多次重复测定的两均值的差值小于 R_n，

则认为测定的精密度合格，可以用它们的均值报告结果。否则，说明测定的精密度不合格，需进行补充测定。

从上面的讨论中可以看到，精密度与重复性、再现性是不同的，不能混淆。精密度是指在规定条件下多次重复测定同一量时各测定值之间彼此相一致的程度，重复性和再现性是表征精密度的参数，犹如表征精密度的参数标准差或相对标准差、极差。

10.3　准确度检验

10.3.1　用标准物质检验准确度

准确度反映了测定过程中系统误差的大小。一个好的测定结果必然是消除了系统误差，而且随机误差也是很小的，这样的测定结果才是准确可靠的。从化学计量的观点考虑，可靠的测定结果必须具有溯源性，通过溯源链在一定置信水平与国家和国际基准联系起来，溯源到 SI 单位。

用国家标准物质作为质控样检查系统误差是最直接、最可靠的方法。而困难在于，测定的实际样品种类繁多，而标准物质的种类和数量有限，在实际工作中，有时候不容易找到基体、量值、赋存形态与被测定样品相匹配的标准物质。此外，标准物质价格贵。在实际工作中，常用具有溯源性的下一级质控样，或用本部门或本单位研制的、用准确方法测定了其特性量值，并经本部门或本单位计量管理机构批准的管理样（management sample）作为质控样，用于日常例行分析的质量控制。质控样以明码样或密码样，多数情况下以密码样发给分析人员。分析人员将质控样与测试样品按照同样的操作程序，经历全部分析过程，将测定结果与质控样的标准值或标称值比对。只要测定均值落在标准物质的保证值或质控样的标称值 $x \pm U$ 范围内（U 为扩展不确定度），就说明该分析方法或测定结果在指定的置信度不存在系统误差，分析方法和测定结果是可靠的。反之，如果测得质控样的量值在一定置信度与标准物质的保证值或质控样的标称值有显著性差异，表明该测定方法、测定过程或者测定方法和测定过程同时存在系统误差。

测定量值与标准物质保证值或质控样的标称值的一致性，可用统计方法进行检验。检验统计量是

$$t = \frac{|\bar{x} - \mu|}{s / \sqrt{n}} \tag{10-7}$$

式中，$\bar{x}$ 为 n 次测定均值；s 是 n 次测定的标准差；μ 是标准物质的保证值或质控样的标称值。若由测定值计算的统计量值 t 小于显著性水平 $\alpha = 0.05$（置信度 95%）和自由度 $f = n-1$ 时的临界值 $t_{0.05, f}$，表明用该分析方法测定的结果不存在显著性差异，即不存在系统误差。$\bar{x}$ 与 μ 之间的差异是由随机误差造成的，差值 $d = |\bar{x} - \mu|$ 不会大于由随机误差所确定的误差限 β，

$$\beta = \pm \frac{s}{\sqrt{n}} t_{\alpha(n-1)} \tag{10-8}$$

式中，$t_{\alpha(n-1)}$ 为置信度 $p = 1 - \alpha$（α 为显著性水平）的置信系数，可由 t 分布表查到。检验 $\bar{x}$ 大于或小于 μ，此为单侧检验，在显著性水平 $\alpha = 0.05$ 进行检验时，应使用 t 分布表双侧 t

检验临界值表中的 $t_{\alpha=0.10}$ 值。

现举一实例来说明如何用质控样来检验分析方法的系统误差。某化验室用火焰原子吸收光谱法测定三种质控样中的锂，测定数据（含量%）列于表10.3中。现根据表中测定数据评价分析测定结果的可靠性。

表 10.3　火焰原子吸收光谱法测定三种质控样中锂的含量

质控样编号	标称值/%	测定值/%	平均值/%	标准差/%
911	0.20	0.22, 0.20, 0.20, 0.20	0.205	0.010
914	0.13	0.12, 0.13, 0.13	0.127	0.005
065	3.25	3.20, 3.10, 3.10	3.13	0.058

从表10.3中数据看到，编号911和914控制样的测定均值与标称值的差值在一倍标准差范围以内，可以认为测定均值与标称值在95%置信水平是一致的。编号065控制样的测定值的相对标准差虽只有1.9%，测定均值与标称值的相对误差也只有3.7%，但测定均值与标称值的差值已超过二倍标准差。因此，有95%把握认为，火焰原子吸收光谱法测定编号065控制样存在系统误差，测定结果偏低。可以进一步用统计检验来证实，根据式(10-7)计算统计量值

$$t = \frac{|3.13 - 3.25|}{0.058/\sqrt{3}} = 3.58$$

因为要证实测定值是否显著低于标称值，是单侧检验。单侧5%概率在双侧 t 分布表中就是10%的概率，由 t 分布表查得临界值 $t_{0.10,2} = 2.920$。测定均值与标称值的差值 $d = 3.25 - 3.13 = 0.12$，由随机误差可能产生的最大差值，按式(10-8)计算，为

$$\beta = \frac{0.058}{\sqrt{3}} \times 2.920 = 0.098$$

说明除了随机误差之外，还存在系统误差 $0.12 - 0.098 = 0.022$（%）。

10.3.2　用标准方法检验准确度

用已被公认的、有效的标准方法来检验分析方法测定结果的系统误差时，是用标准分析方法与被检验的分析方法同时测定同一样品，测定值分别为 x_s 与 x_b，差值均值 $\overline{d} = \sum\limits_{i=1}^{n} d_i/n$。有关的测定数据列入表10.4。用式(4-23)的检验统计量进行检验。

表 10.4　食品中铅的含量　　　　　　　　单位：$\mu g/g$

分析方法	食品				
	红鱼片	白鱼片	什锦	鱼肉片	乳精粉
GFAAS	0.0150	0.0539	0.0763	0.0207	0.0607
HG-AAS	0.0164	0.0598	0.0765	0.0181	0.0556
差值 d	−0.0014	−0.0059	−0.0002	0.0026	0.0051

根据表 10.4 中的测定数据对石墨炉原子吸收光谱法（GFAAS）和氢化物发生-原子荧光光谱法（HG-AFS）的测定结果之间是否存在系统误差作出评定。计算 GFAAS 和 HG-AFS 测定值的差值的均值

$$\overline{d} = \frac{|-0.0014 - 0.0059 - 0.0002 + 0.0026 + 0.0050|}{5} = \frac{0.0002}{5} = 0.0004$$

按第 2 章式(2-43)贝塞尔公式计算标准差 $s_d = 4.816 \times 10^{-3}$。计算实验统计量值

$$t = \frac{\overline{d}}{s_d \sqrt{n}} = \frac{0.00004}{4.816 \times 10^{-3} \times \sqrt{5}} = 0.0037$$

查 t 分布表，$t_{0.05,4} = 2.776$，$t < t_{0.05,4}$，说明 GFAAS 和 HG-AFS 两种方法测定表中各种食品中的铅含量之间在置信度为 95% 水平不存在显著性差异，被检验的分析方法测定结果不存在系统误差。

10.3.3 用二项分布检验准确度

用已被公认的、有效的标准分析方法（方法 1）与被检验的分析方法（方法 2）同时测定同一样品，得到两组数据：

$$x_1, x_2, \cdots, x_n$$
$$y_1, y_2, \cdots, y_n$$

如果两种方法之间不存在系统误差，出现 $x_i > y_i$ 或 $x_i < y_i$ 的概率各为 $1/2$。若出现 $x_i = y_i$ 情况不计，出现 $x_i > y_i$ 的次数为 n_+，出现 $x_i < y_i$ 次数为 n_-，$n = n_+ + n_-$。令 $C = C_{\min}(n_+, n_-)$，出现次数 C 遵从二项分布。

当测定次数 n 足够多时，C 近似遵从均值为 $n/2$、标准差为 $\sqrt{n/4}$ 的正态分布。在有限次测定中，检验统计量为

$$t = \frac{C - n/2}{\sqrt{n/4}} \tag{10-9}$$

若 $t < t_{0.05,f}$，则认为两种方法测定结果在 95% 置信水平不存在显著性差异，表明不存在系统误差。例如测定工业硫酸锌中的锌含量（%），得到表 10.5 中的一组数据。

表 10.5　测定工业硫酸锌中的锌含量　　　　　　　　　　　　单位:%

方法 1	21.93	21.96	22.05	22.08	22.28	21.76	21.71	22.52	22.75	22.28	22.04	22.12
方法 2	22.19	22.19	22.09	22.09	22.34	21.74	21.71	22.44	22.65	22.34	22.15	22.07
差值	−	−	−	−	+	0		+	+	−	−	+

$$t = \frac{C - n/2}{\sqrt{n/4}} = \frac{|4 - 5.5|}{\sqrt{11/4}} = 0.9045$$

查 t 分布表，得 $t_{0.05,10} = 2.228$。$t < t_{0.05,10}$，表明两种方法测定结果在 95% 置信水平不存在显著性差异，被检验的分析方法可用于工业硫酸锌中的锌含量测定。

10.3.4 用加标回收率检验准确度

在研究新材料或新分析方法时，尚无标准物质或标准方法，或一时找不到适用的标准物

质或标准方法，一般都采用加标回收率来检验测定结果的准确度。

加标回收实验是一种间接检验准确度的方法，其目的是要通过加标量的回收率来检验加标前的测定量值的准确度。加标回收是分析人员用来检查系统误差评定准确度的常用方法，优点是简便，不需使用标准物质。加标回收是对样品进行一次测定，得到一个测定值，再在样品中加入一定量的被测组分标准物（如标准溶液）进行第二次测定，两次测定值相减的差值与加标量相比得到加标回收率，由此推断加标前的测定值的准确度。由此可见，加标回收是一种间接评定准确度的方法。

加标回收前后两次测定样品的基体组成是相同的，只是被测组分的量值水平不同，即被测组分与共存组分的相对含量发生了变化。而相对含量变化对被测组分的回收率会有影响，如果加标量与样品中被测组分的原含量相差过大，就不能用加标后的回收率代表加标前的回收率。这就要求加标量与被测组分的原含量必须很接近，加标量通常是原含量的相同量值或原含量的 $2\sim3$ 倍。而且最好在工作曲线动态范围内的高浓度、中间浓度、低浓度三个浓度点都进行加标回收试验，且须进行全程加标回收，只用最后测定过程的加标回收率来评定一个分析方法或分析结果是否存在系统误差是不正确的。加入的被测组分的赋存形态，应与样品中被测组分相同，特别是固体进样，很难保证加入的被测组分与样品中原存的被测组分形态的一致性。例如，在原子光谱分析过程中，赋存形态的差异导致被测组分原子化行为的差异，进而引起回收率的差异。

在分析测试中，系统误差产生的偏倚，分为固定偏倚和相对偏倚，分别由固定系统误差和比例系统误差产生。如果测定结果中存在固定偏倚，就相当于在样品原测定值 x_0 中加入了一个固定量值，加标前、后都增加或减小了相同的一个量值，加标前、后两次测定值相减，固定偏移被抵偿，加入的标准量值的回收率理所当然是 100%。加标回收试验不能发现固定偏倚，加标回收率 100% 也不能证明加标前的测定量值 x_0 不存在固定偏倚。加标回收试验只能发现比例系统误差产生的相对偏倚，而且只能对加标量值的测定是否存在相对偏倚做推论。由此可见，加标回收率 100% 并不意味着加标前的测定结果不存在固定系统误差，因为加标回收实验不能发现固定系统误差。

在实际工作中，如何来分辨固定偏倚或相对偏倚？可用纯溶液和样品溶液同时建立校正曲线，如果两条线是平行的，表明只存在固定偏倚，不能用加标回收试验来评定加标前测定量值的准确度；如果两条线是交叉的，可用加标回收试验来评定加标前测定量值的准确度。

由上述分析可以看出，用加标回收率来评定加标前测定结果的准确度并不总是可靠的，这是加标回收法的不足。使用加标回收法必须谨慎。

10.4　综合评价参数

评价一种分析方法及其分析结果有多个指标，在实际工作中，并非一定要求找到，也未必能找到一个各项评价指标都理想的分析方法，通常只是要求找到一个能够满足实际工作需要的实用分析方法。从分析实践中知道，一种分析方法有高的灵敏度和低的检出限，但未必有好的精密度和强的抗干扰能力，另一种分析方法有很好的检出限和准确度，而精密度很可能不是很好，如此等等。在这种情况下，用单一的指标来评价各个分析方法的优劣，往往难以作出正确的判断。最好是对各分析方法及其结果进行综合评价（comprehensive evaluation）。

10.4.1　组合参数法

组合参数（combined parameter）是用两个或两个以上的单项评价指标组合成一个新的综合评价指标，借以用来对分析方法及其分析结果进行综合评价。如用式(10-10)组合参数综合评价原子光谱法的测定结果。

$$I = (A/c)/(RSD)^2 \tag{10-10}$$

式中，A 是响应值（谱线强度、吸光度等）；c 是试样中被测组分的量值；RSD 是测定的相对标准差。分子表示测定的灵敏度，分母表示精密度。式(10-10)的特点是综合地反映了灵敏度与精密度的影响，消除了浓度对分析信号的影响，便于对不同浓度条件下的试验结果进行比较。

10.4.2　信息容量综合评价法

信息容量是信息理论中广泛使用的一个参量，试验前后信息容量的变化，就是通过分析测试所获得的信息容量（information content）。一种好的分析方法和分析结果比一种差的分析方法和分析结果所包含的信息容量大。因此，可用信息容量的大小来评价分析方法和分析结果。

在定量分析测试中，n 次测定均值 $\overline{x}$ 的信息容量为

$$I = \ln \frac{(x_2 - x_1)\sqrt{n}}{2st_{\alpha,f}} - \frac{1}{2}\left(\frac{\delta}{s}\right)^2 \tag{10-11}$$

式中，$(x_2 - x_1)$ 是测定之前估计测定量值将位于的区间，在极端的情况下，$x_1 = 0\%$，$x_2 = 100\%$；s 是单次测定的标准差；δ 是测定中系统误差产生的偏倚；$t_{\alpha,f}$ 是依赖于自由度 $f = n-1$ 的系数；n 是测定次数，表征测定所花费的劳动量与消耗，$t_{\alpha,f}$ 值可从表 10.6 中查得。

表 10.6　不同自由度时的 $t_{\alpha,f}$ 值 （$\alpha = 0.038794$）

f	$t_{\alpha,f}$	f	$t_{\alpha,f}$	f	$t_{\alpha,f}$	f	$t_{\alpha,f}$
1	16.3899	10	2.3773	19	2.2199	40	2.1367
2	4.9282	11	2.3455	20	2.2117	45	2.1286
3	3.5244	12	2.3196	21	2.2043	50	2.1222
4	3.0296	13	2.2800	22	2.1977	60	2.1127
5	2.7824	14	2.2800	23	2.1916	80	2.1009
6	2.6351	15	2.2645	24	2.1916	100	2.0847
7	2.5377	16	2.2510	25	2.1811	150	2.0801
8	2.4686	17	2.2393	30	2.1611	200	2.0664
9	2.4171	18	2.2290	35	2.1471		

在有限次测定中，测定量值落在以均值为中心的 $\pm 3s$ 范围内的概率近似为 1，即 $6s \leqslant (x_2 - x_1) \leqslant 100\%$。将式（2-68）的最小检出量代入式（10-11），式（10-11）变为

$$I = \ln \frac{3(x_2 - x_1)\sqrt{n}}{2b_q q_L t_{\alpha,f}} - \frac{1}{2}\left(\frac{\delta}{s}\right)^2 \tag{10-12}$$

利用 $(x_2 - x_1) \approx 6s$ 的条件，式（10-12）变为

$$I = \ln \frac{9s\sqrt{n}}{b_q q_L t_{\alpha,f}} - \frac{1}{2}\left(\frac{\delta}{s}\right)^2 \tag{10-13}$$

式（10-12）和式（10-13）包括了评价分析方法与分析结果的各主要参数：表征最大检测能力的参数最小检出量 q_L、表征灵敏度的参数校正曲线斜率 b_q、表征随机误差的参数标准差 s、表征系统误差的参数偏倚 δ、表征可信程度的参数置信系数 $t_{\alpha,f}$ 与表征消耗成本的参数测定次数 n 等。可以用作评价分析方法与测定结果的综合指标。

例如，用石墨探针原子化法和管壁原子化法测定土壤中的铅，两种方法各进行 4 次平行测定，检出限分别为 $7.8 \times 10^{-6} \mu g$ 和 $1.2 \times 10^{-5} \mu g$，灵敏度分别为 6.3 Abs/$(\mu g \cdot mL^{-1})$ 和 2.5 Abs/$(\mu g \cdot mL^{-1})$，标准差分别为 1.6 和 0.71。$n = 4$ 时由表 10.6 查得 $t_{\alpha,3} = 3.5244$，系统误差 $\delta = 0$，按式（10-13）计算，石墨探针原子化法和管壁原子化法的信息容量分别为 12.0 奈特（nat）和 11.7 奈特。两种方法的单项指标各有所优，但综合起来看，石墨探针原子化法获得的信息容量比管壁原子化法的大，说明石墨探针原子化法优于管壁原子化法。

10.5 分析结果的表示

分析人员都知道测定量值随测定条件的波动而具有统计波动性，在有限次测定中测得的均值反映了样品中被测组分的真实量值，但并不是其真值，只是其真值的近似估计值。测定值的标准差是其波动性的体现，任何实际的测定量值都不可避免地具有一定程度的不确定性。这种不确定性可用测定值在一定置信度下的置信区间或测定值的不确定度表征。

引起测定值不确定性的因素有：建立校正曲线使用的标准物质的不确定度；校正曲线拟合的精密度；校正曲线斜率、截距的变动；测量仪器、工具的精度；测定条件随机波动引入的误差等。所有这些因素都会影响测定值的不确定度。

10.5.1 分析测定结果的不确定度

不确定度（uncertainty）是指与测量结果相关联的，表征合理地赋予被测量值分散性的参数。不确定度与误差有密切的关系，但又有区别。误差是被测定量的测定值与真值之差，是理想化的概念，不能确切知道。不确定度是对测定值分散性的估计。现在国际标准化组织推荐使用不确定度来评定测定结果的质量。我国也采用国际标准化组织的建议，于 1999 年 1 月批准发布了适合我国国情的《测量不确定度评定与表示》计量技术规范（JJF 1059—1999），并于同年 5 月 1 日起施行。2012 年国家质量监督检验检疫总局（现国家市场监督管理总局）组织修订了该技术规范，于 2012 年 12 月 3 日发布了 JJF 1059.1—2012 规程《测量不确定度评定与表示》，2013 年 6 月 3 日正式实施。

不确定度分为标准不确定度（standard uncertainty）u 与扩展不确定度（expanded uncertainty）U。标准不确定度包括 A 类标准不确定度 u_i 和 B 类标准不确定度 u_j 及其两者合成的标准不确定度（combined standard uncertainty）u_c。A 类标准不确定度是指可以根据测定数据的统计分布来评定，以标准差或相对标准差表征。B 类标准不确定度是指基于经验或其他信息，如利用以前的测定数据、说明书中的技术指标、检定证书提供的数据、手册中的参考数据等，按估计的概率分布（先验分布）来评定的不确定度。以标准差倍数表示的不确定度，称为扩展不确定度。所乘的倍数值称为包含因子（coverage factor），又称覆盖因子，以 k 表示，在测试数据概率分布不明时，k 值一般取 $2\sim3$；置信概率为 P 的包含因子，又称置信系数，用 k_p 表示，置信概率的取值通常为 $0.95\sim0.99$。

10.5.1.1　A 类标准不确定度的计算

当进行重复测定时，单次测定的标准差 s 即标准不确定度 u_j，按第 2 章式(2-44) 贝塞尔公式计算，均值标准不确定度 $u_i(\overline{x})$ 按式(2-81) 计算。由式(2-80) 知道，相对标准不确定度只取决于自由度，自由度一般要求 $f \geqslant 5$。

10.5.1.2　B 类标准不确定度的计算

B 类标准不确定度的评估比较复杂，由给出的置信区间半宽度 a 与置信概率 P 来评估。若已知扩展不确定度 U 和包含因子 k，则标准不确定度 $u_j = U/k$。如河流沉积物标准物质 As 的标准值是 $(56 \pm 10)\mu g/g$，置信概率 95%，$n = 148$，按正态分布包含因子 $k_p = 2$，则标准不确定度为 $u_j = 5$。当测定次数较少时，亦即有效自由度 f_{eff} 较少时，一般按 t 分布处理，根据置信概率 P 由 t 分布表查到 $t_{f(eff)}$，标准不确定度 $u_j = U_p/t_{f(eff)}$。

若已知置信区间的半宽度 a 和置信概率 P，按实际概率分布评定标准不确定度；当没有说明概率分布时一般按正态分布处理，标准不确定度为 $u_j = a/k_p$。如用天平称量，已知天平的读数是 $\pm 0.2mg$，即半宽度是 $0.2mg$，根据正态分布表，采用系数 1.96，则标准不确定度 $u_j = 0.2/1.96 \approx 0.1(mg)$。实验室对 10mL A 级容量瓶的容积差进行检验，发现容积差值主要分布在分散区间中央，出现容积差极端值的情况很少，则按三角形分布处理，标准不确定度是 $u_j = a/\sqrt{6} = 0.2/\sqrt{6} \approx 0.08(mL)$。当测定值落于区间内各处的概率相同时，按均匀分布处理，其标准差 $s = a/\sqrt{3}$，则标准不确定度是 $u_j = a/\sqrt{3} = 0.12(mL)$。正态分布、均匀分布的置信概率 P 和置信系数 k_p 的关系分别见表 10.7 和表 10.8。置信概率 P、包含因子 k 与标准不确定度 u_j 的关系见表 10.9。

表 10.7　正态分布置信概率 P 和置信系数 k_p 的关系

P	0.5	0.6827	0.90	0.95	0.9545	0.99	0.9973
k_p	0.6745	1	1.645	1.960	2	2.576	3

表 10.8　均匀分布置信概率 P 和置信系数 k_p 的关系

P	58.74%	95%	99%	100%
k_p	1.0	1.65	1.71	$\geqslant 1.73$

表 10.9　置信概率 P、包含因子 k 与标准不确定度 u_j 的关系

概率分布	P	k	u_j
正态分布	$(0.9973=)1$	3	$a/3$
三角分布	1	$\sqrt{6}$	$a/\sqrt{6}$
均匀分布	1	$\sqrt{3}$	$a/\sqrt{3}$

10.5.1.3　合成标准不确定度的计算

合成标准不确定度采用不确定度传递公式(10-14) 合成。合成标准不确定度 $u_c(y)$ 为

$$u_c(y) = \sqrt{\sum_{i=1}^{n} \left(\frac{\partial f}{\partial x_i}\right)^2 u(x_i)^2} \tag{10-14}$$

式中，$u(x_i)$ 为 (x_i) 的标准不确定度；$c_i = \left(\dfrac{\partial f}{\partial x_i}\right)$ 是灵敏度系数，又称间接测定误差传递系数，是表征因素 x_i 对合成标准不确定度影响大小的参数。

10.5.2　有效自由度的计算

在给出扩展不确定度 $U=ku_c$ 或 $U_p=k_p u_c$ 时，必须先计算包含因子，为此要知道自由度，有了自由度就可以求得一定置信概率 P 水平的包含因子。各个标准不确定度都有各自的自由度，在将 A 类或（和）B 类标准不确定度合成为合成标准不确定度 u_c 时，相应的各自由度合成得到有效自由度 f_{eff}。f_{eff} 按韦尔奇-萨特斯韦特（Welch-Satterthwaite）公式(10-15)计算

$$f_{eff} = \frac{u_c^4}{\displaystyle\sum_{i=1}^{n} \frac{u_i^4}{\nu_i}} \tag{10-15}$$

式中，f_i 为自由度。当计算的 f_{eff} 有小数且小于 8 时，可以舍去小数取偏小的自由度，即取偏大的包含因子（置信系数）值。或者，用内插法求包含因子，例如 $f=6.5$，查双侧 t 分布表，$P=0.95$，$t_p(6)=2.45$，$t_p(7)=2.36$，
则

$$t_p(6.5) = 2.36 + \frac{2.45-2.36}{6-7} \times (6.5-7) = 2.405$$

10.5.3　表征分析结果的基本参数

测定值是一个以概率取值的随机变量，近似地遵从正态分布。全部测定值的概率分布可以用 μ 和 σ 两个基本参数来表征。在有限次测定中，不可能获得总体均值 μ 与总体标准差 σ，但可以得到样本的均值 $\bar{x}(\bar{x}_w)$ 和标准差 $s(s_w)$。数理统计理论已经证明，在等精度测量中，$\bar{x}$ 是一组测定值中出现概率最大的值，是 μ 的无偏估计值和具有最小方差的最优估计值；s 是 σ 的无偏估计值。在非等精度测量中，$\bar{x}_w$ 是一组测定值中出现概率最大的值，是 μ

的无偏估计值和具有最小方差的最优估计值；s_w 是 σ 的无偏估计值。因此，在日常测定中，用 $\overline{x}(\overline{x}_w)$ 与 $s(s_w)$ 来报告测定结果。

算术均值 $\overline{x}$ 与加权均值 $\overline{x}_w$ 分别按式（10-16）与式（10-17）计算，

$$\overline{x} = \frac{1}{n}\sum_{i=1}^{n} x_i \tag{10-16}$$

$$\overline{x}_w = \frac{\sum\limits_{i=1}^{n} w_i x_i}{\sum\limits_{i=1}^{n} w_i} \tag{10-17}$$

式中，$w_i = 1/s_i^2$ 为 x_i 的权值；s_i^2 是测定 x_i 的方差。$\overline{x}_w$ 是在考虑每个测定值的精密度不同给予其相应不同的"权"值的条件下而计算出的加权均值，是全部加权值之和除以总权值。算术均值与加权均值单次测定的标准差分别按式（10-18）与式（10-19）计算。

$$s = \sqrt{\frac{1}{n-1}\sum_{i=1}^{n}(x_i - \overline{x})^2} \tag{10-18}$$

$$s_w = \sqrt{\frac{1}{\sum\limits_{i=1}^{n} w_i}} = \sqrt{\frac{1}{\sum\limits_{i=1}^{n}\frac{1}{s_i^2}}} \tag{10-19}$$

由上面的讨论可以看到，报告测定结果必须给出测定均值 $\overline{x}(\overline{x}_w)$、标准差 $s(s_w)$ 和测定次数 n 三个基本参数，或者给出测定均值 $\overline{x}(\overline{x}_w)$ 在指定置信度水平的置信区间，或者以测定均值 $\overline{x}(\overline{x}_w)$ 的不确定度表示。用这种方式报告结果才能说明所报出的测定量值在指定置信概率水平近似真值的程度，使报出的测定结果具有溯源性，也使不同实验室和不同人员用各种不同分析方法测定的数据之间具有可比性。给出了重复测定次数 n，就可以从概率分布表中查得在一定显著性水平 α 时的置信系数，确定置信区间。

10.5.4 表征分析结果的方式

现以用原子吸收分光光度法测定一个样品中的铜为例，说明如何正确地报告测定结果。对样品进行了 3 次重复测定，测定的吸光度值 A 分别为 0.308、0.304 和 0.306，$\overline{A} = 0.306$。从校正曲线查得铜浓度 c 分别为 3.11μg/mL、3.07μg/mL 和 3.09μg/mL，$\overline{c} = 3.09\mu$g/mL，标准差 $s = 0.02$，均值标准差 $s_{\overline{x}} = 0.012$。

根据测定值的概率分布，正确报告一个分析结果至少应满足以下各项要求：

① 说明测定值分布的集中趋势，在等精度测定的场合，给出算术均值 $\overline{x}$，非等精度测量给出加权均值 $\overline{x}_w$。

② 说明测定值分布的离散特性，要给出测定结果的标准差或相对标准差，或不确定度。

③ 说明测定结果的置信程度。为此要给出测定次数 n，有了 n 可以从数理统计表中查到在一定置信概率的置信系数，求得在一定置信概率水平的测定结果的置信区间。此外，n 也表征了获得分析结果所花费的代价。

④ 数字的表示要符合有效数字修约规则。

只有按照上述四项要求报出的结果才有可比性，才能对测定结果进行溯源。

对于本例中测定铜的结果，可以有以下几种报告分析结果的方式。

① 直接报出测定结果，$\bar{c} = 3.09 \mu g/mL$，标准差 $s = 0.02$，$RSD = 0.647\%$。

这种报告分析结果的方式是不正确的，第一，只考虑了样品重复测定的影响，而没有考虑用标准物质配制标准溶液、用容量器具转移溶液和定容、建立校正曲线、原子吸收光谱仪器读数等因素引入测定结果中的标准差，计算的标准差偏小。第二，RSD 的有效数字位数不符合有效数字修约规则，取的有效数字位数过多，$n = 3$ 是小样本测定，按照第 2 章 2.3.5.3 节标准差的精密度中的说明，在通常的小样本测定时，要使标准差的相对标准差 $s(s)$ 小于 $10\% s$，至少要进行 51 次测定。在通常的分析测试中，只进行少数几次测定，$s(s)/s$ 大于 10%，标准差第二位数已是不确定了，s 和 RSD 的有效数字最多只能取两位。第三，没有给出测定次数 n，无法决定分析结果的置信度和置信区间，无法对分析结果进行验证与溯源。

② 按照报告分析结果各项要求，给出 3 项基本参数，$\bar{c} = 3.09 \mu g/mL$，标准差 $s = 0.02$ ($n = 3$)，$RSD = 0.65\%$。

这种表示方式比第一种表示方式合理些，给出了测定次数 n，可以在给定概率水平从数理统计表中找到相应的置信系数，给出分析结果置信区间，数字表示也符合有效数字修约规则。但仍然没有考虑用标准物质配制标准溶液、容量器具精度、校正曲线的变动性、原子吸收光谱仪器读数的波动性等因素引入测定结果中的标准差，计算出的标准差偏小，给出的测定结果偏好。

③ 正规的做法应按式(10-14)计算的被测样品浓度的合成标准不确定度 u_c，再按式(10-15)计算出有效自由度，由统计表查出包含因子 k，求得扩展不确定度 $U = k_p \times u_c$，用均值 $\bar{x}$ 和扩展不确定度 U 报出结果。这是国际标准化组织推荐使用的报告测定结果方式。

但从日常实际工作考虑，在不确定度评定中，通常 A 类不确定度比 B 类不确定度大，用指定置信概率水平的统计置信区间报出分析结果，包括了全部 A 类不确定度，一部分 B 类不确定度也以试验误差的形式转入 A 类不确定度。用统计置信区间与用扩展不确定度 U 报出结果相近。因此，在日常分析测试和研究工作中，用指定置信概率水平的统计置信区间报出分析结果也是可以的，这样可免去各项不确定度的繁杂计算。而且用统计置信区间表示结果，包括了表示结果的三个基本参数，统计含义明确。

需要强调指出的是，如需出具有法律效力的报告，还是应进行不确定度的详细计算。

10.6　表示分析结果的有效数字

在实验中，记录分析测试数据时，记录的数据与表示结果的数值所具有的精确程度应与所使用的测量仪器和工具的精度相一致。一般可估计到测量仪器和工具最小刻度的十分位，所记录的数除最后一位数字具有不确定性外，其余各位数字都应是准确的。进行数据处理时，应遵守有效数字的修约规则。现在采用"四舍六入五单双"的修约准则，其优点是保持了进、舍项数平衡性与进、舍误差的平衡性。不允许通过有效数字修约人为地提高分析数据的精度与分析结果的质量。

① 有效数字后面的第一位为 4，则舍去，若为 6，则在前一位进 1。若恰为 5，而 5 之后的数字不全为 0，则在 5 的前一位进 1。若 5 之后全为 0，且 5 之前的一位数字为奇数，则在

5 的前一位进 1，5 之前的一位数字为偶数，则舍去不计。所拟舍弃的数字为二位以上数字时，不得连续进行多次修约，应根据所拟舍弃数字中左边第一个数字的大小按修约规则一次修约得出结果。

有效数字表示数的大小与测定精度，对于数字 0，当其用来表示小数点位置而与测定精度无关时，不是有效数字；当用它来表示与测定精度有关的数值大小时，则为有效数字。如用天平称量一个样品，质量是 0.0150g，前两个 0 只与所用质量单位有关，而与测量精度无关。当用 mg 为单位，记为 15.0mg，前面两个 0 就没有了，故不是有效数字。但注意两种表示称量结果的含义是不同的，前一种称量的精度是万分之一，后一种称量的精度是千分之一。

② 基于有效数字的属性，在有效数字的加减乘除运算中，最后结果的有效数字只能保留最后一位数字具有不确定性。因此，在加减运算中，最后结果的有效数字应与参与运算的各数中小数点后位数最少的数相同；在乘除运算中，最后结果的有效数字不得超过参与运算的各数中有效数字位数最少的那个数的有效数字的位数。

为避免在运算过程中引起误差的积累，可以将参与运算的各数的有效数字修约到比该数应有的有效数字多 1 位。在协同实验中，数据需要汇总处理，为避免连续修约引起误差积累，汇总前的数据的有效数字可以多取一位，汇总处理后的数据再按照有效数字修约规则一次修约到有效数字的应有位数。此多取的一位数字称为安全数字。

③ 在所有计算中，常数如 π、e，乘数因子如 $\sqrt{2}$、$\sqrt{3}$ 等的有效数字位数不受限制，需要几位就取几位。

④ 在计算不少于 4 个测定值的均值时，均值的有效数字的位数可比单次测定值的有效数字位数多取 1 位。但在报告测定结果的误差时，对误差值数字的修约，只进不舍。

涉及安全性能指标和计量仪器中有误差传递指标者，优先采用全数比较法，对超出标准中规定的极限数值，不允许修约。

⑤ 在对数计算中，所取有效数字的位数，应与真数的有效数字位数相同。如乙酸的解离常数是 $K_a = 1.96 \times 10^{-5}$，有效数字是 3 位。若对数值是 2.26，小数点前的 2 是定位数，不是有效数字，故其有效数字是 2 位。

⑥ 当用多位数字表示测定结果而不能正确表征测定结果时，应用指数方式表示测定结果。如测定海水中镁离子含量为 1200mg/L，其真实测定值在十位数已是不确定了，而上述表示方式使读者误认为有效数字是 4 位，在十位数还是确定的，只是个位数具有不确定性。如果用指数方式表示为 $1.20 \times 10^3 \, mg/L$，有效数字是 3 位，与真实测定值的情况是一致的。

参考文献

［1］ Nalimov V V. The Application of Mathematical Statistics to Chemical，Analysis. Oxford：Pergamon Press，1963.

［2］ Massart D L. Vandeginste B G M，Deming S N，et al. Chemometrics：a Textbook. Amsterdam：Elsevier，1990.

［3］ 中国科学院数学研究所统计组 . 常用数理统计方法 . 北京：科学出版社，1973.

［4］ 邓勃 . 数理统计方法在化学分析中的应用 . 北京：化学工业出版社，1981.

［5］ 邓勃 . 数理统计方法在分析测试中的应用 . 北京：化学工业出版社，1984.

［6］ 罗旭 . 化学统计学基础 . 沈阳：辽宁人民出版社，1985.

［7］ 郑用熙 . 分析化学中的数理统计方法 . 北京：科学出版社，1985.

［8］ 张成军 . 试验设计与数据处理 . 北京：化学工业出版社，2009.

［9］ 邓勃 . 分析测试数据的统计处理方法 . 北京：清华大学出版社，1995.

［10］ 刘振学 . 试验设计与数据处理 . 2 版 . 北京：化学工业出版社，2014.

［11］ 郭兴家 . 实验数据处理与统计 . 北京：化学工业出版社，2019.

［12］ 周纪芗 . 实用回归分析法 . 上海：上海科学技术出版社，1990.

［13］ 中国科学院数学研究所统计组 . 方差分析 . 北京：科学出版社，1977.

［14］ 国家质量技术监督局计量司组 . 测量不确定度评定与表示指南 . 北京：中国计量出版社，2000.

［15］ 臧慕文，柯瑞华 . 成分分析中的数理统计及不确定度评定概要 . 北京：中国质检出版社，2012.

［16］ 曹宏燕 . 分析测试统计方法和质量控制 . 北京：化学工业出版社，2016.

［17］ 统计方法应用标准汇编小组 . 统计方法应用国家标准汇编-控制图、统计方法 . 北京：中国标准出版社，1989.

附录

表1　正态分布表

$$P(u > K_\alpha) = \frac{1}{\sqrt{2\pi}} \int_{K_\alpha}^{\infty} \exp\left(\frac{u^2}{2}\right) \mathrm{d}u = \alpha$$

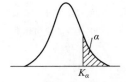

K_α	0.00	0.01	0.02	0.03	0.04	0.05	0.06	0.07	0.08	0.09
0.0	0.5000	0.4960	0.4920	0.4880	0.4840	0.4801	0.4761	0.4721	0.4681	0.4641
0.1	0.4602	0.4562	0.4522	0.4483	0.4443	0.4404	0.4364	0.4325	0.4286	0.4247
0.2	0.4207	0.4168	0.4129	0.4090	0.4052	0.4013	0.3974	0.3936	0.3897	0.3859
0.3	0.3821	0.3783	0.3745	0.3707	0.3669	0.3632	0.3594	0.3557	0.3520	0.3483
0.4	0.3446	0.3409	0.3372	0.3336	0.3300	0.3264	0.3228	0.3192	0.3156	0.3121
0.5	0.3085	0.3050	0.3015	0.2981	0.2946	0.2912	0.2877	0.2843	0.2810	0.2776
0.6	0.2743	0.2709	0.2676	0.2643	0.2611	0.2578	0.2546	0.2514	0.2483	0.2451
0.7	0.2420	0.2389	0.2358	0.2327	0.2296	0.2266	0.2236	0.2206	0.2177	0.2148
0.8	0.2119	0.2090	0.2061	0.2033	0.2005	0.1977	0.1949	0.1922	0.1894	0.1867
0.9	0.1841	0.1814	0.1788	0.1762	0.1736	0.1711	0.1685	0.1660	0.1635	0.1611
1.0	0.1587	0.1562	0.1539	0.1515	0.1492	0.1469	0.1446	0.1423	0.1401	0.1379
1.1	0.1357	0.1335	0.1314	0.1292	0.1271	0.1251	0.1230	0.1210	0.1190	0.1170
1.2	0.1151	0.1131	0.1112	0.1093	0.1075	0.1056	0.1038	0.1020	0.1003	0.0985
1.3	0.0968	0.0951	0.0934	0.0918	0.0901	0.0885	0.0869	0.0853	0.0838	0.0823
1.4	0.0808	0.0793	0.0778	0.0764	0.0749	0.0735	0.0721	0.0708	0.0694	0.0681
1.5	0.0668	0.0655	0.0643	0.0630	0.0618	0.0606	0.0594	0.0582	0.0571	0.0559
1.6	0.0548	0.0537	0.0526	0.0516	0.0505	0.0495	0.0485	0.0475	0.0465	0.0455
1.7	0.0446	0.0436	0.0427	0.0418	0.0409	0.0401	0.0392	0.0384	0.0375	0.0367
1.8	0.0359	0.0351	0.0344	0.0336	0.0329	0.0322	0.0314	0.0307	0.0301	0.0294
1.9	0.0287	0.0281	0.0274	0.0268	0.0262	0.0256	0.0250	0.0244	0.0239	0.0233

K_α	0.00	0.01	0.02	0.03	0.04	0.05	0.06	0.07	0.08	0.09
2.0	0.0228	0.0222	0.0217	0.0212	0.0207	0.0202	0.0197	0.0192	0.0188	0.0183
2.1	0.0179	0.0174	0.0170	0.0166	0.0162	0.0158	0.0154	0.0150	0.0146	0.0143
2.2	0.0139	0.0136	0.0132	0.0129	0.0125	0.0122	0.0119	0.0116	0.0113	0.0110
2.3	0.0107	0.0104	0.0102	0.00990	0.00964	0.00939	0.00914	0.00889	0.00866	0.00842
2.4	0.00820	0.00798	0.00776	0.00755	0.00734	0.00714	0.00695	0.00676	0.00657	0.00639
2.5	0.00621	0.00604	0.00587	0.00570	0.00554	0.00539	0.00523	0.00508	0.00494	0.00480
2.6	0.00466	0.00453	0.00440	0.00427	0.00415	0.00402	0.00391	0.00379	0.00368	0.00357
2.7	0.00347	0.00336	0.00326	0.00317	0.00307	0.00298	0.00289	0.00280	0.00272	0.00264
2.8	0.00256	0.00248	0.00240	0.00233	0.00226	0.00219	0.00212	0.00205	0.00199	0.00193
2.9	0.00187	0.00181	0.00175	0.00169	0.00164	0.00159	0.00154	0.00149	0.00144	0.00139

K_α	0.0	0.1	0.2	0.3	0.4	0.5	0.6	0.7	0.8	0.9
3	0.00135	0.0^3968	0.0^3687	0.0^3483	0.0^3337	0.0^3233	0.0^3159	0.0^3108	0.0^4723	0.0^4481
4	0.0^4317	0.0^4207	0.0^4133	0.0^5854	0.0^5541	0.0^5340	0.0^5211	0.0^5130	0.0^6793	0.0^6479
5	0.0^6287	0.0^6170	0.0^7996	0.0^7579	0.0^7333	0.0^7190	0.0^7107	0.0^8599	0.0^8332	0.0^8182
6	0.0^9987	0.0^9530	0.0^9282	0.0^9149	$0.0^{10}777$	$0.0^{10}402$	$0.0^{10}206$	$0.0^{10}104$	$0.0^{11}523$	$0.0^{11}260$

表 2 χ^2 分布表

$$P[\chi^2(f) > \chi^2_\alpha(f)] = \alpha$$

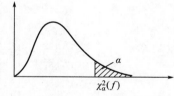

f	α					
	0.995	0.99	0.975	0.95	0.90	0.75
1	—	—	0.001	0.004	0.016	0.102
2	0.010	0.020	0.051	0.103	0.211	0.575
3	0.072	0.115	0.216	0.352	0.584	1.213
4	0.207	0.297	0.484	0.711	1.064	1.923
5	0.412	0.554	0.831	1.145	1.610	2.675
6	0.676	0.872	1.237	1.635	2.204	3.455
7	0.989	1.239	1.690	2.167	2.833	4.255
8	1.344	1.646	2.180	2.733	3.490	5.071
9	1.735	2.088	2.700	3.325	4.168	5.899
10	2.156	2.558	3.247	3.940	4.865	6.737
11	2.603	3.053	3.816	4.575	5.578	7.584
12	3.074	3.571	4.404	5.226	6.304	8.438
13	3.565	4.107	5.009	5.892	7.042	9.299
14	4.075	4.660	5.629	6.571	7.790	10.165
15	4.601	5.229	6.262	7.261	8.547	11.037

f	α					
	0.995	0.99	0.975	0.95	0.90	0.75
16	5.142	5.812	6.908	7.962	9.312	11.912
17	5.697	6.408	7.564	8.672	10.085	12.792
18	6.265	7.015	8.231	9.390	10.865	13.675
19	6.844	7.633	8.907	10.117	11.651	14.562
20	7.434	8.260	9.591	10.851	12.443	15.452
21	8.034	8.897	10.283	11.591	13.240	16.344
22	8.643	9.542	10.982	12.338	14.042	17.240
23	9.260	10.196	11.689	13.091	14.848	18.137
24	9.886	10.856	12.401	13.848	15.659	19.037
25	10.520	11.524	13.120	14.611	16.473	19.939
26	11.160	12.198	13.844	15.379	17.292	20.843
27	11.808	12.879	14.573	16.151	18.114	21.749
28	12.461	13.565	15.308	16.928	18.939	22.657
29	13.121	14.257	16.047	17.708	19.768	23.567
30	13.787	14.954	16.791	18.493	20.599	24.478
31	14.458	15.655	17.539	19.281	21.434	25.390
32	15.134	16.362	18.291	20.072	22.271	26.304
33	15.815	17.074	19.047	20.867	23.110	27.219
34	16.501	17.789	19.806	21.664	23.952	28.136
35	17.192	18.509	20.569	22.465	24.797	29.054
36	17.887	19.233	21.336	23.269	25.643	29.973
37	18.586	19.960	22.106	24.075	26.492	30.893
38	19.289	20.691	22.878	24.884	27.343	31.815
39	19.996	21.426	23.654	25.695	28.196	32.737
40	20.707	22.164	24.433	26.509	29.051	33.660
41	21.421	22.906	25.215	27.326	29.907	34.585
42	22.138	23.650	25.999	28.144	30.765	35.510
43	22.859	24.398	26.785	28.965	31.625	36.436
44	23.584	25.148	27.575	29.787	32.487	37.363
45	24.311	25.901	28.366	30.612	33.350	38.291

f	α					
	0.25	0.10	0.05	0.025	0.01	0.005
1	1.323	2.706	3.841	5.024	6.635	7.879
2	2.773	4.605	5.991	7.378	9.210	10.597
3	4.108	6.251	7.815	9.348	11.345	12.838
4	5.385	7.779	9.488	11.143	13.277	14.860
5	6.626	9.236	11.071	12.833	15.086	16.750
6	7.841	10.645	12.592	14.449	16.812	18.548
7	9.037	12.017	14.067	16.013	18.475	20.278

f	α					
	0.25	0.10	0.05	0.025	0.01	0.005
8	10.219	13.362	15.507	17.535	20.090	21.955
9	11.389	14.684	16.919	19.023	21.666	23.589
10	12.549	15.987	18.307	20.483	23.209	25.188
11	13.701	17.275	19.675	21.920	24.725	26.757
12	14.845	18.549	21.026	23.337	26.217	28.299
13	15.984	19.812	22.362	24.736	27.688	29.819
14	17.117	21.064	23.685	26.119	29.141	31.319
15	18.245	22.307	24.996	27.488	30.578	32.801
16	19.369	23.542	26.296	28.845	32.000	34.267
17	20.489	24.769	27.587	30.191	33.409	35.718
18	21.605	25.989	28.869	31.526	34.805	37.156
19	22.718	27.204	30.144	32.852	36.191	38.582
20	23.828	28.412	31.410	34.170	37.566	39.997
21	24.935	29.615	32.671	35.479	38.932	41.401
22	26.039	30.813	33.924	36.781	40.289	42.796
23	27.141	32.007	35.172	38.076	41.638	44.181
24	28.241	33.196	36.415	39.364	42.980	45.559
25	29.339	34.382	37.652	40.646	44.314	46.928
26	30.435	35.563	38.885	41.923	45.642	48.290
27	31.528	36.741	40.113	43.194	46.963	49.645
28	32.620	37.916	41.337	44.461	48.278	50.993
29	33.711	39.087	42.557	45.722	49.588	52.336
30	34.800	40.256	43.773	46.979	50.892	53.672
31	35.887	41.422	44.985	48.232	52.191	55.003
32	36.973	42.585	46.194	49.480	53.486	56.328
33	38.058	43.745	47.400	50.725	54.776	57.648
34	39.141	44.903	48.602	51.966	56.061	58.964
35	40.223	46.059	49.802	53.203	57.342	60.275
36	41.304	47.212	50.998	54.437	58.619	61.581
37	42.383	48.363	52.192	55.668	59.892	62.883
38	43.462	49.513	53.384	56.896	61.162	64.181
39	44.539	50.660	54.572	58.120	62.428	65.476
40	45.616	51.805	55.758	59.342	63.691	66.766
41	46.692	52.949	56.942	60.561	64.950	68.053
42	47.766	54.090	58.124	61.777	66.206	69.336
43	48.840	55.230	59.304	62.990	67.459	70.616
44	49.913	56.369	60.481	64.201	68.710	71.893
45	50.985	57.505	61.656	65.410	69.957	73.166

表3 t 分布表

$P(\,|\,t\,|>t_\alpha)=\alpha$

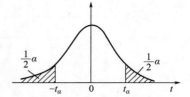

f	α												
	0.9	0.8	0.7	0.6	0.5	0.4	0.3	0.2	0.1	0.05	0.02	0.01	0.001
1	0.158	0.325	0.510	0.727	1.000	1.376	1.963	3.078	6.314	12.706	31.821	63.657	636.619
2	0.142	0.289	0.445	0.617	0.816	1.061	1.386	1.886	2.920	4.303	6.965	9.925	31.598
3	0.137	0.277	0.424	0.584	0.765	0.978	1.250	1.638	2.353	3.182	4.541	5.841	12.924
4	0.134	0.271	0.414	0.569	0.741	0.941	1.190	1.533	2.132	2.776	3.747	4.604	8.610
5	0.132	0.267	0.408	0.559	0.727	0.920	1.156	1.476	2.015	2.571	3.365	4.032	6.859
6	0.131	0.265	0.404	0.553	0.718	0.906	1.134	1.440	1.943	2.447	3.143	3.707	5.959
7	0.130	0.263	0.402	0.549	0.711	0.896	1.119	1.415	1.895	2.365	2.998	3.499	5.405
8	0.130	0.262	0.399	0.546	0.706	0.880	1.108	1.397	1.860	2.306	2.896	3.355	5.041
9	0.129	0.261	0.398	0.543	0.703	0.883	1.100	1.383	1.833	2.262	2.821	3.250	4.781
10	0.129	0.260	0.397	0.542	0.700	0.879	1.093	1.372	1.812	2.228	2.764	3.169	4.587
11	0.129	0.260	0.396	0.540	0.697	0.876	1.088	1.363	1.796	2.201	2.718	3.106	4.437
12	0.128	0.259	0.395	0.539	0.695	0.873	1.083	1.356	1.782	2.179	2.681	3.055	4.318
13	0.128	0.259	0.394	0.538	0.694	0.870	1.079	1.350	1.771	2.160	2.650	3.012	4.221
14	0.128	0.258	0.393	0.537	0.692	0.868	1.076	1.345	1.761	2.145	2.624	2.977	4.140
15	0.128	0.258	0.393	0.536	0.691	0.866	1.074	1.341	1.753	2.131	2.602	2.947	4.073
16	0.128	0.258	0.392	0.535	0.690	0.865	1.071	1.337	1.746	2.120	2.583	2.921	4.015
17	0.128	0.257	0.392	0.534	0.689	0.863	1.069	1.333	1.740	2.110	2.567	2.898	3.965
18	0.127	0.257	0.392	0.534	0.688	0.862	1.067	1.330	1.734	2.101	2.552	2.878	3.922
19	0.127	0.257	0.391	0.533	0.688	0.861	1.066	1.328	1.729	2.093	2.539	2.861	3.883
20	0.127	0.257	0.391	0.533	0.687	0.860	1.064	1.325	1.725	2.086	2.528	2.845	3.850
21	0.127	0.257	0.391	0.532	0.686	0.859	1.063	1.323	1.721	2.080	2.518	2.831	3.819
22	0.127	0.256	0.390	0.532	0.686	0.858	1.061	1.321	1.717	2.074	2.508	2.819	3.792
23	0.127	0.256	0.390	0.532	0.685	0.858	1.060	1.319	1.714	2.069	2.500	2.807	3.767
24	0.127	0.256	0.390	0.531	0.685	0.857	1.059	1.318	1.711	2.064	2.492	2.797	3.745
25	0.127	0.256	0.390	0.531	0.684	0.856	1.058	1.316	1.708	2.060	2.485	2.787	3.725
26	0.127	0.256	0.390	0.531	0.684	0.856	1.058	1.315	1.706	2.056	2.479	2.779	3.707
27	0.127	0.256	0.389	0.531	0.684	0.855	1.057	1.314	1.703	2.052	2.473	2.771	3.690
28	0.127	0.256	0.389	0.530	0.683	0.855	1.056	1.313	1.701	2.048	2.467	2.763	3.674
29	0.127	0.256	0.389	0.530	0.683	0.854	1.055	1.311	1.699	2.045	2.462	2.756	3.659
30	0.127	0.256	0.389	0.530	0.683	0.854	1.055	1.310	1.697	2.042	2.457	2.750	3.646
40	0.126	0.255	0.388	0.529	0.681	0.851	1.050	1.303	1.684	2.021	2.423	2.704	3.551
60	0.126	0.254	0.387	0.527	0.679	0.848	1.046	1.296	1.671	2.000	2.390	2.660	3.460
120	0.126	0.254	0.386	0.526	0.677	0.845	1.041	1.289	1.658	1.980	2.358	2.617	3.373
∞	0.126	0.253	0.385	0.524	0.674	0.842	1.036	1.282	1.645	1.960	2.326	2.576	3.291

表 4　F 分布表

$$P[F_{(f_1,f_2)} > F_{\alpha(f_1,f_2)}] = \alpha$$

$\alpha = 0.10$

	1	2	3	4	5	6	7	8	9	10	12	15	20	24	30	40	60	120	∞
1	39.86	49.50	53.59	55.83	57.24	58.20	58.91	59.44	59.86	60.19	60.71	61.22	61.74	62.00	62.26	62.53	62.79	63.06	63.33
2	8.53	9.00	9.16	9.24	9.29	9.33	9.35	9.37	9.38	9.39	9.41	9.42	9.44	9.45	9.46	9.47	9.47	9.48	9.49
3	5.54	5.46	5.39	5.34	5.31	5.28	5.27	5.25	5.24	5.23	5.22	5.20	5.18	5.18	5.17	5.16	5.15	5.14	5.13
4	4.54	4.32	4.19	4.11	4.05	4.01	3.98	3.95	3.94	3.92	3.90	3.87	3.84	3.83	3.82	3.80	3.79	3.78	3.76
5	4.06	3.78	3.62	3.52	3.45	3.40	3.37	3.34	3.32	3.30	3.27	3.24	3.21	3.19	3.17	3.16	3.14	3.12	3.10
6	3.78	3.46	3.29	3.18	3.11	3.05	3.01	2.98	2.96	2.94	2.90	2.87	2.84	2.82	2.80	2.78	2.76	2.74	2.72
7	3.59	3.26	3.07	2.96	2.88	2.83	2.78	2.75	2.72	2.70	2.67	2.63	2.59	2.58	2.56	2.54	2.51	2.49	2.47
8	3.46	3.11	2.92	2.81	2.73	2.67	2.62	2.59	2.56	2.54	2.50	2.46	2.42	2.40	2.38	2.36	2.34	2.32	2.29
9	3.36	3.01	2.81	2.69	2.61	2.55	2.51	2.47	2.44	2.42	2.38	2.34	2.30	2.28	2.25	2.23	2.21	2.18	2.16
10	3.29	2.92	2.73	2.61	2.52	2.46	2.41	2.38	2.35	2.32	2.28	2.24	2.20	2.18	2.16	2.13	2.11	2.08	2.06
11	3.23	2.86	2.66	2.54	2.45	2.39	2.34	2.30	2.27	2.25	2.21	2.17	2.12	2.10	2.08	2.05	2.03	2.00	1.97
12	3.18	2.81	2.61	2.48	2.39	2.33	2.28	2.24	2.21	2.19	2.15	2.10	2.06	2.04	2.01	1.99	1.96	1.93	1.90
13	3.14	2.76	2.56	2.43	2.35	2.28	2.23	2.20	2.16	2.14	2.10	2.05	2.01	1.98	1.96	1.93	1.90	1.88	1.85
14	3.10	2.73	2.52	2.39	2.31	2.24	2.19	2.15	2.12	2.10	2.05	2.01	1.96	1.94	1.91	1.89	1.86	1.83	1.80
15	3.07	2.70	2.49	2.36	2.27	2.21	2.16	2.12	2.09	2.06	2.02	1.97	1.92	1.90	1.87	1.85	1.82	1.79	1.76
16	3.05	2.67	2.46	2.33	2.24	2.18	2.13	2.09	2.06	2.03	1.99	1.94	1.89	1.87	1.84	1.81	1.78	1.75	1.72
17	3.03	2.64	2.44	2.31	2.22	2.15	2.10	2.06	2.03	2.00	1.96	1.91	1.86	1.84	1.81	1.78	1.75	1.72	1.69
18	3.01	2.62	2.42	2.29	2.20	2.13	2.08	2.04	2.00	1.98	1.93	1.89	1.84	1.81	1.78	1.75	1.72	1.69	1.66
19	2.99	2.61	2.40	2.27	2.18	2.11	2.06	2.02	1.98	1.96	1.91	1.86	1.81	1.79	1.76	1.73	1.70	1.67	1.63
20	2.97	2.59	2.38	2.25	2.16	2.09	2.04	2.00	1.96	1.94	1.89	1.84	1.79	1.77	1.74	1.71	1.68	1.64	1.61
21	2.96	2.57	2.36	2.23	2.14	2.08	2.02	1.98	1.95	1.92	1.87	1.83	1.78	1.75	1.72	1.69	1.66	1.62	1.59
22	2.95	2.56	2.35	2.22	2.13	2.06	2.01	1.97	1.93	1.90	1.86	1.81	1.76	1.73	1.70	1.67	1.64	1.60	1.57
23	2.94	2.55	2.34	2.21	2.11	2.05	1.99	1.95	1.92	1.89	1.84	1.80	1.74	1.72	1.69	1.66	1.62	1.59	1.55
24	2.93	2.54	2.33	2.19	2.10	2.04	1.98	1.94	1.91	1.88	1.83	1.78	1.73	1.70	1.67	1.64	1.61	1.57	1.53
25	2.92	2.53	2.32	2.18	2.09	2.02	1.97	1.93	1.89	1.87	1.82	1.77	1.72	1.69	1.66	1.63	1.59	1.56	1.52
26	2.91	2.52	2.31	2.17	2.08	2.01	1.96	1.92	1.88	1.86	1.81	1.76	1.71	1.68	1.65	1.61	1.58	1.54	1.50
27	2.90	2.51	2.30	2.17	2.07	2.00	1.95	1.91	1.87	1.85	1.80	1.75	1.70	1.67	1.64	1.60	1.57	1.53	1.49
28	2.89	2.50	2.29	2.16	2.06	2.00	1.94	1.90	1.87	1.84	1.79	1.74	1.69	1.66	1.63	1.59	1.56	1.52	1.48
29	2.89	2.50	2.28	2.15	2.06	1.99	1.93	1.89	1.86	1.83	1.78	1.73	1.68	1.65	1.62	1.58	1.55	1.51	1.47
30	2.88	2.49	2.28	2.14	2.05	1.98	1.93	1.88	1.85	1.82	1.77	1.72	1.67	1.64	1.61	1.57	1.54	1.50	1.46
40	2.84	2.44	2.23	2.09	2.00	1.93	1.87	1.83	1.79	1.76	1.71	1.66	1.61	1.57	1.54	1.51	1.47	1.42	1.38
60	2.79	2.39	2.18	2.04	1.95	1.87	1.82	1.77	1.74	1.71	1.66	1.60	1.54	1.51	1.48	1.44	1.40	1.35	1.29
120	2.75	2.35	2.13	1.99	1.90	1.82	1.77	1.72	1.68	1.65	1.60	1.55	1.48	1.45	1.41	1.37	1.32	1.26	1.19
∞	2.71	2.30	2.08	1.94	1.85	1.77	1.72	1.67	1.63	1.60	1.55	1.49	1.42	1.38	1.34	1.30	1.24	1.17	1.00

$\alpha = 0.05$

	1	2	3	4	5	6	7	8	9	10	12	15	20	24	30	40	60	120	∞
1	161.4	199.5	215.7	224.6	230.2	234.0	236.8	238.9	240.5	241.9	243.9	245.9	248.0	249.1	250.1	251.1	252.2	253.3	254.3
2	18.51	19.00	19.16	19.25	19.30	19.33	19.35	19.37	19.38	19.40	19.41	19.43	19.45	19.45	19.46	19.47	19.48	19.49	19.50
3	10.13	9.55	9.28	9.12	9.01	8.94	8.89	8.85	8.81	8.79	8.74	8.70	8.66	8.64	8.62	8.59	8.57	8.55	8.53
4	7.71	6.94	6.59	6.39	6.26	6.16	6.09	6.04	6.00	5.96	5.91	5.86	5.80	5.77	5.75	5.72	5.69	5.66	5.63
5	6.61	5.79	5.41	5.19	5.05	4.95	4.88	4.82	4.77	4.74	4.68	4.62	4.56	4.53	4.50	4.46	4.43	4.40	4.36
6	5.99	5.14	4.76	4.53	4.39	4.28	4.21	4.15	4.10	4.06	4.00	3.94	3.87	3.84	3.81	3.77	3.74	3.70	3.67
7	5.59	4.74	4.35	4.12	3.97	3.87	3.79	3.73	3.68	3.64	3.57	3.51	3.44	3.41	3.38	3.34	3.30	3.27	3.23
8	5.32	4.46	4.07	3.84	3.69	3.58	3.50	3.44	3.39	3.35	3.28	3.22	3.15	3.12	3.08	3.04	3.01	2.97	2.93
9	5.12	4.26	3.86	3.63	3.48	3.37	3.29	3.23	3.18	3.14	3.07	3.01	2.94	2.90	2.86	2.83	2.79	2.75	2.71
10	4.96	4.10	3.71	3.48	3.33	3.22	3.14	3.07	3.02	2.98	2.91	2.85	2.77	2.74	2.70	2.66	2.62	2.58	2.54
11	4.84	3.98	3.59	3.36	3.20	3.09	3.01	2.95	2.90	2.85	2.79	2.72	2.65	2.61	2.57	2.53	2.49	2.45	2.40
12	4.75	3.89	3.49	3.26	3.11	3.00	2.91	2.85	2.80	2.75	2.69	2.62	2.54	2.51	2.47	2.43	2.38	2.34	2.30
13	4.67	3.81	3.41	3.18	3.03	2.92	2.83	2.77	2.71	2.67	2.60	2.53	2.46	2.42	2.38	2.34	2.30	2.25	2.21
14	4.60	3.74	3.34	3.11	2.96	2.85	2.76	2.70	2.65	2.60	2.53	2.46	2.39	2.35	2.31	2.27	2.22	2.18	2.13
15	4.54	3.68	3.29	3.06	2.90	2.79	2.71	2.64	2.59	2.54	2.48	2.40	2.33	2.29	2.25	2.20	2.16	2.11	2.07
16	4.49	3.63	3.24	3.01	2.85	2.74	2.66	2.59	2.54	2.49	2.42	2.35	2.28	2.24	2.19	2.15	2.11	2.06	2.01
17	4.45	3.59	3.20	2.96	2.81	2.70	2.61	2.55	2.49	2.45	2.38	2.31	2.23	2.19	2.15	2.10	2.06	2.01	1.96
18	4.41	3.55	3.16	2.93	2.77	2.66	2.58	2.51	2.46	2.41	2.34	2.27	2.19	2.15	2.11	2.06	2.02	1.97	1.92
19	4.38	3.52	3.13	2.90	2.74	2.63	2.54	2.48	2.42	2.38	2.31	2.23	2.16	2.11	2.07	2.03	1.98	1.93	1.88
20	4.35	3.49	3.10	2.87	2.71	2.60	2.51	2.45	2.39	2.35	2.28	2.20	2.12	2.08	2.04	1.99	1.95	1.90	1.84
21	4.32	3.47	3.07	2.84	2.68	2.57	2.49	2.42	2.37	2.32	2.25	2.18	2.10	2.05	2.01	1.96	1.92	1.87	1.81
22	4.30	3.44	3.05	2.82	2.66	2.55	2.46	2.40	2.34	2.30	2.23	2.15	2.07	2.03	1.98	1.94	1.89	1.84	1.78
23	4.28	3.42	3.03	2.80	2.64	2.53	2.44	2.37	2.32	2.27	2.20	2.13	2.05	2.01	1.96	1.91	1.86	1.81	1.76
24	4.26	3.40	3.01	2.78	2.62	2.51	2.42	2.36	2.30	2.25	2.18	2.11	2.03	1.98	1.94	1.89	1.84	1.79	1.73
25	4.24	3.39	2.99	2.76	2.60	2.49	2.40	2.34	2.28	2.24	2.16	2.09	2.01	1.96	1.92	1.87	1.82	1.77	1.71
26	4.23	3.37	2.98	2.74	2.59	2.47	2.39	2.32	2.27	2.22	2.15	2.07	1.99	1.95	1.90	1.85	1.80	1.75	1.69
27	4.21	3.35	2.96	2.73	2.57	2.46	2.37	2.31	2.25	2.20	2.13	2.06	1.97	1.93	1.88	1.84	1.79	1.73	1.67
28	4.20	3.34	2.95	2.71	2.56	2.45	2.36	2.29	2.24	2.19	2.12	2.04	1.96	1.91	1.87	1.82	1.77	1.71	1.65
29	4.18	3.33	2.93	2.70	2.55	2.43	2.35	2.28	2.22	2.18	2.10	2.03	1.94	1.90	1.85	1.81	1.75	1.70	1.64
30	4.17	3.32	2.92	2.69	2.53	2.42	2.33	2.27	2.21	2.16	2.09	2.01	1.93	1.89	1.84	1.79	1.74	1.68	1.62
40	4.08	3.23	2.84	2.61	2.45	2.34	2.25	2.18	2.12	2.08	2.00	1.92	1.84	1.79	1.74	1.69	1.64	1.58	1.51
60	4.00	3.15	2.76	2.53	2.37	2.25	2.17	2.10	2.04	1.99	1.92	1.84	1.75	1.70	1.65	1.59	1.53	1.47	1.39
120	3.92	3.07	2.68	2.45	2.29	2.17	2.09	2.02	1.96	1.91	1.83	1.75	1.66	1.61	1.55	1.50	1.43	1.35	1.25
∞	3.84	3.00	2.60	2.37	2.21	2.10	2.01	1.94	1.88	1.83	1.75	1.67	1.57	1.52	1.46	1.39	1.32	1.22	1.00

$\alpha = 0.01$

$n_2 \backslash n_1$	1	2	3	4	5	6	7	8	9	10	12	15	20	24	30	40	60	120	∞
1	4052	4999.5	5403	5625	5764	5859	5928	5982	6022	6056	6106	6157	6209	6235	6261	6287	6313	6339	6366
2	98.50	99.00	99.17	99.25	99.30	99.33	99.36	99.37	99.39	99.40	99.42	99.43	99.45	99.46	99.47	99.47	99.48	99.49	99.50
3	34.12	30.82	29.46	28.71	28.24	27.91	27.67	27.49	27.35	27.23	27.05	26.87	26.69	26.60	26.50	26.41	26.32	26.22	26.13
4	21.20	18.00	16.69	15.98	15.52	15.21	14.98	14.80	14.66	14.55	14.37	14.20	14.02	13.93	13.84	13.75	13.65	13.56	13.46
5	16.26	13.27	12.06	11.39	10.97	10.67	10.46	10.29	10.16	10.05	9.89	9.72	9.55	9.47	9.38	9.29	9.20	9.11	9.02
6	13.75	10.92	9.78	9.15	8.75	8.47	8.26	8.10	7.98	7.87	7.72	7.56	7.40	7.31	7.23	7.14	7.06	6.97	6.88
7	12.25	9.55	8.45	7.85	7.46	7.19	6.99	6.84	6.72	6.62	6.47	6.31	6.16	6.07	5.99	5.91	5.82	5.74	5.65
8	11.26	8.65	7.59	7.01	6.63	6.37	6.18	6.03	5.91	5.81	5.67	5.52	5.36	5.28	5.20	5.12	5.03	4.95	4.86
9	10.56	8.02	6.99	6.42	6.06	5.80	5.61	5.47	5.35	5.26	5.11	4.96	4.81	4.73	4.65	4.57	4.48	4.40	4.31
10	10.04	7.56	6.55	5.99	5.64	5.39	5.20	5.06	4.94	4.85	4.71	4.56	4.41	4.33	4.25	4.17	4.08	4.00	3.91
11	9.65	7.21	6.22	5.67	5.32	5.07	4.89	4.74	4.63	4.54	4.40	4.25	4.10	4.02	3.94	3.86	3.78	3.69	3.60
12	9.33	6.93	5.95	5.41	5.06	4.82	4.64	4.50	4.39	4.30	4.16	4.01	3.86	3.78	3.70	3.62	3.54	3.45	3.36
13	9.07	6.70	5.74	5.21	4.86	4.62	4.44	4.30	4.19	4.10	3.96	3.82	3.66	3.59	3.51	3.43	3.34	3.25	3.17
14	8.86	6.51	5.56	5.04	4.69	4.46	4.28	4.14	4.03	3.94	3.80	3.66	3.51	3.43	3.35	3.27	3.18	3.09	3.00
15	8.68	6.36	5.42	4.89	4.56	4.32	4.14	4.00	3.89	3.80	3.67	3.52	3.37	3.29	3.21	3.13	3.05	2.96	2.87
16	8.53	6.23	5.29	4.77	4.44	4.20	4.03	3.89	3.78	3.69	3.55	3.41	3.26	3.18	3.10	3.02	2.93	2.84	2.75
17	8.40	6.11	5.18	4.67	4.34	4.10	3.93	3.79	3.68	3.59	3.46	3.31	3.16	3.08	3.00	2.92	2.83	2.75	2.65
18	8.29	6.01	5.09	4.58	4.25	4.01	3.84	3.71	3.60	3.51	3.37	3.23	3.08	3.00	2.92	2.84	2.75	2.66	2.57
19	8.18	5.93	5.01	4.50	4.17	3.94	3.77	3.63	3.52	3.43	3.30	3.15	3.00	2.92	2.84	2.76	2.67	2.58	2.49
20	8.10	5.85	4.94	4.43	4.10	3.87	3.70	3.56	3.46	3.37	3.23	3.09	2.94	2.86	2.78	2.69	2.61	2.52	2.42
21	8.02	5.78	4.87	4.37	4.04	3.81	3.64	3.51	3.40	3.31	3.17	3.03	2.88	2.80	2.72	2.64	2.55	2.46	2.36
22	7.95	5.72	4.82	4.31	3.99	3.76	3.59	3.45	3.35	3.26	3.12	2.98	2.83	2.75	2.67	2.58	2.50	2.40	2.31
23	7.88	5.66	4.76	4.26	3.94	3.71	3.54	3.41	3.30	3.21	3.07	2.93	2.78	2.70	2.62	2.54	2.45	2.35	2.26
24	7.82	5.61	4.72	4.22	3.90	3.67	3.50	3.36	3.26	3.17	3.03	2.89	2.74	2.66	2.58	2.49	2.40	2.31	2.21
25	7.77	5.57	4.68	4.18	3.85	3.63	3.46	3.32	3.22	3.13	2.99	2.85	2.70	2.62	2.54	2.45	2.36	2.27	2.17
26	7.72	5.53	4.64	4.14	3.82	3.59	3.42	3.29	3.18	3.09	2.96	2.81	2.66	2.58	2.50	2.42	2.33	2.23	2.13
27	7.68	5.49	4.60	4.11	3.78	3.56	3.39	3.26	3.15	3.06	2.93	2.78	2.63	2.55	2.47	2.38	2.29	2.20	2.10
28	7.64	5.45	4.57	4.07	3.75	3.53	3.36	3.23	3.12	3.03	2.90	2.75	2.60	2.52	2.44	2.35	2.26	2.17	2.06
29	7.60	5.42	4.54	4.04	3.73	3.50	3.33	3.20	3.09	3.00	2.87	2.73	2.57	2.49	2.41	2.33	2.23	2.14	2.03
30	7.56	5.39	4.51	4.02	3.70	3.47	3.30	3.17	3.07	2.98	2.84	2.70	2.55	2.47	2.39	2.30	2.21	2.11	2.01
40	7.31	5.18	4.31	3.83	3.51	3.29	3.12	2.99	2.89	2.80	2.66	2.52	2.37	2.29	2.20	2.11	2.02	1.92	1.80
60	7.08	4.98	4.13	3.65	3.34	3.12	2.95	2.82	2.72	2.63	2.50	2.35	2.20	2.12	2.03	1.94	1.84	1.73	1.60
120	6.85	4.79	3.95	3.48	3.17	2.96	2.79	2.66	2.56	2.47	2.34	2.19	2.03	1.95	1.86	1.76	1.66	1.53	1.38
∞	6.63	4.61	3.78	3.32	3.02	2.80	2.64	2.51	2.41	2.32	2.18	2.04	1.88	1.79	1.70	1.59	1.47	1.32	1.00

表 5　$q_{\alpha(m,f_e)}$ 表

$q_{0.05}$

f_e	2	3	4	5	6	7	8	9	10	11	12	13	14	15	16	17	18	19	20
1	17.97	26.98	32.82	37.08	40.41	43.12	45.40	47.36	49.07	50.59	51.96	53.20	54.33	55.36	56.32	57.22	58.04	58.83	59.56
2	6.08	8.33	9.80	10.88	11.74	12.44	13.03	13.54	13.99	14.39	14.75	15.08	15.38	15.65	15.91	16.14	16.37	16.57	16.77
3	4.50	5.91	6.82	7.50	8.04	8.48	8.85	9.18	9.46	9.72	9.95	10.15	10.35	10.52	10.69	10.84	10.98	11.11	11.24
4	3.93	5.04	5.76	6.29	6.71	7.05	7.35	7.60	7.83	8.03	8.21	8.37	8.52	8.66	8.79	8.91	9.03	9.13	9.23
5	3.64	4.60	5.22	5.67	6.03	6.33	6.58	6.80	6.99	7.17	7.32	7.47	7.60	7.72	7.83	7.93	8.03	8.12	8.21
6	3.46	4.34	4.90	5.30	5.63	5.90	6.12	6.32	6.49	6.65	6.79	6.92	7.03	7.14	7.24	7.34	7.43	7.51	7.59
7	3.34	4.16	4.68	5.06	5.36	5.61	5.82	6.00	6.16	6.30	6.43	6.55	6.66	6.76	6.85	6.94	7.02	7.10	7.17
8	3.26	4.04	4.53	4.89	5.17	5.40	5.60	5.77	5.92	6.05	6.18	6.29	6.39	6.48	6.57	6.65	6.73	6.80	6.87
9	3.20	3.95	4.41	4.76	5.02	5.24	5.43	5.59	5.74	5.87	5.98	6.09	6.19	6.28	6.36	6.44	6.51	6.58	6.64
10	3.15	3.88	4.33	4.65	4.91	5.12	5.30	5.46	5.60	5.72	5.83	5.93	6.03	6.11	6.19	6.27	6.34	6.40	6.47
11	3.11	3.82	4.26	4.57	4.82	5.03	5.20	5.35	5.49	5.61	5.71	5.81	5.90	5.98	6.06	6.13	6.20	6.27	6.33
12	3.08	3.77	4.20	4.51	4.75	4.95	5.12	5.27	5.39	5.51	5.61	5.71	5.80	5.88	5.95	6.02	6.09	6.15	6.21
13	3.06	3.73	4.15	4.45	4.69	4.88	5.05	5.19	5.32	5.43	5.53	5.63	5.71	5.79	5.86	5.93	5.99	6.05	6.11
14	3.03	3.70	4.11	4.41	4.64	4.83	4.99	5.13	5.25	5.36	5.46	5.55	5.64	5.71	5.79	5.85	5.91	5.97	6.03
15	3.01	3.67	4.08	4.37	4.59	4.78	4.94	5.08	5.20	5.31	5.40	5.49	5.57	5.65	5.72	5.78	5.85	5.90	5.96
16	3.00	3.65	4.05	4.33	4.56	4.74	4.90	5.03	5.15	5.26	5.35	5.44	5.52	5.59	5.66	5.73	5.79	5.84	5.90
17	2.98	3.63	4.02	4.30	4.52	4.70	4.86	4.99	5.11	5.21	5.31	5.39	5.47	5.54	5.61	5.67	5.73	5.79	5.84
18	2.97	3.61	4.00	4.28	4.49	4.67	4.82	4.96	5.07	5.17	5.27	5.35	5.43	5.50	5.57	5.63	5.69	5.74	5.79
19	2.96	3.59	3.98	4.25	4.47	4.65	4.79	4.92	5.04	5.14	5.23	5.31	5.39	5.46	5.53	5.59	5.65	5.70	5.75
20	2.95	3.58	3.96	4.23	4.45	4.62	4.77	4.90	5.01	5.11	5.20	5.28	5.36	5.43	5.49	5.55	5.61	5.66	5.71
24	2.92	3.53	3.90	4.17	4.37	4.54	4.68	4.81	4.92	5.01	5.10	5.18	5.25	5.32	5.38	5.44	5.49	5.55	5.59
30	2.89	3.49	3.85	4.10	4.30	4.46	4.60	4.72	4.82	4.92	5.00	5.08	5.15	5.21	5.27	5.33	5.38	5.43	5.47
40	2.86	3.44	3.79	4.04	4.23	4.39	4.52	4.63	4.73	4.82	4.90	4.98	5.04	5.11	5.16	5.22	5.27	5.31	5.36
60	2.83	3.40	3.74	3.98	4.16	4.31	4.44	4.55	4.65	4.73	4.81	4.88	4.94	5.00	5.06	5.11	5.15	5.20	5.24
120	2.80	3.36	3.68	3.92	4.10	4.24	4.36	4.47	4.56	4.64	4.71	4.78	4.84	4.90	4.95	5.00	5.04	5.09	5.13
∞	2.77	3.31	3.63	3.86	4.03	4.17	4.29	4.39	4.47	4.55	4.62	4.68	4.74	4.80	4.85	4.89	4.93	4.97	5.01

m

$q_{0.01}$

f_e	m=2	3	4	5	6	7	8	9	10	11	12	13	14	15	16	17	18	19	20
1	90.03	135.0	164.3	185.6	202.2	215.8	227.2	237.2	245.6	253.2	260.0	266.2	271.8	277.0	281.8	286.3	290.4	294.3	298.0
2	14.04	19.02	22.29	24.72	26.63	28.20	29.53	30.68	31.69	32.59	33.40	34.13	34.81	35.43	36.00	36.53	37.03	37.50	37.95
3	8.26	10.62	12.17	13.33	14.24	15.00	15.64	16.20	16.69	17.13	17.53	17.89	18.22	18.52	18.81	19.07	19.32	19.55	19.77
4	6.51	8.12	9.17	9.96	10.58	11.10	11.55	11.93	12.27	12.57	12.84	13.09	13.32	13.53	13.73	13.91	14.08	14.24	14.40
5	5.70	6.98	7.80	8.42	8.91	9.32	9.67	9.97	10.24	10.48	10.70	10.89	11.08	11.24	11.40	11.55	11.68	11.81	11.93
6	5.24	6.33	7.03	7.56	7.97	8.32	8.61	8.87	9.10	9.30	9.48	9.65	9.81	9.95	10.08	10.21	10.32	10.43	10.54
7	4.95	5.92	6.54	7.01	7.37	7.68	7.94	8.17	8.37	8.55	8.71	8.86	9.00	9.12	9.24	9.35	9.46	9.55	9.65
8	4.75	5.64	6.20	6.62	6.96	7.24	7.47	7.68	7.86	8.03	8.18	8.31	8.44	8.55	8.66	8.76	8.85	8.94	9.03
9	4.60	5.43	5.96	6.35	6.66	6.91	7.13	7.33	7.49	7.65	7.78	7.91	8.03	8.13	8.23	8.33	8.41	8.49	8.57
10	4.48	5.27	5.77	6.14	6.43	6.67	6.87	7.05	7.21	7.36	7.49	7.60	7.71	7.81	7.91	7.99	8.08	8.15	8.23
11	4.39	5.15	5.62	5.97	6.25	6.48	6.67	6.84	6.99	7.13	7.25	7.36	7.46	7.56	7.65	7.73	7.81	7.88	7.95
12	4.32	5.05	5.50	5.84	6.10	6.32	6.51	6.67	6.81	6.94	7.06	7.17	7.26	7.36	7.44	7.52	7.59	7.66	7.73
13	4.26	4.96	5.40	5.73	5.98	6.19	6.37	6.53	6.67	6.79	6.90	7.01	7.10	7.19	7.27	7.35	7.42	7.48	7.55
14	4.21	4.89	5.32	5.63	5.88	6.08	6.26	6.41	6.54	6.66	6.77	6.87	6.96	7.05	7.13	7.20	7.27	7.33	7.39
15	4.17	4.84	5.25	5.56	5.80	5.99	6.16	6.31	6.44	6.55	6.66	6.76	6.84	6.93	7.00	7.07	7.14	7.20	7.26
16	4.13	4.79	5.19	5.49	5.72	5.92	6.08	6.22	6.35	6.46	6.56	6.66	6.74	6.82	6.90	6.97	7.03	7.09	7.15
17	4.10	4.74	5.14	5.43	5.66	5.85	6.01	6.15	6.27	6.38	6.48	6.57	6.66	6.73	6.81	6.87	6.94	7.00	7.05
18	4.07	4.70	5.09	5.38	5.60	5.79	5.94	6.08	6.20	6.31	6.41	6.50	6.58	6.65	6.73	6.79	6.85	6.91	6.97
19	4.05	4.67	5.05	5.33	5.55	5.73	5.89	6.02	6.14	6.25	6.34	6.43	6.51	6.58	6.65	6.72	6.78	6.84	6.89
20	4.02	4.64	5.02	5.29	5.51	5.69	5.84	5.97	6.09	6.19	6.28	6.37	6.45	6.52	6.59	6.65	6.71	6.77	6.82
24	3.96	4.55	4.91	5.17	5.37	5.54	5.69	5.81	5.92	6.02	6.11	6.19	6.26	6.33	6.39	6.45	6.51	6.56	6.61
30	3.89	4.45	4.80	5.05	5.24	5.40	5.54	5.65	5.76	5.85	5.93	6.01	6.08	6.14	6.20	6.26	6.31	6.36	6.41
40	3.82	4.37	4.70	4.93	5.11	5.26	5.39	5.50	5.60	5.69	5.76	5.83	5.90	5.96	6.02	6.07	6.12	6.16	6.21
60	3.76	4.28	4.59	4.82	4.99	5.13	5.25	5.36	5.45	5.53	5.60	5.67	5.73	5.78	5.84	5.89	5.93	5.97	6.01
120	3.70	4.20	4.50	4.71	4.87	5.01	5.12	5.21	5.30	5.37	5.44	5.50	5.56	5.61	5.66	5.71	5.75	5.79	5.83
∞	3.64	4.12	4.40	4.60	4.76	4.88	4.99	5.08	5.16	5.23	5.29	5.35	5.40	5.45	5.49	5.54	5.57	5.61	5.65

表6　阶乘的对数表

N	lgN!	N	lgN!	N	lgN!	N	lgN!
1	0.0000	41	49.5244	81	120.7632	121	200.9082
2	0.3010	42	51.1477	82	122.6770	122	202.9945
3	0.7782	43	52.7811	83	124.5961	123	205.0844
4	1.3802	44	54.4246	84	126.5204	124	207.1779
5	2.0792	45	56.0778	85	128.4498	125	209.2748
6	2.8573	46	57.7406	86	130.3843	126	211.3751
7	3.7024	47	59.4127	87	132.3238	127	213.4790
8	4.6055	48	61.0939	88	134.2683	128	215.5862
9	5.5598	49	62.7841	89	136.2177	129	217.6967
10	6.5598	50	64.4831	90	138.1719	130	219.8107
11	7.6012	51	66.1906	91	140.1310	131	221.9280
12	8.6803	52	67.9066	92	142.0948	132	224.0485
13	9.7943	53	69.6309	93	144.0632	133	226.1724
14	10.9404	54	71.3633	94	146.0364	134	228.2995
15	12.1165	55	73.1037	95	148.0141	135	230.4298
16	13.3206	56	74.8519	96	149.9964	136	232.5634
17	14.5511	57	76.6077	97	151.9831	137	234.7001
18	15.8063	58	78.3712	98	153.9744	138	236.8400
19	17.0851	59	80.1420	99	155.9700	139	238.9830
20	18.3861	60	81.9202	100	157.9700	140	241.1291
21	19.7083	61	83.7055	101	159.9743	141	243.2783
22	21.0508	62	85.4979	102	161.9829	142	245.4306
23	22.4125	63	87.2972	103	163.9958	143	247.5860
24	23.7927	64	89.1034	104	166.0128	144	249.7443
25	25.1906	65	90.9163	105	168.0340	145	251.9057
26	26.6056	66	92.7359	106	170.0593	146	254.0700
27	28.0370	67	94.5619	107	172.0887	147	256.2374
28	29.4841	68	96.3945	108	174.1221	148	258.4076
29	30.9465	69	98.2333	109	176.1595	149	260.5808
30	32.4237	70	100.0784	110	178.2009	150	262.7569
31	33.9150	71	101.9279	111	180.2462	151	264.9359
32	35.4202	72	103.7870	112	182.2955	152	267.1177
33	36.9387	73	105.6503	113	184.3485	153	269.3024
34	38.4702	74	107.5196	114	186.4054	154	271.4899
35	40.0142	75	109.3946	115	188.4661	155	273.6803
36	41.5705	76	111.2754	116	190.5306	156	275.8734
37	43.1387	77	113.1619	117	192.5988	157	278.0693
38	44.7185	78	115.0540	118	194.6707	158	280.2679
39	46.3096	79	116.9516	119	196.7462	159	282.4693
40	47.9116	80	118.8547	120	198.8254	160	284.6735

N	lgN!	N	lgN!	N	lgN!	N	lgN!
161	286.8803	201	377.2001	241	470.9914	281	567.6733
162	289.0898	202	379.5054	242	473.3752	282	570.1235
163	291.3020	203	381.8129	243	475.7608	283	572.5753
164	293.5168	204	384.1226	244	478.1482	284	575.0287
165	295.7343	205	386.4343	245	480.5374	285	577.4835
166	297.9544	206	388.7482	246	482.9283	286	579.9399
167	300.1771	207	391.0642	247	485.3210	287	582.3977
168	302.4024	208	393.3822	248	487.7154	288	584.8571
169	304.6303	209	395.7024	249	490.1116	289	587.3180
170	306.8608	210	398.0246	250	492.5096	290	589.7804
171	309.0938	211	400.3489	251	494.9093	291	592.2443
172	311.3293	212	402.6752	252	497.3107	292	594.7097
173	313.5674	213	405.0036	253	499.7138	293	597.1766
174	315.8079	214	407.3340	254	502.1186	294	599.6449
175	318.0509	215	409.6664	255	504.5252	295	602.1147
176	320.2965	216	412.0009	256	506.9334	296	604.5860
177	322.5444	217	414.3373	257	509.3433	297	607.0588
178	324.7948	218	416.6758	258	511.7549	298	609.5330
179	327.0477	219	419.0162	259	514.1682	299	612.0087
180	329.3030	220	421.3587	260	516.5832	300	614.4858
181	331.5606	221	423.7031	261	518.9999	301	616.9644
182	333.8207	222	426.0494	262	521.4182	302	619.4444
183	336.0832	223	428.3977	263	523.8381	303	621.9258
184	338.3480	224	430.7480	264	526.2597	304	624.4087
185	340.6152	225	433.1002	265	528.6830	305	626.8930
186	342.8847	226	435.4543	266	531.1078	306	629.3787
187	345.1565	227	437.8103	267	533.5344	307	631.8659
188	347.4307	228	440.1682	268	535.9625	308	634.3544
189	349.7071	229	442.5281	269	538.3922	309	636.8444
190	351.9859	230	444.8898	270	540.8236	310	639.3357
191	354.2669	231	447.2534	271	543.2566	311	641.8285
192	356.5502	232	449.6189	272	545.6912	312	644.3226
193	358.8358	233	451.9862	273	548.1273	313	646.8182
194	361.1236	234	454.3555	274	550.5651	314	649.3151
195	363.4136	235	456.7265	275	553.0044	315	651.8134
196	365.7059	236	459.0994	276	555.4453	316	654.3131
197	368.0003	237	461.4742	277	557.8878	317	656.8142
198	370.2970	238	463.8508	278	560.3318	318	659.3166
199	372.5959	239	466.2292	279	562.7774	319	661.8204
200	374.8969	240	468.6094	280	565.2246	320	664.3255

N	lgN!	N	lgN!	N	lgN!	N	lgN!
321	666.8320	361	768.1577	401	871.4096	441	976.3949
322	669.3399	362	770.7164	402	874.0138	442	979.0404
323	671.8491	363	773.2764	403	876.6191	443	981.6868
324	674.3596	364	775.8375	404	879.2255	444	984.3342
325	676.8715	365	778.3997	405	881.8329	445	986.9825
326	679.3847	366	780.9632	406	884.4415	446	989.6318
327	681.8993	367	783.5279	407	887.0510	447	992.2822
328	684.4152	368	786.0937	408	889.6617	448	994.9334
329	686.9324	369	788.6608	409	892.2734	449	997.5857
330	689.4509	370	791.2290	410	894.8862	450	1000.2389
331	691.9707	371	793.7983	411	897.5001	451	1002.8931
332	694.4918	372	796.3689	412	900.1150	452	1005.5482
333	697.0143	373	798.9406	413	902.7309	453	1008.2043
334	699.5380	374	801.5135	414	905.3479	454	1010.8614
335	702.0631	375	804.0875	415	907.9660	455	1013.5194
336	704.5894	376	806.6627	416	910.5850	456	1016.1783
337	707.1170	377	809.2390	417	913.2052	457	1018.8383
338	709.6460	378	811.8165	418	915.8264	458	1021.4991
339	712.1762	379	814.3952	419	918.4486	459	1024.1609
340	714.7076	380	816.9749	420	921.0718	460	1026.8237
341	717.2404	381	819.5559	421	923.6961	461	1029.4874
342	719.7744	382	822.1379	422	926.3214	462	1032.1520
343	722.3097	383	824.7211	423	928.9478	463	1034.8176
344	724.8463	384	827.3055	424	931.5751	464	1037.4841
345	727.3841	385	829.8909	425	934.2035	465	1040.1516
346	729.9232	386	832.4775	426	936.8329	466	1042.8200
347	732.4635	387	835.0652	427	939.4633	467	1045.4893
348	735.0051	388	837.6540	428	942.0948	468	1048.1595
349	737.5479	389	840.2440	429	944.7272	469	1050.8307
350	740.0920	390	842.8351	430	947.3607	470	1053.5028
351	742.6373	391	845.4272	431	949.9952	471	1056.1758
352	745.1838	392	848.0205	432	952.6307	472	1058.8498
353	747.7316	393	850.6149	433	955.2672	473	1061.5246
354	750.2806	394	853.2104	434	957.9047	474	1064.2004
355	752.8308	395	855.8070	435	960.5431	475	1066.8771
356	755.3823	396	858.4047	436	963.1826	476	1069.5547
357	757.9349	397	861.0035	437	965.8231	477	1072.2332
358	760.4888	398	863.6034	438	968.4646	478	1074.9127
359	763.0439	399	866.2044	439	971.1071	479	1077.5930
360	765.6002	400	868.8064	440	973.7505	480	1080.2742

N	lgN!	N	lgN!	N	lgN!	N	lgN!
481	1082.9564	521	1190.9626	561	1300.3026	601	1410.8812
482	1085.6394	522	1193.6803	562	1303.0523	602	1413.6608
483	1088.3234	523	1196.3988	563	1305.8028	603	1416.4411
484	1091.0082	524	1199.1181	564	1308.5541	604	1419.2221
485	1093.6940	525	1201.8383	565	1311.3062	605	1422.0039
486	1096.3806	526	1204.5593	566	1314.0590	606	1424.7863
487	1099.0681	527	1207.2811	567	1316.8126	607	1427.5695
488	1101.7565	528	1210.0037	568	1319.5669	608	1430.3534
489	1104.4458	529	1212.7272	569	1322.3220	609	1433.1380
490	1107.1360	530	1215.4514	570	1325.0779	610	1435.9234
491	1109.8271	531	1218.1765	571	1327.8345	611	1438.7094
492	1112.5191	532	1220.9024	572	1330.5919	612	1441.4962
493	1115.2119	533	1223.6292	573	1333.3501	613	1444.2836
494	1117.9057	534	1226.3567	574	1336.1090	614	1447.0718
495	1120.6003	535	1229.0851	575	1338.8687	615	1449.8607
496	1123.2958	536	1231.8142	576	1341.6291	616	1452.6503
497	1125.9921	537	1234.5442	577	1344.3903	617	1455.4405
498	1128.6893	538	1237.2750	578	1347.1522	618	1458.2315
499	1131.3874	539	1240.0066	579	1349.9149	619	1461.0232
500	1134.0864	540	1242.7390	580	1352.6783	620	1463.8156
501	1136.7862	541	1245.4722	581	1355.4425	621	1466.6087
502	1139.4869	542	1248.2062	582	1358.2074	622	1469.4025
503	1142.1885	543	1250.9410	583	1360.9731	623	1472.1970
504	1144.8909	544	1253.6766	584	1363.7395	624	1474.9922
505	1147.5942	545	1256.4130	585	1366.5066	625	1477.7880
506	1150.2984	546	1259.1501	586	1369.2745	626	1480.5846
507	1153.0034	547	1261.8881	587	1372.0432	627	1483.3819
508	1155.7093	548	1264.6296	588	1374.8126	628	1486.1798
509	1158.4160	549	1267.3665	589	1377.5827	629	1488.9785
510	1161.1236	550	1270.1069	590	1380.3535	630	1491.7778
511	1163.8320	551	1272.8480	591	1383.1251	631	1494.5779
512	1166.5412	552	1275.5899	592	1385.8974	632	1497.3786
513	1169.2514	553	1278.3327	593	1388.6705	633	1500.1800
514	1171.9623	554	1281.0762	594	1391.4443	634	1502.9821
515	1174.6741	555	1283.8205	595	1394.2188	635	1505.7849
516	1177.3868	556	1286.5655	596	1396.9940	636	1508.5883
517	1180.1003	557	1289.3114	597	1399.7700	637	1511.3924
518	1182.8146	558	1292.0580	598	1402.5467	638	1514.1973
519	1185.5298	559	1294.8054	599	1405.3241	639	1517.0028
520	1188.2458	560	1297.5536	600	1408.1023	640	1519.8090

N	$\lg N!$	N	$\lg N!$	N	$\lg N!$	N	$\lg N!$
641	1522.6158	681	1635.4344	721	1749.2731	761	1864.0755
642	1525.4233	682	1638.2681	722	1752.1316	762	1866.9574
643	1528.2316	683	1641.1026	723	1754.9908	763	1869.8399
644	1531.0404	684	1643.9376	724	1757.8505	764	1872.7230
645	1533.8500	685	1646.7733	725	1760.7109	765	1875.6067
646	1536.6602	686	1649.6096	726	1763.5718	766	1878.4909
647	1539.4711	687	1652.4466	727	1766.4333	767	1881.3757
648	1542.2827	688	1655.2842	728	1769.2955	768	1884.2611
649	1545.0950	689	1658.1224	729	1772.1582	769	1887.1470
650	1547.9079	690	1660.9612	730	1775.0215	770	1890.0335
651	1550.7215	691	1663.8007	731	1777.8854	771	1892.9205
652	1553.5357	692	1666.6408	732	1780.7499	772	1895.8082
653	1556.3506	693	1669.4816	733	1783.6150	773	1898.6963
654	1559.1662	694	1672.3229	734	1786.4807	774	1901.5851
655	1561.9824	695	1675.1649	735	1789.3470	775	1904.4744
656	1564.7993	696	1678.0075	736	1792.2139	776	1907.3642
657	1567.6169	697	1680.8508	737	1795.0814	777	1910.2547
658	1570.4351	698	1683.6946	738	1797.9494	778	1913.1456
659	1573.2540	699	1686.5391	739	1800.8181	779	1916.0372
660	1576.0736	700	1689.3842	740	1803.6873	780	1918.9293
661	1578.8938	701	1692.2299	741	1806.5571	781	1921.8219
662	1581.7146	702	1695.0762	742	1809.4275	782	1924.7151
663	1584.5361	703	1697.9232	743	1812.2985	783	1927.6089
664	1587.3583	704	1700.7708	744	1815.1701	784	1930.5032
665	1590.1811	705	1703.6190	745	1818.0423	785	1933.3981
666	1593.0046	706	1706.4678	746	1820.9150	786	1936.2935
667	1595.8287	707	1709.3172	747	1823.7883	787	1939.1895
668	1598.6535	708	1712.1672	748	1826.6622	788	1942.0860
669	1601.4789	709	1715.0179	749	1829.5367	789	1944.9831
670	1604.3050	710	1717.8691	750	1832.4118	790	1947.8807
671	1607.1317	711	1720.7210	751	1835.2874	791	1950.7789
672	1609.9591	712	1723.5735	752	1838.1636	792	1953.6776
673	1612.7871	713	1726.4266	753	1841.0404	793	1956.5769
674	1615.6158	714	1729.2803	754	1843.9178	794	1959.4767
675	1618.4451	715	1732.1346	755	1846.7957	795	1962.3771
676	1621.2750	716	1734.9895	756	1849.6742	796	1965.2780
677	1624.1056	717	1737.8450	757	1852.5533	797	1968.1794
678	1626.9368	718	1740.7011	758	1855.4330	798	1971.0814
679	1629.7687	719	1743.5578	759	1858.3133	799	1973.9840
680	1632.6012	720	1746.4152	760	1861.1941	800	1976.8871

N	lgN!	N	lgN!	N	lgN!	N	lgN!
801	1979.7907	841	2096.3733	881	2213.7820	921	2331.9792
802	1982.6949	842	2099.2986	882	2216.7274	922	2334.9439
803	1985.5996	843	2102.2244	883	2219.6734	923	2337.9091
804	1988.5049	844	2105.1508	884	2222.6198	924	2340.8748
805	1991.4107	845	2108.0776	885	2225.5668	925	2343.8409
806	1994.3170	846	2111.0050	886	2228.5142	926	2346.8075
807	1997.2239	847	2113.9329	887	2231.4621	927	2349.7746
808	2000.1313	848	2116.8613	888	2234.4106	928	2352.7421
809	2003.0392	849	2119.7902	889	2237.3595	929	2355.7102
810	2005.9477	850	2122.7196	890	2240.3088	930	2358.6786
811	2008.8567	851	2125.6459	891	2243.2587	931	2361.6476
812	2011.7663	852	2128.5800	892	2246.2091	932	2364.6170
813	2014.6764	853	2131.5109	893	2249.1599	933	2367.5869
814	2017.5870	854	2134.4424	894	2252.1113	934	2370.5572
815	2020.4982	855	2137.3744	895	2255.0631	935	2373.5281
816	2023.4099	856	2140.3068	896	2258.0154	936	2376.4993
817	2026.3221	857	2143.2398	897	2260.9682	937	2379.4711
818	2029.2348	858	2146.1733	898	2263.9215	938	2382.4433
819	2032.1481	859	2149.1073	899	2266.8752	939	2385.4159
820	2035.0619	860	2152.0418	900	2269.8295	940	2388.3891
821	2037.9763	861	2154.9768	901	2272.7842	941	2391.3627
822	2040.8911	862	2157.9123	902	2275.7394	942	2394.3367
823	2043.8065	863	2160.8483	903	2278.6951	943	2397.3112
824	2046.7225	864	2163.7848	904	2281.6513	944	2400.2862
825	2049.6389	865	2166.7218	905	2284.6079	945	2403.2616
826	2052.5559	866	2169.6594	906	2287.5650	946	2406.2375
827	2055.4734	867	2172.5974	907	2290.5226	947	2409.2139
828	2058.3914	868	2175.5359	908	2293.4807	948	2412.1907
829	2061.3100	869	2178.4749	909	2296.4393	949	2415.1679
830	2064.2291	870	2181.4144	910	2299.3983	950	2418.1457
831	2067.1487	871	2184.3545	911	2302.3579	951	2421.1238
832	2070.0688	872	2187.2950	912	2305.3179	952	2424.1025
833	2072.9894	873	2190.2360	913	2308.2783	953	2427.0816
834	2075.9106	874	2193.1775	914	2311.2393	954	2430.0611
835	2078.8323	875	2196.1195	915	2314.2007	955	2433.0411
836	2081.7545	876	2199.0620	916	2317.1626	956	2436.0216
837	2084.6772	877	2202.0050	917	2320.1250	957	2439.0025
838	2087.6005	878	2204.9485	918	2323.0878	958	2441.9839
839	2090.5242	879	2207.8925	919	2326.0511	959	2444.9657
840	2093.4485	880	2210.8370	920	2329.0149	960	2447.9479

N	lgN!	N	lgN!	N	lgN!	N	lgN!
961	2450.9307	1001	2570.6051	1041	2690.9735	1081	2812.0093
962	2453.9138	1002	2573.6059	1042	2693.9914	1082	2815.0435
963	2456.8975	1003	2576.6072	1043	2697.0097	1083	2818.0781
964	2459.8815	1004	2579.6090	1044	2700.0284	1084	2821.1132
965	2462.8861	1105	2582.6111	1045	2703.0475	1085	2824.1486
966	2465.8511	1006	2585.6137	1046	2706.0670	1086	2827.1844
967	2468.8365	1007	2588.6168	1047	2709.0870	1087	2830.2207
968	2471.8224	1008	2591.6202	1048	2712.1073	1088	2833.2573
969	2474.8087	1009	2594.6241	1049	2715.1281	1089	2836.2943
970	2477.7954	1010	2597.6284	1050	2718.1493	1090	2839.3317
971	2480.7827	1011	2600.6332	1051	2721.1709	1091	2842.3696
972	2483.7703	1012	2603.6384	1052	2724.1929	1092	2845.4078
973	2486.7584	1013	2606.6440	1053	2727.2153	1093	2848.4464
974	2489.7470	1014	2609.6500	1054	2730.2382	1094	2851.4854
975	2492.7360	1015	2612.6565	1055	2733.2614	1095	2854.5248
976	2495.7255	1016	2615.6634	1056	2736.2851	1096	2857.5646
977	2498.7154	1017	2618.6707	1057	2739.3092	1097	2860.6049
978	2501.7057	1018	2621.6785	1058	2742.3336	1098	2863.6455
979	2504.6965	1019	2624.6866	1059	2745.3585	1099	2866.6865
980	2507.6877	1020	2627.6952	1060	2748.3838	1100	2869.7278
981	2510.6794	1021	2630.7043	1061	2751.4096	1101	2872.7696
982	2513.6715	1022	2633.7137	1062	2754.4357	1102	2875.8118
983	2516.6640	1023	2636.7236	1063	2757.4622	1103	2878.8544
984	2519.6570	1024	2639.7339	1064	2760.4892	1104	2881.8974
985	2522.6505	1025	2642.7446	1065	2763.5165	1105	2884.9407
986	2525.6443	1026	2645.7558	1066	2766.5443	1106	2887.9845
987	2528.6387	1027	2648.7673	1067	2769.5724	1107	2891.0286
988	2531.6334	1028	2651.7793	1068	2772.6010	1108	2894.0732
989	2534.6286	1029	2654.7917	1069	2775.6300	1109	2897.1181
990	2537.6242	1030	2657.8046	1070	2778.6594	1110	2900.1634
991	2540.6203	1031	2660.8178	1071	2781.6892	1111	2903.2091
992	2543.6168	1032	2663.8315	1072	2784.7193	1112	2906.2552
993	2546.6138	1033	2666.8456	1073	2787.7499	1113	2909.3017
994	2549.6112	1034	2669.8601	1074	2790.7810	1114	2912.3486
995	2552.6090	1035	2672.8751	1075	2793.8124	1115	2915.3959
996	2555.6073	1036	2675.8904	1076	2796.8442	1116	2918.4436
997	2558.6059	1037	2678.9062	1077	2799.8764	1117	2921.4916
998	2561.6051	1038	2681.9224	1078	2802.9090	1118	2924.5400
999	2564.6046	1039	2684.9390	1079	2805.9420	1119	2927.5889
1000	2567.6046	1040	2687.9561	1080	2808.9755	1120	2930.6381

表 7　WSD $\sqrt{n/s^2}$ 表

f	α											
	1	2	3	4	5	6	7	8	9	11	14	19
1	21.96	28.80	34.56	39.60	44.28	48.78	53.10	55.62	57.96	62.46	69.12	77.58
2	6.83	8.54	9.88	10.98	11.95	12.87	13.73	14.27	14.76	15.68	17.02	18.67
3	4.89	6.00	6.84	7.50	8.07	8.60	9.08	9.41	9.69	10.22	10.98	11.89
4	4.19	5.10	5.76	6.27	6.70	7.10	7.45	7.70	7.92	8.31	8.88	9.55
5	3.86	4.66	5.24	5.68	6.04	6.37	6.66	6.88	7.06	7.39	7.86	8.41
6	3.64	4.38	4.91	5.31	5.63	5.92	6.17	6.37	6.53	6.82	7.23	7.70
7	3.50	4.20	4.70	5.06	5.35	5.62	5.85	6.03	6.17	6.44	6.81	7.24
8	3.41	4.08	4.55	4.89	5.17	5.41	5.62	5.79	6.00	6.18	6.53	6.92
9	3.34	3.98	4.44	4.76	5.03	5.26	5.46	5.62	5.75	5.98	6.31	6.68
10	3.28	3.91	4.35	4.66	4.91	5.13	5.32	5.48	5.01	5.83	6.14	6.49
12	3.19	3.80	4.22	4.52	4.75	4.96	5.13	5.28	5.40	5.61	5.90	6.22
15	3.11	3.69	4.09	4.37	4.60	4.79	4.95	5.09	5.20	5.39	5.66	5.95
20	3.04	3.60	3.98	4.25	4.45	4.63	4.78	4.91	5.02	5.19	5.44	5.71
30	2.97	3.51	3.87	4.12	4.32	4.48	4.61	4.74	4.84	5.00	5.23	5.47
60	2.90	3.41	3.76	4.00	4.18	4.33	4.45	4.57	4.66	4.81	5.02	5.24
∞	2.82	3.32	3.66	3.88	4.04	4.18	4.29	4.40	4.49	4.63	4.82	5.01

注：显著性水平＝0.05；s^2＝误差方差 σ^2 的估计量；n＝各组内的数据数目（即每组含量）；α＝把各组平均数排列成秩次后任两平均数间的秩次距；f 是计算 s^2 的自由度。

表 8　正交表

（1）　　　　　　　　　　　　　　　　$L_4(2^3)$

试验号	列号		
	1	2	3
1	1	1	1
2	1	2	2
3	2	1	2
4	2	2	1

注：任意两列间的交互作用出现于另一列。

（2）　　　　　　　　　　　　　　　　$L_8(2^7)$

试验号	列号						
	1	2	3	4	5	6	7
1	1	1	1	1	1	1	1
2	1	1	1	2	2	2	2
3	1	2	2	1	1	2	2
4	1	2	2	2	2	1	1
5	2	1	2	1	2	1	2
6	2	1	2	2	1	2	1
7	2	2	1	1	2	2	1
8	2	2	1	2	1	1	2

$L_8(2^7)$ 二列间的交互作用表

列号	列号						
	1	2	3	4	5	6	7
	(1)	3	2	5	4	7	6
		(2)	1	6	7	4	5
			(3)	7	6	5	4
				(4)	1	2	3
					(5)	3	2
						(6)	1

$L_8(2^7)$ 表头设计

因素数	列号						
	1	2	3	4	5	6	7
3	A	B	A×B	C	A×C	B×C	
4	A	B	A×B C×D	C	A×C B×D	B×C A×D	D
4	A	B C×D	A×B	C B×D	A×C	D B×C	A×D
5	A D×E	B C×D	A×B C×E	C B×D	A×C B×E	D A×E B×C	E A×D

（3）　　　　　　　　　　　　　　$L_9(3^4)$

试验号	列号			
	1	2	3	4
1	1	1	1	1
2	1	2	2	2
3	1	3	3	3
4	2	1	2	3
5	2	2	3	1
6	2	3	1	2
7	3	1	3	2
8	3	2	1	3
9	3	3	2	1

注：任意两列间的交互作用出现于另外两列。

（4）　　　　　　　　　　　　　　$L_{18}(3^7)$

试验号	列号						
	1	2	3	4	5	6	7
1	1	1	1	1	1	1	1
2	1	2	2	2	2	2	2
3	1	3	3	3	3	3	3
4	2	1	1	2	2	3	3
5	2	2	2	3	3	1	1

试验号	列号						
	1	2	3	4	5	6	7
6	2	3	3	1	1	2	2
7	3	1	2	1	3	2	3
8	3	2	3	2	1	3	1
9	3	3	1	3	2	1	2
10	1	1	3	3	2	2	1
11	1	2	1	1	3	3	2
12	1	3	2	2	1	1	3
13	2	1	2	3	1	3	2
14	2	2	3	1	2	1	3
15	2	3	1	2	3	2	1
16	3	1	3	2	3	1	2
17	3	2	1	3	1	2	3
18	3	3	2	1	2	3	1

（5）　　　　　　　　　　　　　　$L_{27}(3^{13})$

试验号	列号												
	1	2	3	4	5	6	7	8	9	10	11	12	13
1	1	1	1	1	1	1	1	1	1	1	1	1	1
2	1	1	1	1	2	2	2	2	2	2	2	2	2
3	1	1	1	1	3	3	3	3	3	3	3	3	3
4	1	2	2	2	1	1	1	2	2	2	3	3	3
5	1	2	2	2	2	2	2	3	3	3	1	1	1
6	1	2	2	2	3	3	3	1	1	1	2	2	2
7	1	3	3	3	1	1	1	3	3	3	2	2	2
8	1	3	3	3	2	2	2	1	1	1	3	3	3
9	1	3	3	3	3	3	3	2	2	2	1	1	1
10	2	1	2	3	1	2	3	1	2	3	1	2	3
11	2	1	2	3	2	3	1	2	3	1	2	3	1
12	2	1	2	3	3	1	2	3	1	2	3	1	2
13	2	2	3	1	1	2	3	2	3	1	3	1	2
14	2	2	3	1	2	3	1	3	1	2	1	2	3
15	2	2	3	1	3	1	2	1	2	3	2	3	1
16	2	3	1	2	1	2	3	3	1	2	2	3	1
17	2	3	1	2	2	3	1	1	2	3	3	1	2
18	2	3	1	2	3	1	2	2	3	1	1	2	3
19	3	1	3	2	1	3	2	1	3	2	1	3	2
20	3	1	3	2	2	1	3	2	1	3	2	1	3
21	3	1	3	2	3	2	1	3	2	1	3	2	1
22	3	2	1	3	1	3	2	2	1	3	3	2	1
23	3	2	1	3	2	1	3	3	2	1	1	3	2
24	3	2	1	3	3	2	1	1	3	2	2	1	3
25	3	3	2	1	1	3	2	3	2	1	2	1	3
26	3	3	2	1	2	1	3	1	3	2	3	2	1
27	3	3	2	1	3	2	1	2	1	3	1	3	2

$L_{27}(3^{13})$ 二列间的交互作用

列号	1	2	3	4	5	6	7	8	9	10	11	12	13
		3	2	2	6	5	5	9	8	8	12	11	11
	(1)	4	4	3	7	7	6	10	10	9	13	13	12
		(2)	1	1	8	9	10	5	6	7	5	6	7
			4	3	11	12	13	11	12	13	8	9	10
			(3)	1	9	10	8	7	5	6	6	7	5
				2	13	11	12	12	13	11	10	8	9
				(4)	10	8	9	6	7	5	7	5	6
					12	13	11	13	11	12	9	10	8
					(5)	1	1	2	3	4	2	4	3
						7	6	11	13	12	8	10	9
						(6)	1	4	2	3	3	2	4
							5	13	12	11	10	9	8
							(7)	3	4	2	4	3	2
								12	11	13	9	8	10
								(8)	1	1	2	3	4
									10	9	5	7	6
									(9)	1	4	2	3
										8	7	6	5
										(10)	3	4	2
											6	5	7
											(11)	1	1
												13	12
												(12)	1
													11
													(13)

$L_{27}(3^{13})$ 表头设计

因素数	列号						
	1	2	3	4	5	6	7
3	A	B	$(A\times B)_1$	$(A\times B)_2$	C	$(A\times C)_1$	$(A\times C)_2$
4	A	B	$(A\times B)_1$ $(C\times D)_2$	$(A\times B)_2$	C	$(A\times C)_1$ $(B\times D)_2$	$(A\times C)_2$

因素数	列号					
	8	9	10	11	12	13
3	$(B\times C)_1$			$(B\times C)_2$		
4	$(B\times C)_1$ $(A\times D)_2$	D	$(A\times D)_1$	$(B\times C)_2$	$(B\times D)_1$	$(C\times D)_1$

(6) $L_{16}(4^5)$

试验号	列号				
	1	2	3	4	5
1	1	1	1	1	1
2	1	2	2	2	2
3	1	3	3	3	3
4	1	4	4	4	4
5	2	1	2	3	4
6	2	2	1	4	3
7	2	3	4	1	2
8	2	4	3	2	1
9	3	1	3	4	2
10	3	2	4	3	1
11	3	3	1	2	4
12	3	4	2	1	3
13	4	1	4	2	3
14	4	2	3	1	4
15	4	3	2	4	1
16	4	4	1	3	2

注：任意两列间的交互作用出现于其他三列。

(7) $L_{25}(5^6)$

试验号	列号					
	1	2	3	4	5	6
1	1	1	1	1	1	1
2	1	2	2	2	2	2
3	1	3	3	3	3	3
4	1	4	4	4	4	4
5	1	5	5	5	5	5
6	2	1	2	3	4	5
7	2	2	3	4	5	1
8	2	3	4	5	1	2
9	2	4	5	1	2	3
10	2	5	1	2	3	4
11	3	1	3	5	2	4
12	3	2	4	1	3	5
13	3	3	5	2	4	1
14	3	4	1	3	5	2
15	3	5	2	4	1	3
16	4	1	4	2	5	3
17	4	2	5	3	1	4
18	4	3	1	4	2	5
19	4	4	2	5	3	1
20	4	5	3	1	4	2
21	5	1	5	4	3	2
22	5	2	1	5	4	3
23	5	3	2	1	5	4
24	5	4	3	2	1	5
25	5	5	4	3	2	1

(8)

$$L_8(4\times2^4)$$

试验号	列号				
	1	2	3	4	5
1	1	1	1	1	1
2	1	2	2	2	2
3	2	1	1	2	2
4	2	2	2	1	1
5	3	1	2	1	2
6	3	2	1	2	1
7	4	1	2	2	1
8	4	2	1	1	2

$$L_8(4\times2^4)\text{表头设计}$$

因素数	列号				
	1	2	3	4	5
2	A	B	$(A\times B)_1$	$(A\times B)_2$	$(A\times B)_3$
3	A	B	C		
4	A	B	C	D	
5	A	B	C	D	E

(9)

$$L_{16}(4^2\times2^9)$$

试验号	列号										
	1	2	3	4	5	6	7	8	9	10	11
1	1	1	1	1	1	1	1	1	1	1	1
2	1	2	1	1	1	2	2	2	2	2	2
3	1	3	2	2	2	1	1	1	2	2	2
4	1	4	2	2	2	2	2	2	1	1	1
5	2	1	1	2	2	1	2	2	1	2	2
6	2	2	1	2	2	2	1	1	2	1	1
7	2	3	2	1	1	1	2	2	2	1	1
8	2	4	2	1	1	2	1	1	1	2	2
9	3	1	2	1	2	2	1	2	2	1	2
10	3	2	2	1	2	1	2	1	1	2	1
11	3	3	1	2	1	2	1	2	1	2	1
12	3	4	1	2	1	1	2	1	2	1	2
13	4	1	2	2	1	2	2	1	2	2	1
14	4	2	2	2	1	1	1	2	1	1	2
15	4	3	1	1	2	2	2	1	1	1	2
16	4	4	1	1	2	1	1	2	2	2	1

(10) $L_{16}(4^3 \times 2^6)$

试验号	列号								
	1	2	3	4	5	6	7	8	9
1	1	1	1	1	1	1	1	1	1
2	1	2	2	1	1	2	2	2	2
3	1	3	3	2	2	1	1	2	2
4	1	4	4	2	2	2	2	1	1
5	2	1	2	2	2	1	2	1	2
6	2	2	1	2	2	2	1	2	1
7	2	3	4	1	1	1	2	2	1
8	2	4	3	1	1	2	1	1	2
9	3	1	3	1	2	2	2	2	1
10	3	2	4	1	2	1	1	1	2
11	3	3	1	2	1	2	2	1	2
12	3	4	2	2	1	1	1	2	1
13	4	1	4	2	1	1	1	2	2
14	4	2	3	2	1	1	2	1	1
15	4	3	2	1	2	2	1	1	1
16	4	4	1	1	2	1	2	2	2

(11) $L_{16}(4^4 \times 2^3)$

试验号	列号						
	1	2	3	4	5	6	7
1	1	1	1	1	1	1	1
2	1	2	2	2	1	2	2
3	1	3	3	3	2	1	2
4	1	4	4	4	2	2	1
5	2	1	2	3	2	2	1
6	2	2	1	4	2	1	2
7	2	3	4	1	1	2	2
8	2	4	3	2	1	1	1
9	3	1	3	4	1	2	2
10	3	2	4	3	1	1	1
11	3	3	1	2	2	2	1
12	3	4	2	1	2	1	2
13	4	1	4	2	2	1	2
14	4	2	3	1	2	2	1
15	4	3	2	4	1	1	1
16	4	4	1	3	1	2	2

表 9　均匀设计表

（1）　$U_5(5^4)$

试验号	列号			
	1	2	3	4
1	1	2	3	4
2	2	4	1	3
3	3	1	4	2
4	4	3	2	1
5	5	5	5	5

$U_5(5^4)$表的使用

因素数	列号			
2	1	2		
3	1	2	4	
4	1	2	3	4

（2）　$U_7(7^6)$

试验号	列号					
	1	2	3	4	5	6
1	1	2	3	4	5	6
2	2	4	6	1	3	5
3	3	6	2	5	1	4
4	4	1	5	2	6	3
5	5	3	1	6	4	2
6	6	5	4	3	2	1
7	7	7	7	7	7	7

$U_7(7^6)$表的使用

因素数	列号					
2	1	3				
3	1	2	3			
4	1	2	3	6		
5	1	2	3	4	6	
6	1	2	3	4	5	6

（3）　$U_9(9^6)$

试验号	列号					
	1	2	3	4	5	6
1	1	2	4	5	7	8
2	2	4	8	1	5	7
3	3	6	3	6	3	6
4	4	8	7	2	1	5
5	5	1	2	7	8	4
6	6	3	6	3	6	3
7	7	5	1	8	4	2
8	8	7	5	4	2	1
9	9	9	9	9	9	9

$U_9(9^6)$表的使用

因素数	列号					
2	1	3				
3	1	3	5			
4	1	2	3	5		
5	1	2	3	4	5	
6	1	2	3	4	5	6

（4）　　　　　　　　　　　　$U_{11}(11^{10})$

试验号	列号									
	1	2	3	4	5	6	7	8	9	10
1	1	2	3	4	5	6	7	8	9	10
2	2	4	6	8	10	1	3	5	7	9
3	3	6	9	1	4	7	10	2	5	8
4	4	8	1	5	9	2	6	10	3	7
5	5	10	4	9	3	8	2	7	1	6
6	6	1	7	2	8	3	9	4	10	5
7	7	3	10	6	2	9	5	1	8	4
8	8	5	2	10	7	4	1	9	6	3
9	9	7	5	3	1	10	8	6	4	2
10	10	9	8	7	6	5	4	3	2	1
11	11	11	11	11	11	11	11	11	11	11

$U_{11}(11^{10})$表的使用

因素数	列号									
2	1	7								
3	1	5	7							
4	1	2	5	7						
5	1	2	3	5	7					
6	1	2	3	5	7	10				
7	1	2	3	4	5	7	10			
8	1	2	3	4	5	6	7	10		
9	1	2	3	4	5	6	7	9	10	
10	1	2	3	4	5	6	7	8	9	10

（5）　　　　　　　　　　　　$U_{13}(13^{12})$

试验号	列号											
	1	2	3	4	5	6	7	8	9	10	11	12
1	1	2	3	4	5	6	7	8	9	10	11	12
2	2	4	6	8	10	12	1	3	5	7	9	11
3	3	6	9	12	2	5	8	11	1	4	7	10
4	4	8	12	3	7	11	2	6	10	1	5	9
5	5	10	2	7	12	4	9	1	6	11	3	8
6	6	12	5	11	4	10	3	9	2	8	1	7
7	7	1	8	2	9	3	10	4	11	5	12	6
8	8	3	11	6	1	9	4	12	7	2	10	5
9	9	5	1	10	6	2	11	7	3	12	8	4
10	10	7	4	1	11	8	5	2	12	9	6	3
11	11	9	7	5	3	1	12	10	8	6	4	2
12	12	11	10	9	8	7	6	5	4	3	2	1
13	13	13	13	13	13	13	13	13	13	13	13	13

$U_{13}(13^{12})$ 表的使用

因素数	列号											
2	1	5										
3	1	3	4									
4	1	6	8	10								
5	1	6	8	9	10							
6	1	2	6	8	9	10						
7	1	2	6	8	9	10	12					
8	1	2	6	7	8	9	10	12				
9	1	2	3	6	7	8	9	10	12			
10	1	2	3	5	6	7	8	9	10	12		
11	1	2	3	4	5	6	7	8	9	10	12	
12	1	2	3	4	5	6	7	8	9	10	11	12

(6) $\qquad U_{15}(15^8)$

试验号	列号							
	1	2	3	4	5	6	7	8
1	1	2	4	7	8	11	13	14
2	2	4	8	14	1	7	11	13
3	3	6	12	6	9	3	9	12
4	4	8	1	13	2	14	7	11
5	5	10	5	5	10	10	5	10
6	6	12	9	12	3	6	3	9
7	7	14	13	4	11	2	1	8
8	8	1	2	11	4	13	14	7
9	9	3	6	3	12	9	12	6
10	10	5	10	10	5	5	10	5
11	11	7	14	2	13	1	8	4
12	12	9	3	9	6	12	6	3
13	13	11	7	1	14	8	4	2
14	14	13	11	8	7	4	2	1
15	15	15	15	15	15	15	15	15

$U_{15}(15^8)$ 表的使用

因素数	列号							
2	1	6						
3	1	3	4					
4	1	3	4	7				
5	1	2	3	4	7			
6	1	2	3	4	6	8		
7	1	2	3	4	6	7	8	
8	1	2	3	4	5	6	7	8

(7) $U_{17}(17^{16})$

试验号	列号															
	1	2	3	4	5	6	7	8	9	10	11	12	13	14	15	16
1	1	2	3	4	5	6	7	8	9	10	11	12	13	14	15	16
2	2	4	6	8	10	12	14	16	1	3	5	7	9	11	13	15
3	3	6	9	12	15	1	4	7	10	13	16	2	5	8	11	14
4	4	8	12	16	3	7	11	15	2	6	10	14	1	5	9	13
5	5	10	15	3	8	13	1	6	11	16	4	9	14	2	7	12
6	6	12	1	7	13	2	8	14	3	9	15	4	10	16	5	11
7	7	14	4	11	1	8	15	5	12	2	9	16	6	13	3	10
8	8	16	7	15	6	14	5	13	4	12	3	11	2	10	1	9
9	9	1	10	2	11	3	12	4	13	5	14	6	15	7	16	8
10	10	3	13	6	16	9	2	12	5	15	8	1	11	4	14	7
11	11	5	16	10	4	15	9	3	14	8	2	13	7	1	12	6
12	12	7	2	14	9	4	16	11	6	1	13	8	3	15	10	5
13	13	9	5	1	14	10	6	2	15	11	7	3	16	12	8	4
14	14	11	8	5	2	16	13	10	7	4	1	15	12	9	6	3
15	15	13	11	9	7	5	3	1	16	14	12	10	8	6	4	2
16	16	15	14	13	12	11	10	9	8	7	6	5	4	3	2	1
17	17	17	17	17	17	17	17	17	17	17	17	17	17	17	17	17

$U_{17}(17^{16})$ 表的使用

因素数	列号															
2	1	10														
3	1	10	15													
4	1	10	14	15												
5	1	4	10	14	15											
6	1	4	6	10	14	15										
7	1	4	6	9	10	14	15									
8	1	4	5	6	9	10	14	15								
9	1	4	5	6	9	10	14	15	16							
10	1	4	5	6	7	9	10	14	15	16						
11	1	2	4	5	6	7	9	10	14	15	16					
12	1	2	3	4	5	6	7	9	10	14	15	16				
13	1	2	3	4	5	6	7	9	10	13	14	15	16			
14	1	2	3	4	5	6	7	9	10	11	13	14	15	16		
15	1	2	3	4	5	6	7	9	9	10	11	13	14	15	16	
16	1	2	3	4	5	6	7	9	9	10	11	12	13	14	15	16

(8) $U_{19}(19^{18})$

试验号	列号																	
	1	2	3	4	5	6	7	8	9	10	11	12	13	14	15	16	17	18
1	1	2	3	4	5	6	7	8	9	10	11	12	13	14	15	16	17	18
2	2	4	6	8	10	12	14	16	18	1	3	5	7	9	11	13	15	17
3	3	6	9	12	15	18	2	5	8	11	14	17	1	4	7	10	13	16
4	4	8	12	16	1	5	9	13	17	2	6	10	14	18	3	7	11	15
5	5	10	15	1	6	11	16	2	7	12	17	3	8	13	18	4	9	14
6	6	12	18	5	11	17	4	10	16	3	9	15	2	8	14	1	7	13
7	7	14	2	9	16	4	11	18	6	13	1	8	15	3	10	17	5	12
8	8	16	5	13	2	10	18	7	15	4	12	1	9	17	6	14	3	11
9	9	18	8	17	7	16	6	15	5	14	4	13	3	12	2	11	1	10
10	10	1	11	2	12	3	13	4	14	5	15	6	16	7	17	8	18	9
11	11	3	14	6	17	9	1	12	4	15	7	18	10	2	13	5	16	8
12	12	5	17	10	3	15	8	1	13	6	18	11	4	16	9	2	14	7
13	13	7	1	14	8	2	15	9	3	16	10	4	17	11	5	18	12	6
14	14	9	4	18	13	8	3	17	12	7	2	16	11	6	1	15	10	5
15	15	11	7	3	18	14	10	6	2	17	13	9	5	1	16	12	8	4
16	16	13	10	7	4	1	17	14	11	8	5	2	18	15	12	9	6	3
17	17	15	13	11	9	7	5	3	1	18	16	14	12	10	8	6	4	2
18	18	17	16	15	14	13	12	11	10	9	8	7	6	5	4	3	2	1
19	19	19	19	19	19	19	19	19	19	19	19	19	19	19	19	19	19	19

$U_{19}(19^{18})$ 表的使用

因素数	列号																	
2	1	8																
3	1	7	8															
4	1	6	8	14														
5	1	6	8	14	17													
6	1	6	8	10	14	17												
7	1	6	7	8	10	14	17											
8	1	3	6	7	8	10	14	17										
9	1	3	4	6	7	8	10	14	17									
10	1	3	4	6	7	8	10	14	17	18								
11	1	3	4	5	6	7	8	10	14	17	18							
12	1	3	4	5	6	7	8	10	13	14	17	18						
13	1	3	4	5	6	7	8	10	11	13	14	17	18					
14	1	2	3	4	5	6	7	8	10	11	13	14	17	18				
15	1	2	3	4	5	6	7	8	9	10	11	13	14	17	18			
16	1	2	3	4	5	6	7	8	9	10	11	12	13	14	17	18		
17	1	2	3	4	5	6	7	8	9	10	11	12	13	14	16	17	18	
18	1	2	3	4	5	6	7	8	9	10	11	12	13	14	15	16	17	18

表 10　随机数表

1	13940	85762	08257	91643	53417	62098	92418	30567	57869	30241
2	71364	08259	72461	38590	86453	21097	70619	82543	53718	69201
3	60439	81725	81940	35702	60289	53471	24365	97810	53146	07829
4	52104	89367	43591	60782	90628	74351	78651	23490	48962	18570
5	76821	35094	21587	04968	08147	93625	60935	72841	39246	71085
6	56382	91074	01568	34297	47032	85916	86549	20731	19082	54637
7	41076	58923	90215	48763	36715	24890	34176	05298	09782	13645
8	42837	01965	26175	84093	82970	45361	09653	14287	27985	31640
9	19578	20643	41038	67259	59142	30768	41962	30587	20457	13689
10	12975	60384	13649	80572	23947	16850	42896	17306	48703	65912
11	39752	16408	05917	38462	16859	34027	86150	49732	92376	54018
12	57049	38261	09512	63718	57839	46120	03629	34817	20651	47893
13	04321	86975	79320	46581	04731	86259	90354	82617	50768	19243
14	41690	52783	28459	67103	01369	57248	26371	84950	39402	58761
15	27134	89506	27356	08941	36910	25748	56082	13497	15492	80763
16	10842	67953	36821	40759	15680	24973	19826	73045	28345	01976
17	05382	91674	06379	14825	69071	38524	02751	83640	41305	67982
18	24189	50367	67580	49132	09357	41268	74325	60981	83925	41076
19	71348	05269	70428	16593	35071	94826	64329	10857	96127	85349
20	60317	28459	19760	38245	81465	32907	32471	95860	27809	46513
21	35906	82741	65820	93417	09132	76548	96582	08147	19467	08235
22	07815	49326	53974	18026	48152	93076	01836	54729	79085	46213
23	56134	90728	80395	16724	57241	36089	38915	60742	12856	34097
24	61705	82349	94206	78315	61589	34027	24981	35067	96812	73054
25	98134	62057	04938	57216	30421	58769	21590	76842	29635	40817
26	30268	15749	01628	97453	89165	02374	62398	07154	96078	23154
27	97821	46503	84075	63921	17629	08453	50946	78132	13546	96072
28	47029	13568	10875	94236	90683	54271	27394	01658	71263	59840
29	71936	62504	96127	80345	48057	13629	10936	48257	07924	18653
30	69248	07153	58673	91204	84157	69203	89435	26071	93756	42801
31	04573	98621	05867	39241	20437	98516	96087	12345	70246	18593
32	09786	12534	05364	91278	91807	45823	27809	56143	34650	91728
33	79102	35468	28460	95317	54731	68290	08317	65924	19853	24670
34	19458	73620	94231	56708	53048	79261	17458	36920	42917	38506
35	75983	40621	61803	95274	84190	73526	47813	62095	30621	47859
36	32579	64081	28437	50916	36710	95428	86910	45732	51923	46870
37	07364	19258	69583	07412	24613	58709	58321	67490	40956	73281
38	13457	68290	07821	34569	35926	70418	63145	02987	74398	51602
39	74132	90658	09283	74156	84706	25913	69728	04513	60549	83712
40	93058	61724	46295	80173	91580	43726	27150	96843	15032	69874